聚光型太阳能光伏系统

——实验及装置

薛钰芝　刘　向　林纪宁　著

科学出版社

北　京

内 容 简 介

太阳能是取之不尽、用之不竭的清洁能源。由于太阳能的能源密度较低，为使其发挥更大作用，近年来聚光型太阳能光伏系统的制造与研发备受关注。本书阐述了太阳辐射、晶体硅太阳能电池、聚光型太阳能发电技术概况、聚光型太阳能光伏系统的原理等内容。书中介绍了平面镜、凸透镜、二次曲面反射型聚光器以及菲涅耳透镜聚光光伏组件的实验研究，其中融入了本科生和研究生聚光型太阳能光伏系统实验的实例。本书还阐述了配备跟踪装置的菲涅耳聚光光伏装置（XFJG-1 小型菲涅耳聚光光伏系统）的研制，以及太阳能光伏供电 LED 系统及光电探测部件的研制。

本书对原理、实验和装置的说明深入浅出，图文并茂，可作为本科生、研究生学习聚光型太阳能光伏系统的参考书，也可供相关专业的教师、工程设计人员及科技人员参考。

图书在版编目（CIP）数据

聚光型太阳能光伏系统：实验及装置/薛钰芝，刘向，林纪宁著.—北京：科学出版社，2019.4

ISBN 978-7-03-059136-4

Ⅰ. ①聚…　Ⅱ. ①薛…②刘…③林…　Ⅲ. ①太阳能发电　Ⅳ. ①TM615

中国版本图书馆 CIP 数据核字（2018）第 241901 号

责任编辑：狄源硕　范慧敏 / 责任校对：韩　杨
责任印制：吴兆东 / 封面设计：无极书装

科学出版社出版
北京东黄城根北街 16 号
邮政编码：100717
http://www.sciencep.com

北京凌奇印刷有限责任公司印刷

科学出版社发行　各地新华书店经销

*

2019 年 4 月第　一　版　开本：720×1000　1/16
2019 年 4 月第一次印刷　印张：14 3/4
字数：295 000

POD定价：98.00元
（如有印装质量问题，我社负责调换）

前　言

为防止和减轻化石能源对环境的污染和对生态的破坏，使经济、社会、人口、资源和环境协调发展，人们必须采用可再生能源。太阳能取之不尽、用之不竭，是最有前途的可再生能源。太阳能发电是近年来太阳能应用中发展最快、最具活力的领域。未来太阳能不仅能替代部分常规能源，而且将成为世界能源供应的主体。到 21 世纪末，在能源结构中，可再生能源将占到 80%以上，其中太阳能发电将占到 60%以上，可见其重要的战略地位。

太阳能电池经串、并联后进行封装、保护，形成太阳能电池组件，再配合功率控制器等部件就形成了光伏发电装置。但是太阳光的能量密度较低，为了更有效地利用太阳能，近年来，聚光型太阳能光伏发电技术发展较快。聚光型太阳能光伏（concentrating photovoltaic，CPV）发电技术是指太阳光通过聚光器系统汇聚后射入太阳能电池，直接转换为电能，并提高转换效率的技术。这是目前太阳能发电领域不可或缺的分支。聚光型太阳能光伏发电技术研究要运用半导体物理、光学、电子学、机械、自动控制等多个学科的理论与实践知识。

薛钰芝教授领导的课题组历经十余年的悉心研究，着力于聚光型太阳能光伏系统的实验及装置的研制，在原理、设计、加工制作、性能测试等方面进行了全面、细致的工作，并取得了一系列成果。课题组成员已经获批 2 项发明专利和 5 项实用新型专利（附录 A 表 A-1）；多次在全国会议上做重要学术报告，并发表了相关论文（附录 A 表 A-2）。在研究过程中，研究生和本科生的理论学习、实际动手和创新能力得到了提高，体现了实践教学与科研项目相辅相成的良好效果。现将有关研究成果整理成书，奉献给读者。

本书立足于基本原理和基本概念，进而介绍实验的原理、实验装置、过程、测试结果等。从结构上看，全书共 6 章。第 1 章为绪论，简单介绍太阳辐射，概述聚光型太阳能光伏系统；第 2 章介绍晶体硅太阳能电池；第 3 章介绍聚光型太阳能发电技术，阐述聚光型太阳能光热发电系统、聚光器基本理论、几种典型的聚光器、聚光太阳能电池以及聚光型太阳能光伏系统的发展等；第 4 章介绍聚光型太阳能光伏系统实验，说明平面镜、凸透镜、双球面和抛物面-双曲面反射型聚光器以及菲涅耳透镜聚光光伏组件的实验研究；第 5 章阐述 XFJG-1 小型菲涅耳聚光光伏系统的研制；第 6 章介绍太阳能光伏供电 LED 系统及光电探测部件的研制。

在本书所述的实验、设计、研制及本书写作过程中，薛钰芝教授负责总体策划及系统设计；刘向博士主要进行太阳能光伏供电 LED 系统、箱式一体化 LED

光伏照明灯及控制器方面的工作；林纪宁高级工程师主要进行电子线路和控制器方面的设计、制作、实验与检测工作。课题组中最有朝气和实干精神的青年学生为科研取得硕果做出了贡献。书中所述实验研究内容融入了周改改、齐鹏远等研究生硕士学位论文中的相关内容，以及农万华、张帅、蔚翔宇、张国芳、徐丁勇、刘帅、宋阳、田磊、辛本宝、王治刚、路鑫、程娅等毕业生学士学位论文中的内容。本课题组周丽梅教授、李剑锋副教授、武素梅博士等在实验研究方面给予了本书大力支持。有关的实验在大连交通大学材料学院电子科学与技术实验室、大连交通大学理化测试分析中心（辽宁省轨道交通关键材料重点实验室）进行。研究工作得到大连交通大学陆兴教授课题组、任瑞明教授课题组及王德庆教授的热心帮助。作者在此一并表示衷心的感谢。

作者在本书写作过程中参阅了大量的文献，已经列入各章后的参考文献中，在此，对这些文献的作者表示衷心的感谢。本书的研究工作得到国家科学技术部中澳科技合作特别资金项目（2001～2003）和辽宁省科技计划项目（项目编号：2007220240）的资助；本书在出版过程中，得到大连交通大学学科建设经费的资助，在此表示感谢！

由于作者水平有限，同时聚光型太阳能光伏系统正处在不断发展之中，书中难免存在不妥之处，恳请广大读者批评指正。

作　者

2018 年 6 月于大连

目　　录

第 1 章　绪　　论

能源是人类社会生存与发展的原动力。随着能源危机和环境污染日益加剧，可再生能源产业已成为世界经济发展的战略性产业。太阳能是人类取之不尽、用之不竭的清洁能源。在不远的将来，太阳能不仅能替代部分常规能源，而且将成为世界能源供应的主体。根据欧盟委员会联合研究中心的预测，到 21 世纪末，可再生能源在能源结构中将占到 80%以上，其中太阳能发电将占到 60%以上，充分显示出其重要的战略地位[1,2]。

1.1　太 阳 辐 射

太阳能是一种巨大、久远、无尽的能源。地球上的风能、水能、海洋温差能、波浪能、生物质能以及部分潮汐能都是来源于太阳。化石燃料（如煤、石油、天然气等）也是远古以来储存下来的太阳能，所以广义的太阳能所包括的范围非常大，狭义的太阳能则限于太阳辐射能，及其光热、光电和光化学的直接转换能。

太阳能既是一次能源，又是可再生能源，并且无须运输，对环境无任何污染。但太阳能有两个主要缺点：一是能流密度低；二是其强度受各种因素（季节、地点、气候等）的影响，不能维持常量。这两大缺点大大限制了太阳能的有效利用[3,4]。

1.1.1　太阳光的物理基础

太阳是位于太阳系中心的恒星。太阳系中的其他星均为行星或行星的卫星，它们不能发光。太阳的直径为 1.39×10^{6}km，质量为 1.989×10^{30}kg。地球是太阳系中有生命的行星，太阳每时每刻都向地球放射出大量的光和热，地球表面和空气中的能量均来自太阳能。太阳总辐射能量约为 3.75×10^{26}J，辐射到地球大气层的能量仅为其总辐射能量的二十二亿分之一，但总辐射功率已经高达 173000TW，太阳光决定地球表面的温度。实质上，太阳可以看作是中心发生核聚变反应的高热气体球，太阳发射的电磁辐射或光谱分布决定于其温度。物理上“黑体”是光的完全吸收体，其辐射、吸收谱的分布符合普朗克辐射定律[3-5]，如图 1-1 所示。

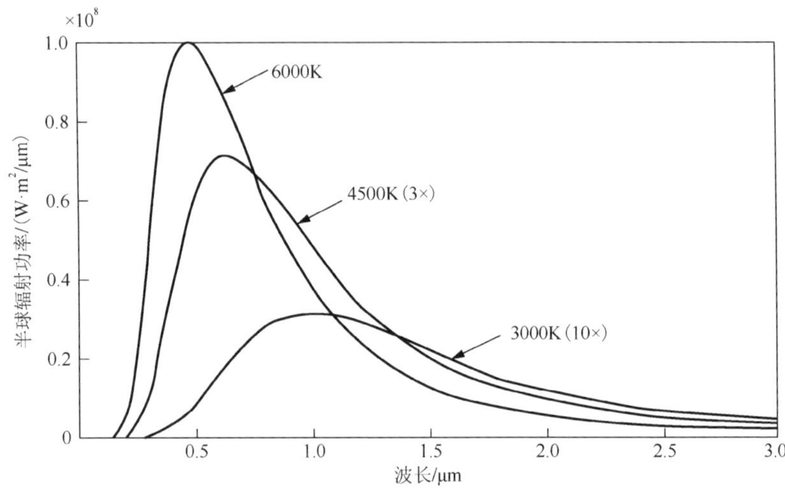

图 1-1　不同温度的普朗克黑体辐射光谱分布

太阳中心的温度可以达到 $1.4×10^7$K。然而，太阳深部大量的辐射被其表面附近的负氢离子层所吸收，成为一个吸收体，所吸收的辐射波长范围很大。这个负氢离子层聚集的热量引起了对流，使多余的能量通过对流传热区（图 1-2）。只要通过了这一层，能量又重新辐射到高热气体球中相对透明的气体层中。这个将对流传热转化为辐射传热的界限形成了所谓的“光球”。光球层的温度远低于太阳内部的温度，但仍有 5700K。光球发出连续的电磁辐射光谱接近于该温度的黑体辐射光谱。因此我们可以将太阳看成是热气体球、黑体以及光球的组合[3,4]。

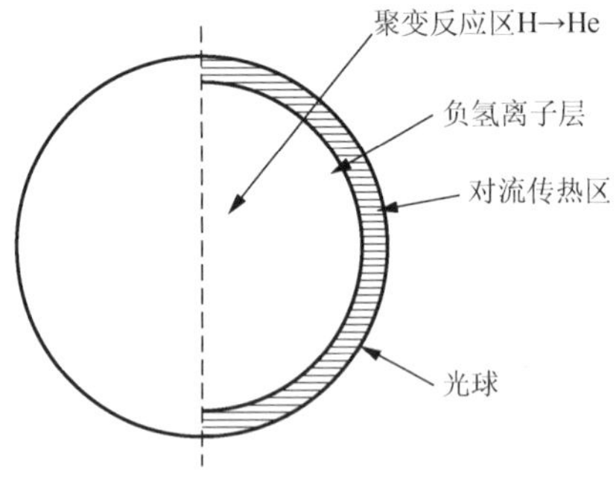

图 1-2　太阳的主要特征示意图

1.1.2　太阳常数及地球表面的太阳辐射

1. 太阳常数

在大气层外，日地平均距离处，垂直于太阳光方向的单位面积接收到的太阳光辐射量基本是一个常数，为（1.367±0.007）kW/m^2，称为太阳常数[3-6]或大气质量为零（AM0，见下文）的太阳辐射功率。这个值（加权平均值）是由安装在气球、高海拔飞机和宇宙飞船的仪器测量得到的。太阳辐射功率在通过地球大气层时至少被衰减了 30%。其原因主要为[3]：

（1）瑞利散射或大气的分子散射，对所有波长的太阳光都有衰减作用，并且波长越短衰减作用越大；

（2）悬浮微粒和灰尘引起的散射；

（3）大气吸收，主要是氧气、臭氧、水汽和二氧化碳等的吸收作用。

2. 太阳辐射量

单位时间内，太阳以辐射形式发射的能量称为太阳辐射功率或辐射通量，单位是瓦（W）。太阳投射到单位面积上的辐射功率（辐射通量）称为辐射度或辐照度，单位是瓦每平方米（W/m^2）。辐照度对时间的积分，即一定时间内单位面积接收到的辐射能，称为辐照量，单位是千瓦时每平方米（$kW\cdot h/m^2$）。另外有能量换算：1 kW · h=3.6 MJ。

3. 大气质量

太阳光衰减的程度取决于光通过的路径。晴天里，决定太阳光总入射功率最重要的参数是光线通过大气层的路程。当太阳光与地平面垂直线的夹角为 0°时，太阳光的路程最短，太阳光经过的实际路程与最短路程之比称为大气质量。如果太阳光与地平面垂直线的夹角为θ（图 1-3），大气质量如式（1-1）所示[3,4]：

$$\mathrm{AM}=1/\cos\theta \tag{1-1}$$

在大气层外接收到的太阳辐射，以大气质量 AM0 表示。当 θ=0°时，太阳光路径最短，大气质量为 AM1。当 θ=60°时，$1/\cos\theta=2$，大气质量为 AM2。也可以采用简易的估算方法，测量高度为 h 的竖直物体投射的影子长度 s，然后由公式（1-2）计算：

$$\mathrm{AM}=\sqrt{1+\left(\frac{s}{h}\right)^2} \tag{1-2}$$

在其他大气因素不变的情况下，随着大气质量的增加，到达地球的各波长太阳光能量都在衰减。图 1-4 为 6000K 黑体辐射光谱和 AM0 及 AM1.5 条件下的太阳辐射光谱。可以看出，地球大气层吸收带附近（AM1.5）太阳光的衰减严重。

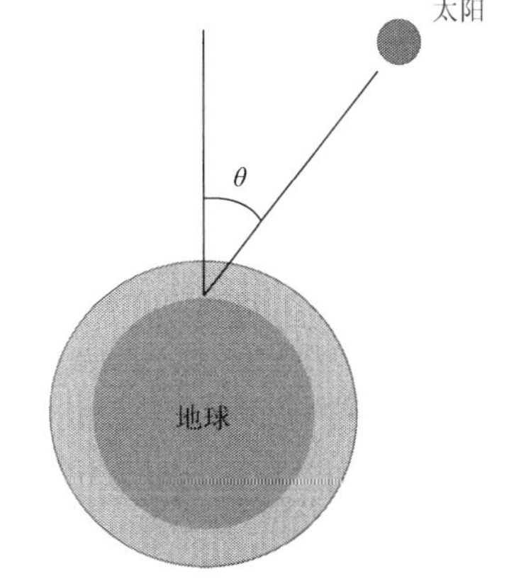

图 1-3　太阳光与地平面夹角示意图

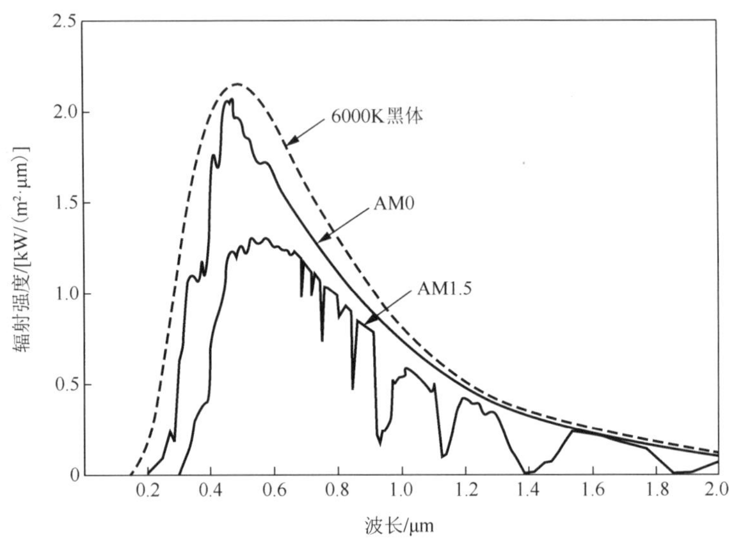

图 1-4　6000K 黑体辐射光谱及 AM0、AM1.5 条件下的太阳辐射光谱

为了比较不同地点的太阳辐射，必须定义一个陆地标准作为参照。最常用的陆地标准是图 1-4[3]中所示的 AM1.5。通常规定在 AM1.5 条件下，太阳光总的功率密度为 1kW/m^2。此功率密度接近于地球表面接收到的最大值。绝大多数太阳辐射波长位于 0.29～3.0μm。因为太阳能电池有不同的波长响应，因此太阳辐射光谱对于太阳能电池的设计制作很重要。

4. 直接辐射与漫散射辐射

陆地接收的太阳辐射由太阳光的直接辐射和大气散射引起，大气散射指的是间接或漫散射辐射。在晴朗无云天气下，白天水平面接收到的漫散射辐射分量占水平面接收到的太阳辐射量的 10%～20%。在阴天，水平面接收到的漫散射辐射分量通常要增加。据统计数据可知，阴天白天陆地接收到的太阳辐射大部分为漫散射辐射，是晴天里同一时刻的 1/3。在天气介于晴天和阴天之间时，约 50%的太阳辐射为漫散射辐射。坏天气里，漫散射辐射比例增大，太阳辐射级别降低。

漫散射辐射的光谱成分不同于直射光谱，一般短波长的“蓝色光”为多，从而引起太阳能电池吸收光谱的变化。由于不同方向的太阳辐射光谱分布不同，在由水平面计算倾斜方向太阳辐射级别时，容易引起误差。通常假设晴天太阳直射方向的光最强，而漫散射是各向同性的。

聚光型太阳能光伏系统只能够在一定角度内接收阳光，系统必须随时跟踪太阳，但却浪费了漫散射辐射分量，所以可采用跟踪系统，以截获最大的功率来弥补浪费的辐射分量，也就是始终使系统与阳光垂直[3]。

1.1.3　太阳的表观运动

地球每天绕虚设的地轴自转，地轴相对于地球围绕太阳公转的轨道平面有固定的方向，此方向与轨道平面的夹角即为太阳的赤纬（方位角为 23°27′）。图 1-5 描述了北纬 35°观察到的太阳表观运动[3]。图中展示了两分点、夏至和冬至的太阳路径及正午的位置。黑圆点表示正午前后 3 小时的太阳位置。在任何给定的一天里，太阳表观运动的轨道平面处在与观察者垂直方向所成角度等于此地的纬度值。在昼夜平分点的日子春分（3 月 21 日前后）和秋分（9 月 23 日前后），太阳从东方升起，在西方落下，太阳的高度角等于 90°减去纬度值。夏至和冬至（北半球夏至在 6 月 21 日前后，冬至在 11 月 22 日前后，南半球与北半球相反），正午的太阳高度正好比两分点增加或减少一个地球赤纬，即方位角（23°27′）[3]。

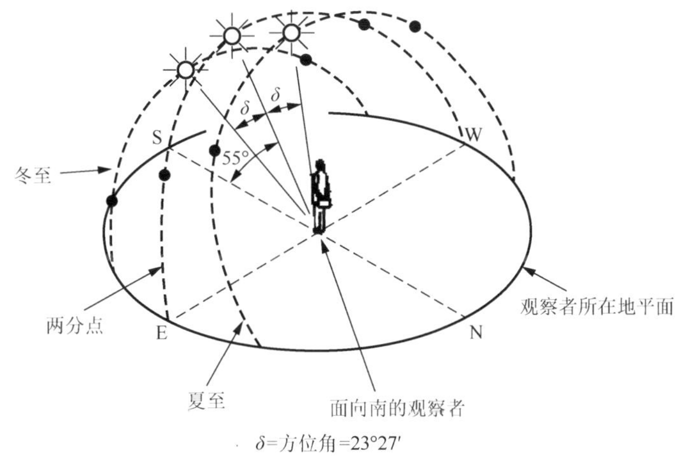

图 1-5　北纬 35°观察到的太阳表观运动

1.1.4　辐照量的计算

光伏系统接收到的太阳光日辐照量决定于安装地点的大致地理特征，如纬度、经度、天气类型和主要植被等；而且与日射方向、漫散射辐射分量、周围环境温度、风速及风向均有关系。在设计光伏系统时，需要得知安装地点详细的日射记录。

从地面上看，太阳在一天之内从东到西环绕地球运动，正午时才处在南北向的平面内。即使在这个时刻，赤道与黄道（ecliptic，指地球绕太阳公转的轨道平面与天球相交的大圆）也不在一个平面，而是成 23.5°角。各地纬度不同，因而太阳并不是准确的在天顶，北半球偏向南方，南半球偏向北方。偏角随着纬度、一

天中的时间、一年中的季节而变。若探测面上的辐照度小于 AM1 的辐照度[4]，则辐照度为

$$I = I_O \cos\psi \tag{1-3}$$

式（1-3）中，I_O为受照面所受辐照度的最大值，即垂直于受照面的辐照度；ψ为太阳光方向与受照面法线方向的夹角。由于太阳光通过大气层的路径不同，I_O要用大气质量修正。探测面所受日辐照量为

$$S = 2\int_0^{T/2} I_O \cos\psi \mathrm{d}t \tag{1-4}$$

式（1-4）中，T 为日出到日落的时间。以上积分式中，ψ与时间 t 的关系比较复杂，有以下四种情况[4]。

（1）受照面水平且固定。如图 1-6 所示，太阳光与受照面法线方向夹角 ψ 分解为南北子午面上的角 ψ'及东西面上的角θ。ψ'由太阳的南北向运动产生，θ由太阳的东西向运动产生。由图 1-6 得

$$\tan^2\psi = \tan^2\psi' + \tan^2\theta \tag{1-5}$$

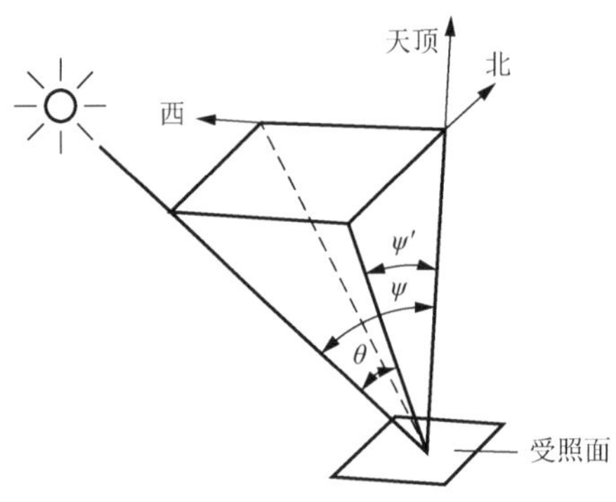

图 1-6　受照面水平放置时ψ的分解示意图

ψ' 随太阳的南北向运动变化较小，可用一天中的ψ' 的平均值代入上式。θ可由下式表示：

$$\theta = \left(1 - 2\frac{t}{T}\right)\frac{\pi}{2} \tag{1-6}$$

将式（1-5）和式（1-6）代入式（1-4）中，便可求出日辐照量的最大值（晴天乌云时的值）。因式（1-4）中的I_O与纬度有关，故日辐照量亦与纬度有关。

（2）受照面向南（在北半球）或向北（在南半球）倾斜，倾角ϕ固定，或按季节调节，如图 1-7 所示。情况与（1）相似，不同的是受照面与水平面成倾角ϕ，因此角ψ的南北分量不是ψ'，而是$\psi' - \phi$。由图 1-7 可知，

$$\tan^2\psi = \tan^2(\psi' - \phi) + \tan^2\theta \tag{1-7}$$

式中，θ由式（1-6）求出。此时日辐照量与受照面与水平面的倾角ϕ有关，对于每

一纬度有一个最佳ϕ值。对于任一ϕ值，日辐照量也与纬度有关。

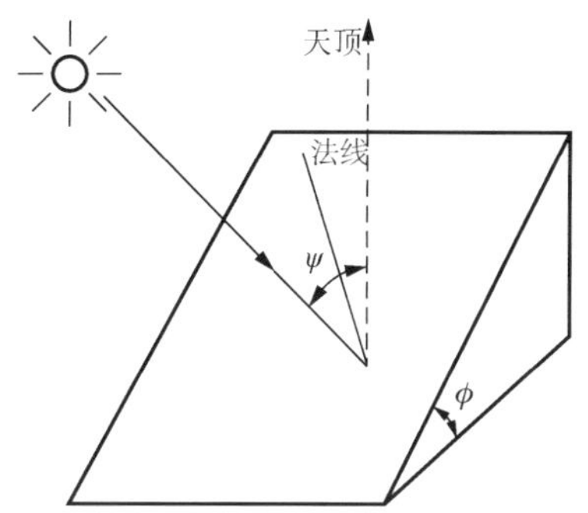

图 1-7　受照面倾斜放置示意图

（3）受照面向南或向北倾斜，倾角固定，但可绕一竖直轴旋转，因而可以从早到晚始终追踪太阳，称为东西向追踪，此时θ为 0，$\psi = \psi' - \phi$ 为常数。

（4）受照面可绕竖直轴也可绕水平轴旋转，即可始终正对太阳，任何时刻$\psi = 0$，称为全追踪，显然，$\theta = 0$。

对以上 4 种情况分别进行积分计算，可得到日辐照量，进而可得到不同情况下的年辐照量，如图 1-8 所示[4]。图中画出了受照面不追踪、东西向追踪及全追踪时的年辐照量与纬度的关系。从图 1-8 可以看出，年辐照量与纬度略有关系，随纬度的增加而减小。在 0°～50°纬度范围内年辐照量变化不大，而高纬度地区年辐照量大大减小。追踪方法可以增加年辐照量，全追踪与东西向追踪结果差别很小，但全追踪的设备复杂得多。从经济角度出发，可以选用东西向追踪。需要说明的是，图 1-8 中的年辐照量是晴天无云时的理想值，实际年辐照量比理想值小得多，只能通过实际测量获得。测量仪器有辐照度计、日时计及总辐射计等。将检测到的辐照量信息与世界地图结合，可得到一系列的一年里每个月的日辐照量等高线。文献[3]的第 10 页所示为世界上 9 月昼夜平分日的日辐照量等高线。在大多数地区这个月的日辐照量接近于平均水平。日辐照量（包括直射和漫散射）的单位用兰利每天（Ly/d）表示，$1\text{Ly}=1\text{cal/cm}^2=4.18\text{J/cm}^2$。

目前设计者常使用加拿大的清洁能源项目分析软件，即 RETScreen 软件（Natural Resources Canada）[7]，对光伏发电以及其他清洁能源系统进行估算。该软件可直接从网上下载，便可免费使用，并且提供中文支持。其构成核心是已标准化的能源分析模式，用于评估各种能效、可再生能源技术的能源生产量、节能效益、寿命周期成本、温室气体减排量和财务风险，可以在全球范围内使用。它是由加拿大政府资助开发的独特决策支持工具。

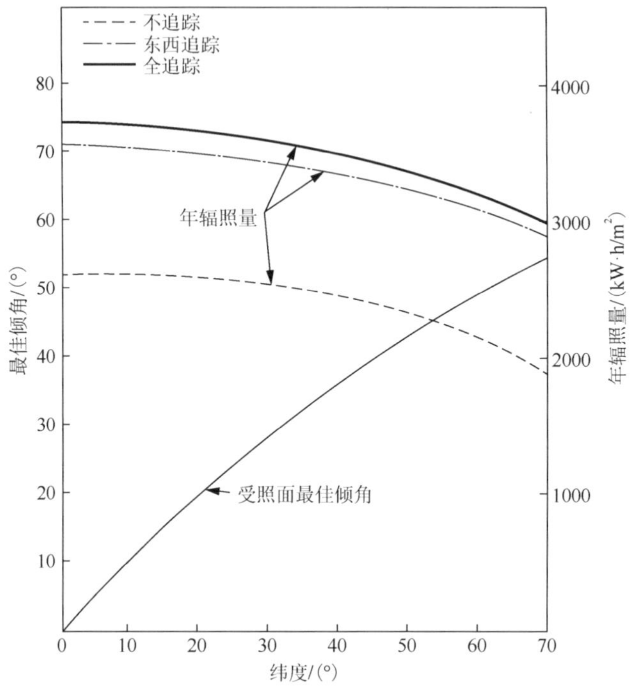

图 1-8　受照面最佳倾角及不同追踪情况下年辐照量与纬度的关系

对于光伏系统，RETScreen 能完成以下工作：

（1）资源评估。包括太阳辐射数据、环境温度、10 米风速、气压等。

（2）不同安装和运行方式下的辐射量计算。包括固定安装、不同朝向和不同倾角、单轴跟踪、双轴跟踪等。

（3）设备选型和容量计算。包括太阳能电池、蓄电池、系统各个环节的效率、发电量测算。

（4）成本分析。包括可行性分析研究、设计、设备、土建、运输、安装、运行维护、周期性投资等。

（5）温室气体减排分析。

（6）财务评估。包括贷款、赠款、利息、税收光伏电价测算、现金流、资金回收期等。

（7）敏感性分析等。

1.2　太阳能资源

太阳能作为一种新能源[4,8]，与常规的化石能源（煤炭、石油、天然气）及核燃料相比，特点明显[6]。

（1）广泛性。太阳辐射到处皆是，就地可用，是取之不尽、用之不竭的能源，对于山区、沙漠、海岛等偏远地区更能显示其优越性。太阳能发电系统一次性建设安装成功后，使用寿命可达 20～25 年，平时维护费用比其他能源少。

（2）清洁性。化石能源在燃烧时会放出大量有害气体，使得环境受到污染。而太阳能发电对环境基本无影响，是清洁能源。

（3）分散性。太阳光单位面积的辐射量在 1kW/m^2（AM1.5）左右。因此太阳能发电系统需要庞大的光照面积，如 10MW 的太阳能发电装置需要光照面积 100000m^2，比常规发电设备大很多。大功率发电系统所占的面积就更大了。

（4）随机性。太阳的高度角一日内不断变化，对于一个地点，一天 24 小时内太阳辐照度都在变化，加上天气阴晴的变化，使得太阳能发电容量具有随机性。因此必须配备与太阳能发电系统适应的储能设备。

1. 世界太阳能资源

若通过世界范围的检测网络，可估算出世界地面年辐射量，文献[4]有年辐射量的分布图，在此不再详细介绍。

2. 我国太阳能资源

我国幅员辽阔，太阳能资源丰富，根据太阳能年曝辐射量的大小，可以分为 5 个太阳能资源带，如表 1-1 所示[6]。据估算，我国年太阳辐射量为 3340～8400MJ/m^2，全年日照时间大于 2200 小时的地区面积占总面积的三分之二。我国的太阳能资源规模和纬度相仿的美国相类似，比日本优越得多，特别是青藏高原中南部的太阳能资源接近世界最著名的撒哈拉大沙漠。因此我国绝大多数地区的太阳能资源是很丰富的[9]。

表 1-1　我国各地年太阳辐射量及年日照时数

地区类型	年日照时数/h	年太阳辐射量/（MJ/m^2）	等量热量所需标准燃煤/kg	包括的主要地区	备注
一类	3200～3300	6680～8400	225～285	宁夏北部、甘肃南部、新疆南部、青海西部、西藏西部	太阳能资源最丰富地区
二类	3000～3200	5852～6680	200～225	河北西北部、山西北部、内蒙古南部、宁夏南部、甘肃中部、青海东部、西藏东南部、新疆南部	太阳能资源较丰富地区
三类	2200～3000	5016～5852	170～200	山东、河南、河北东南部、山西南部、新疆北部、吉林、辽宁、云南、陕西北部、甘肃东南部、广东南部	太阳能资源中等地区

续表

地区类型	年日照时数/h	年太阳辐射量/（MJ/m^2）	等量热量所需标准燃煤/kg	包括的主要地区	备注
四类	1400～2200	4180～5016	140～170	湖南、广西、江西、浙江、湖北、福建北部、广东北部、陕西南部、安徽南部	太阳能资源较差地区
五类	1000～1400	3344～4180	115～140	四川大部分地区、贵州	太阳能资源最差地区

1.3　太阳能光伏发电系统概述

目前，太阳能的主要利用方式包括光热利用、光伏发电、光化学利用、光生物利用、光-光利用等，如表 1-2 所示。光化学利用、光生物利用尚处于实验室开发阶段，目前发展较快的是光热利用和光伏发电。太阳能发电是将太阳能直接转化为电能的技术，具有广泛的应用，呈现多种技术形式（图 1-9）[7,10]。

表 1-2　太阳能利用方式

利用方式	具体内容
光热利用	低温利用（<100℃）：太阳能热水器、海水淡化、太阳房等。 中温利用（100～300℃）：太阳能空调、工业蒸汽等。 高温利用（>300℃）：太阳能热发电（塔式、槽式、蝶式、菲涅耳透镜）
光伏发电	按材料分为：单晶硅、多晶硅、非晶硅（薄膜电池）、其他薄膜电池。 按工作方式分为：平板式、聚光式、分光式
光化学利用	光聚合、光分解、光解制氢等
光生物利用	速生植物（如薪柴林）、油料植物、巨型海藻等
光-光利用	太空反光镜、太阳能激光器、光导照明等

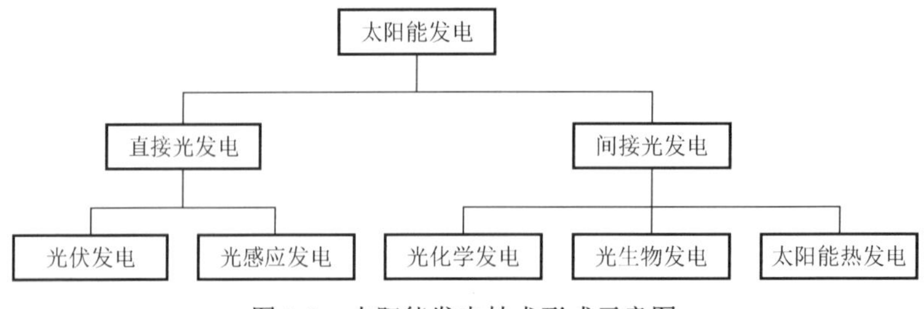

图 1-9　太阳能发电技术形式示意图

1.3.1　太阳能光伏发电系统的构成

在多种太阳能利用方式中，太阳能光伏发电是发展最快、应用最广的技术；其次是太阳能热发电。而光伏发电中，太阳能电池是直接将太阳能转换为电能的部件，是构成太阳能电池组件、太阳能电池方阵和太阳能光伏发电系统的主要部件。太阳能光伏发电系统的一般组成如图 1-10 所示，主要有以下部分：太阳能电池（或组件）、功率调节（或控制器）、储能器（如蓄电池）、负载（如照明、用电器等）、备用系统或电网（如联网电路）等[4,6]。

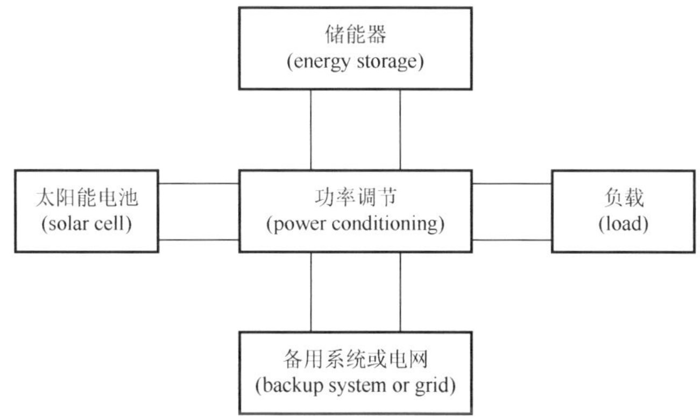

图 1-10　太阳能光伏发电系统的一般构成示意图

太阳能光伏发电系统分为独立太阳能光伏发电系统和联网太阳能光伏发电系统两类。独立太阳能光伏发电系统是指与电网系统无关的闭合系统，如图 1-11 所示，由太阳能电池方阵、控制器、蓄电池组、直流-交流逆变器（直流负载可不用）和负载组成。联网太阳能光伏发电系统可以与电力系统连接，如图 1-12 所示，由太阳能电池方阵、并网逆变器、交流负载连接到交流电网组成。

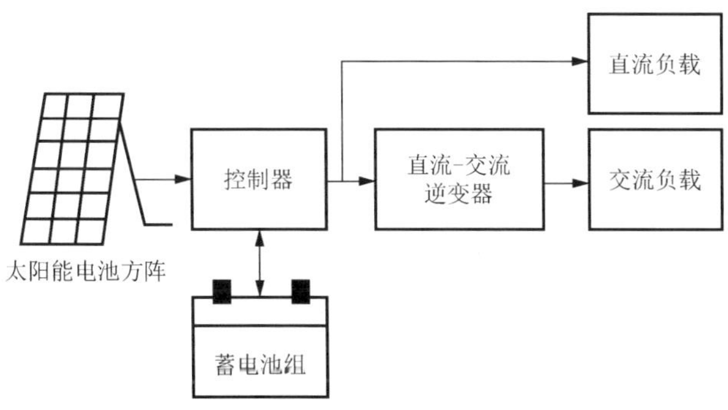

图 1-11　独立太阳能光伏发电系统的组成示意图

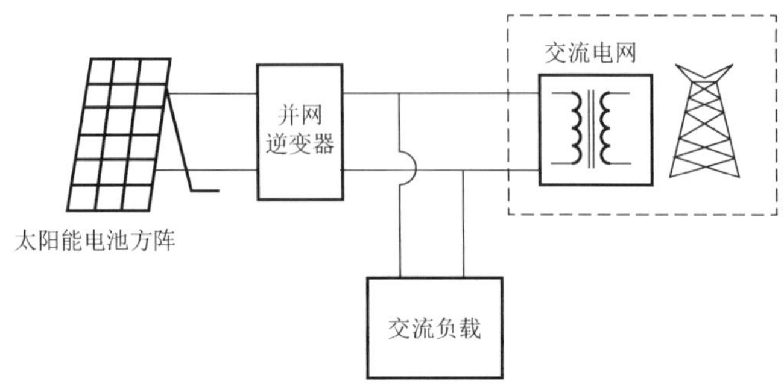

图 1-12　联网太阳能光伏发电系统的组成示意图

1.3.2　太阳能电池的发展历史

太阳能电池经过了 170 多年的漫长发展。

1. 世界太阳能电池的发展

1839 年贝克勒尔（A. E. Becquerel）观察到浸在电解液中的电极之间有光致电压，即光伏效应。1876 年在全固态硒系统中，科学家也观察到此类现象，随后又发展了硒和氧化亚铜材料的光电池。1941 年有了关于硅电池的报道，1954 年第一个太阳能电池诞生在贝尔实验室，以一定效率将光能转换为电能，这标志着太阳能电池研究的重大进展。1958 年太阳能电池被用作第一颗人造卫星的电源。1969 年美国载人登月计划应用了太阳能电池。20 世纪 70 年代初晶体硅太阳能电池的转换效率大幅度提高，太阳能电池的地面应用开始，太阳能电池成本下降。20 世纪 80 年代初出现了新工艺，太阳能电池商业应用范围扩大，商品化非晶硅太阳能电池组件问世[4]。

1985 年，单晶硅太阳能电池售价 10 美元/W；澳大利亚新南威尔士大学 Martin A. Green 研制的单晶硅太阳能电池的转换效率达到 20%[3]。1986 年 6 月，ARCO Solar 发布了 G-4000——世界首例商用薄膜电池“动力组件”。次年太阳能电池被用于动力汽车竞赛中。1990～1995 年，世界太阳能电池年产量由 46.5MW 增至 77.7MW 以上；太阳能电池安装总量达到 500MW。1998 年，世界太阳能电池年产量超过 151.7MW；多晶硅太阳能电池产量首次超过单晶硅太阳能电池。1997 年美国提出“克林顿总统百万太阳能屋顶计划”。1999 年，世界太阳能电池年产量超过 201.3MW；美国国家可再生能源实验室（National Renewable Energy Laboratory，NREL）的 M. A. Contreras 等发表研究成果，铜铟硒（$CuInSe_2$，CIS）太阳能电池的转换效率达到 18.8%；非晶硅太阳能电池占市场份额 12.3%。1996 年至 20 世纪末，世界太阳能电池年产量增幅保持在

30%～40%[1,2,11-13]。

21世纪以来，世界晶体硅太阳能电池的研发和产业化发展迅速，光伏产业已成为全球增长最快的高新技术产业。2001～2010年世界太阳能电池年产量的平均增长率为55.5%，2004年世界太阳能电池年产量超过1200MW，比上年增长了61.23%。与此同时，大型并网光伏电站、光伏建筑一体化（building integrated photovoltaic，BIPV）以及分布式光伏系统发展迅速。具有代表性的德国光伏产业的发展趋势如图1-13所示。2008年新增光伏装机容量比2003年增长了10倍，达到1500MW。各国光伏政策纷纷出笼，大大推动了光伏产业及其应用的发展[1,2]，如图1-14所示。2010年世界太阳能电池产量达到23.9GW_p，同比增长124%。2011年世界太阳能电池出货量约为37.675GW_p，增长57.65%，中国太阳能电池出货量为21.157GW_p，占56.16%。

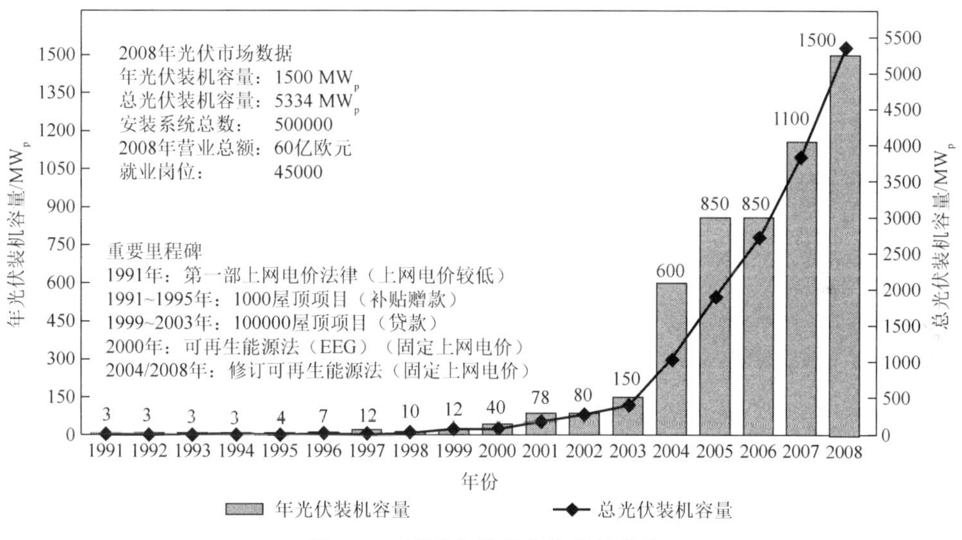

图1-13 德国光伏产业的发展趋势

2015年，全球光伏产业延续稳定上升的发展态势，新增光伏装机容量又创新高，达到56.4GW，累计装机容量达到242.8GW。中国、日本和美国继续处于全球光伏发电市场的主导地位[1,2,14-16]。截至2015年底，世界光伏发电占比10强的国家（累计装机容量）依次是：中国（43.5GW）、德国（39.7GW）、日本（34.4GW）、美国（25.6GW）、英国（9.1GW）、法国（6.6GW）、印度（5.2GW）、澳大利亚（5.1GW）、韩国（3.4GW）、加拿大（2.5GW）。

科学研究方面，晶体硅太阳能电池与产业同步发展，取得了新突破。1999年，高效单晶硅太阳能电池实验室的最高光电转换效率达到24.7%（Martin A. Green），德国弗劳恩霍夫太阳能系统研究所（Fraunhofer ISE）研发的多晶硅太阳能电池的转

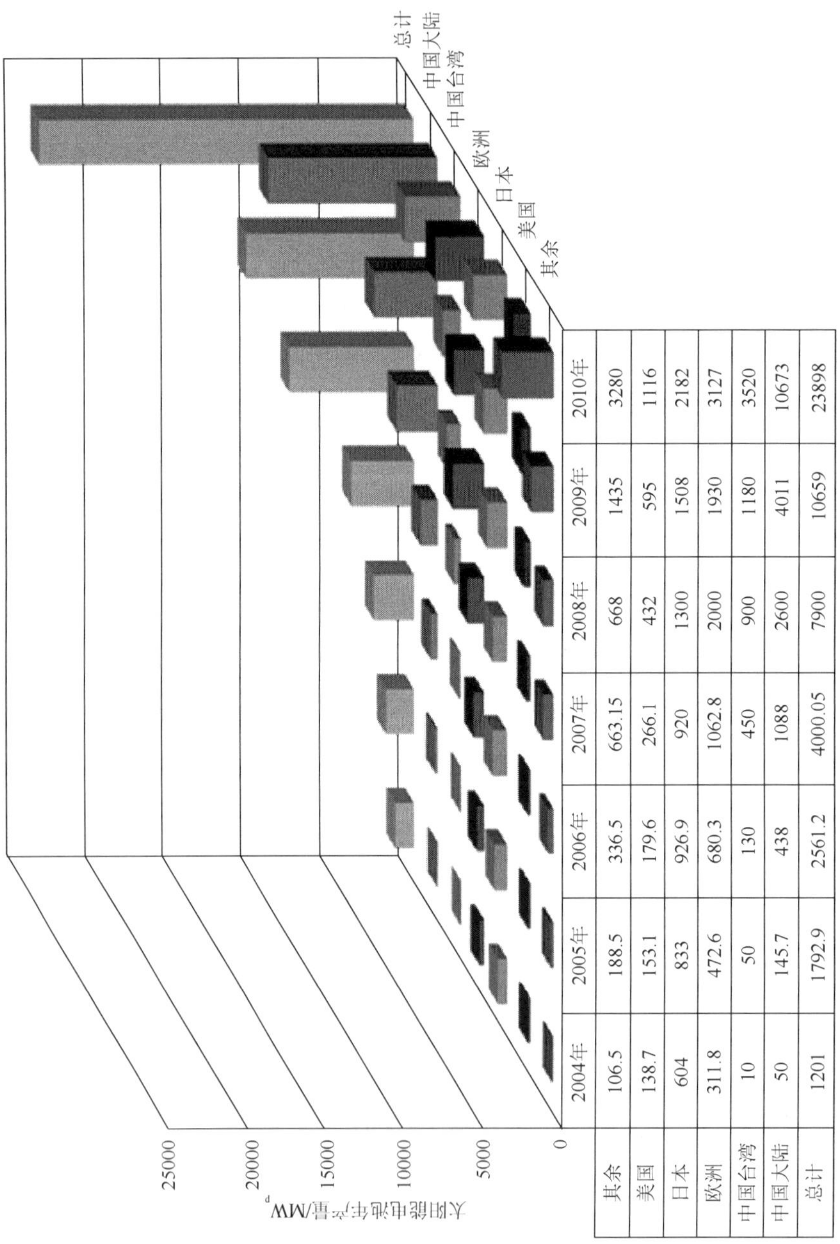

	2004年	2005年	2006年	2007年	2008年	2009年	2010年
其余	106.5	188.5	336.5	663.15	668	1435	3280
美国	138.7	153.1	179.6	266.1	432	595	1116
日本	604	833	926.9	920	1300	1508	2182
欧洲	311.8	472.6	680.3	1062.8	2000	1930	3127
中国台湾	10	50	130	450	900	1180	3520
中国大陆	50	145.7	438	1088	2600	4011	10673
总计	1201	1792.9	2561.2	4000.05	7900	10659	23898

图 1-14　2004～2010 年各地区太阳能电池年产量增加情况

换效率达到 20.3%；薄膜太阳能电池也初步实现商品化，非晶硅薄膜太阳能电池市场份额占 4.4%，CdTe 太阳能电池占 1.1%，而 CIS 太阳能电池占 0.4%。其他各类太阳能电池发展也日新月异。

世界光伏行业发展历程曲折，经过了无序竞争，克服贸易保护主义等负面影响后，逐渐成熟起来。从注重价格，到目前注重平均光伏发电度电成本，显现了可再生能源的实际效果。据统计，2016 年下半年全球平均光伏发电成本已经从 100 美元/（MW·h）下降至 86 美元/（MW·h），降幅为 14%。光伏发电度电成本下降的主要原因是技术成本下降与全球项目竞争加剧。2016 年，由于太阳能电池组件成本下降 30%，单位光伏装机容量（MW）的资本支出已降至 100 万美元以下。从 2007 年到 2017 年，光伏发电度电成本累计下降了约 90%[17]。

近十年来光伏行业及科技方面的国际会议频繁举行，例如“2014 第三届世界光伏产业投资峰会”上，与会者探讨了国内及国际光伏市场，促进光伏产业与资本市场共同可持续发展，特别是分布式能源、光伏发电与互联网的融合、云技术和大数据的融合等重要议题，对实现能源结构以化石能源为主过渡到大量应用可再生能源的目标提出见解。此外，快速崛起的印度、南美洲、非洲等国家和地区也已成为光伏行业重要的战略市场。光伏技术的持续进步，推动了光伏产品多元化应用的跨界发展[18-20]。

2. 中国太阳能电池的发展

1958 年中国研制出首块硅单晶，1968～1969 年，中国科学院半导体研究所承担了为“实践一号卫星”研制和生产硅太阳能电池板的任务。中国电子科技集团公司第十八研究所为东方红二号、三号、四号系列地球同步轨道卫星研制生产太阳能电池方阵。1975 年宁波、开封先后成立了太阳能电池厂，模仿早期生产空间电池的工艺，太阳能电池的应用开始从空间降落到地面[21-23]。

中国的一些企业从 1998 年开始关注太阳能发电。尚德太阳能电力有限公司于 2001 年建立，2002 年 9 月第一条 10MW 太阳能电池生产线正式投产，年产能相当于此前 4 年全国太阳能电池产量的总和，一举将我国与国际光伏产业的差距缩短了 15 年。2003～2005 年，在欧洲特别是德国市场拉动下，尚德太阳能电力有限公司和英利集团持续扩产，其他多家企业纷纷建立太阳能电池生产线，使我国太阳能电池的生产迅速发展。2004 年，洛阳单晶硅集团有限责任公司与中国有色工程设计研究总院创办的洛阳中硅高科技有限公司自主研发出了 12 对棒节能型多晶硅还原炉。以此为基础，2005 年国内第一个 300 吨多晶硅生产项目建成投产，拉开了中国多晶硅大发展的序幕。2007 年，中国太阳能电池产量从 2006 年的 400MW 一跃达到 1088MW，中国成为太阳能电池生产量最多的国家。2008 年中国太阳能电池产量达到 2600MW。

在前进道路上，中国太阳能电池产业受到了 2008 年世界经济危机、欧洲北美双反等影响，遇到了低端产业链环节重复建设、盲目扩张产能、产量严重过剩等严重困难。凭着自强自立精神，中国太阳能电池产业进行产业重组、调整，终于浴火重生，持续发展，成为全球的太阳能电池制造中心。2008 年我国太阳能电池产量实现了大幅增长。2008～2014 年我国太阳能电池产量情况如图 1-15 所示。

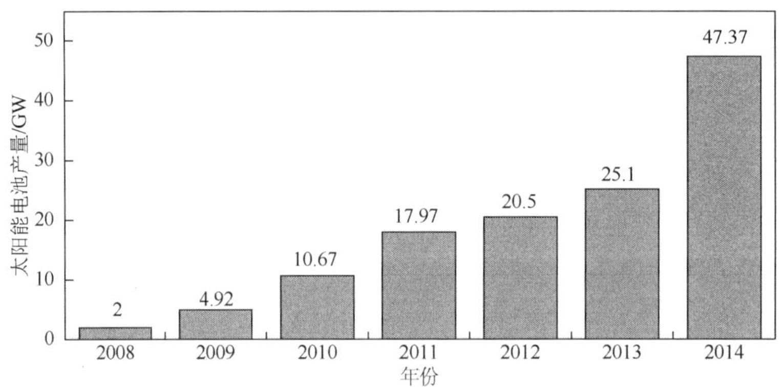

图 1-15　2008～2014 年中国太阳能电池产量

由于中国政府发展光伏产业的信心坚定，逐步改变了原料来自国外、产品只供给国外使用，即原料、市场两头在外的被动局面。2014 年我国累计并网光伏装机容量达到 28050MW，同比增长 60%，其中，光伏电站累计并网光伏装机容量为 23380MW，分布式累计并网光伏装机容量为 4670MW；年光伏发电量约 25TW·h，同比增长超过 200%。2010 年以来，我国光伏产业产量逐年增高（图 1-16、图 1-17）。随着光伏产业的逐年发展和国内政策的拉动，中国光伏市场迅速扩大，其结果就是中国光伏产业的出口比例逐渐减小，国内份额逐渐增大（图 1-18）。

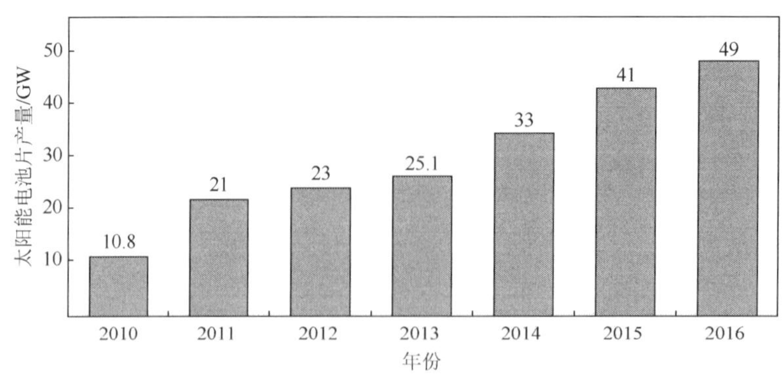

图 1-16　2010～2016 年中国太阳能电池片产量

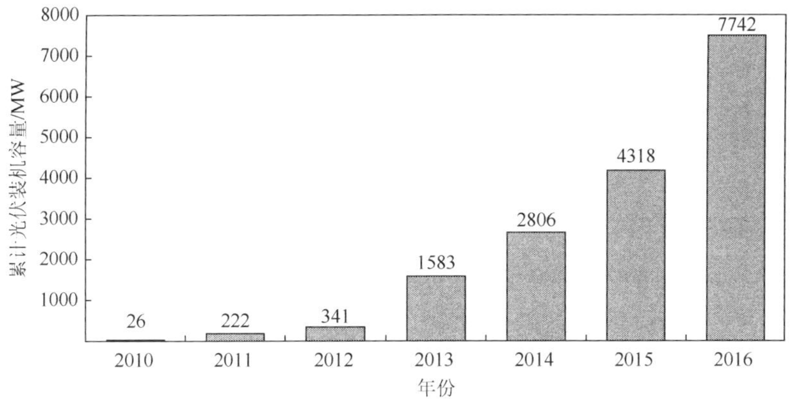

图 1-17 2010～2016 年中国累计光伏装机容量

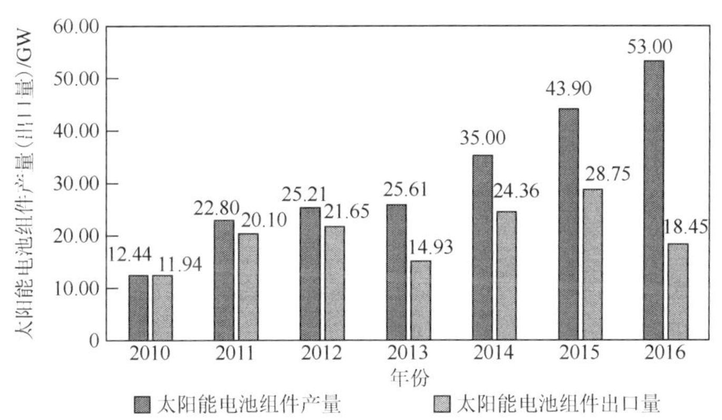

年份	太阳能电池组件产量/GW	太阳能电池组件出口量/GW	国内太阳能电池组件安装量/GW	太阳能电池组件出口比例/%	年份	太阳能电池组件产量/GW	太阳能电池组件出口量/GW	国内太阳能电池组件安装量/GW	太阳能电池组件出口比例/%
2010	12.44	11.94	0.50	95.98	2014	35.00	24.36	10.64	69.60
2011	22.80	20.10	2.70	88.16	2015	43.90	28.75	15.15	65.49
2012	25.21	21.65	3.56	85.88	2016	53.00	18.45	34.55	34.81
2013	25.61	14.93	10.68	58.30	—				

图 1-18 2010～2016 年中国太阳能电池组件出口状况

2015 年是中国光伏行业实现跨越式发展的一年，中国光伏发电市场新增光伏装机容量达到 17GW，连续三年成为全球第一大光伏市场，首次超过德国成为全球累计光伏装机容量最大的国家。截至 2015 年底，我国累计光伏装机容量 4318MW，成为全球光伏装机容量最大的国家，连续三年新增装机容量超过 1000MW[21]。

2016 年，我国的太阳能电池片产量 49GW，成本持续下降，部分企业加工成本已降至 0.5 元/W 以下；生产技术不断进步，单晶、多晶硅太阳能电池的转换效率分别达到 20.5%和 19%[23,24]。

从原料方面看，我国企业掌握了关键材料的生产技术，光伏产业基础逐步牢固。“十一五”期间，我国投产的多晶硅年产量从两三百吨发展至 45000 吨，光伏产业原材料自给率由几乎为零提高至50%左右，已形成数百亿元级的产值规模。国内多晶硅骨干企业已掌握改良西门子法千吨级规模化生产关键技术，规模化生产的稳定性逐步提升。此外，晶体硅太阳能电池的生产设备不断取得突破，本土化水平不断提高。国产单晶炉、多晶硅铸锭炉、开方机等设备逐步进入产业化，占据国内较大市场份额。晶体硅太阳能电池专用设备基本实现了本土化并具备生产线“交钥匙”的能力。硅基薄膜电池生产设备初步形成小尺寸整线生产能力。中国的太阳能电池研究虽比国外晚了 20 年，但这并不妨碍中国成为全球主要太阳能电池生产国[15,16]。

3. 我国光伏产业发展特点分析

中国对太阳能电池的研究开发工作高度重视，“七五”期间，非晶硅半导体研究已列入国家重大课题；“八五”和“九五”期间，中国把光伏产业研发重点放在大面积太阳能电池等方面。2003 年后，中国政府出台一系列政策推进太阳能发电技术的应用，例如，计划到 2015 年全国太阳能发电系统总光伏装机容量达到 300MW（已达到），发展高效太阳能电池技术、调整光伏产业的结构、将铜铟镓硒薄膜［$Cu(In,Ga)Se_2$，CIGS］太阳能电池技术列入鼓励型项目，等等[25]。我国光伏产业发展特点如下：

（1）我国光伏产业充分运用国内外资金、人才两大市场要素。“十一五”末期，已有数十家企业实现海外及国内上市，产品广销国际市场。国内光伏企业以民营企业为主，主要企业实力不断增强，有四家企业太阳能电池产量位居全球前十，成为国际知名企业。许多光伏产业界的留学归国人员成为这些企业的领导和骨干。

（2）自主创新与引进吸收相结合，形成自主特色产业体系。通过自主创新与引进消化吸收再创新相结合，多晶硅、电池组件及控制器等制造水平不断提高，制造设备的本土化率已经超过 50%，太阳能电池的质量和技术水平也逐步走向世界前列。

（3）产业链上下游协同发展，推动光伏发电成本下降。我国光伏产业突破材料、市场以及人才等发展瓶颈，产业规模迅速壮大，上下游完整产业链基本成型并带动了世界光伏产业的发展，有效地推动了技术进步，降低了光伏产品成本，加快了全球光伏产业应用步伐。

（4）产业呈现集群化发展，有效提高区域竞争力。依托区域资源优势和产业基础，国内已形成了江苏、河北、浙江、江西、河南、四川、内蒙古等区域产业中心，并涌现出一批国内外知名且具有代表性的企业，这些企业加快海外并购和设厂，向国际化企业发展。

1.4　聚光型太阳能光伏系统概述

由于太阳能的分散性，单位面积太阳辐射量在 1kW/m^2（AM1.5）左右，因此太阳能发电系统需要庞大的光照面积，如 10MW 的太阳能发电装置需要 100000m^2 光照面积，比常规发电设备大很多。大功率发电系统所占的面积就更大了。为此某些科技人员提出了采用聚光型太阳能光伏系统，一方面，采用聚光型太阳能光伏系统可以提高太阳能的能流密度，使得单位面积的太阳能电池片所接收的辐射功率密度大幅度增加，太阳能电池的光电转换效率得以提高；另一方面，输出功率一定的条件下，采用聚光型太阳能光伏系统可以降低电池片的消耗。图 1-19 展示出各种聚光镜[26,27]，图 1-19（a）所示为 20 世纪初许多太阳能装置使用的线性抛物面反射镜；图 1-19（b）所示为抛物面反射镜阵列，单元直径只有 0.2m；图 1-19（c）所示为美国 Amonix 公司和 Sin Power 公司开发的 20W 点聚焦菲涅耳反射镜；图 1-19（d）所示为马德里理工大学研究组研发的一种新型的线聚焦菲涅耳反射镜，可以使发电成本大幅度降低。

（a）线性抛物面反射镜

（b）抛物面反射镜阵列

（c）点聚焦菲涅耳反射镜

（d）线聚焦菲涅耳反射镜

图 1-19　各种聚光镜实物图

1.4.1　发展聚光型太阳能光伏发电技术的意义

在各种新能源技术，即核能、风能、太阳能热利用、太阳能光伏等技术中，增加了一项新技术，即聚光型太阳能光伏发电技术。其意义如下：

（1）在大功率并网电站应用中，聚光型太阳能光伏系统以较小的占地面积获取较高的发电量，有助于我国能源安全和大型发电基地的建设。

（2）由于聚光型太阳能光伏发电技术涵盖了材料学、半导体、微电子、光学设计加工、精密机械加工、计算机软件、自动控制、传感器技术等领域，发展聚光型太阳能光伏发电技术可以带动以上技术领域的进步，形成自主知识产权，增强国家的科技竞争力。

（3）由于聚光型太阳能光伏系统需要使用大量的传统原材料，如钢材、铝板、玻璃等，亦可带动传统行业成为新能源的配套产业链，有利于国家产业结构的优化和升级。

（4）发展聚光型太阳能光伏发电技术符合光伏技术高效、环保的发展趋势，符合当今世界绿色低碳经济的潮流[2]。

1.4.2　聚光型太阳能光伏系统的组成及特点

聚光型太阳能光伏系统的结构一般包括四大部分：聚光器系统、太阳能接收器（聚光太阳能电池、光电转换模块）、太阳追踪机构以及冷却装置。图 1-20 为配备菲涅耳透镜的聚光太阳能电池装置示意图，聚光比为 500～1600。图 1-21 为追日聚光太阳能电池实物图[11,16]。

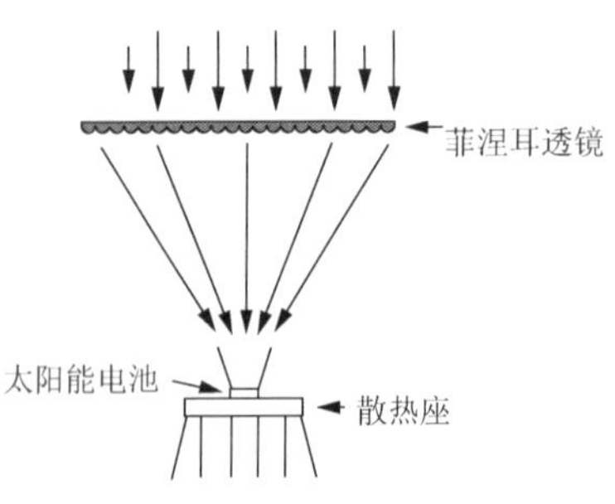

图 1-20　配备菲涅耳透镜的聚光太阳能电池装置示意图

图 1-21　追日聚光太阳能电池实物图

聚光型太阳能光伏系统的特点如下：

（1）转换效率较高。将几种发电系统的转换效率进行比较，如表 1-3 所示。其中聚光型太阳能光伏系统的转换效率比较高，它通过使用聚光系统将光聚集到狭小的面积上来提高发电效率，其能量转换效率可达到 31%～40.7%。但因聚光引起的温度上升会损伤太阳能电池单元及发电系统，因此在设计时要根据实际情况计算、选取合理的聚光比，有时往往要限制其聚光比。

表 1-3 几种发电系统的转换效率

发电系统	薄膜型太阳能电池	晶体硅太阳能电池	传统核能电厂	火力发电厂	聚光型太阳能光伏系统	新式核能电厂
转换效率	7%～12%	12%～20%	30%	36.8%	31%～40.7%	42%～57%

（2）可吸收的太阳光波长范围较宽（300～1900nm）。聚光型太阳能光伏系统中的聚光太阳能电池主要有高效晶体硅太阳能电池和 GaAs 三结（例如 InGaP/GaAs/Ge）太阳能电池。通常晶硅材料能够吸收 400～1100nm 波长的能量，GaAs 三结太阳能电池可吸收 300～1900nm 波长的能量。

（3）占用的面积较小。聚光型太阳能光伏系统通过使用聚光器使太阳光的接收器面积比常规的晶体硅太阳能电池要小。特别是高倍聚光器，可更有效地利用土地面积，用于建造大型支撑电源的太阳能发电系统。若使用 1000 倍的透镜，聚光型太阳能光伏系统中，单位模块所需的太阳能电池面积仅为晶体硅太阳能电池的 1/2.5。

（4）需要使用太阳追踪系统。聚光太阳能电池必须要在位于聚光透镜焦点附近时才能发挥功能，因此为使电池模块总是朝向太阳的方位，要搭配使用太阳追踪系统。然而，追踪系统虽然可提高太阳能利用效率，但却存在聚光发热、太阳追踪系统的质量及体积较大等问题，因此聚光型太阳能光伏系统适于建立大型光伏电站，不适合装在民用住宅屋顶。

（5）技术和规模化进度存在不确定性。聚光型太阳能光伏发电技术作为一项正在发展，并走向工程运用的新技术，其技术路线以及产业链还在形成的过程中。已经参与相关产品开发与生产的企业，需要关注其技术发展、成本以及取得优势地位的进展[12,13]。

参 考 文 献

[1] 赵玉文. 光伏产业发展现状、趋势及思考[J]. 太阳能, 2011, (18): 34-39.

[2] 王斯成, 吴达成. 我国光伏政策的回顾和展望(上)[J]. 太阳能, 2016, (6): 5-11.

[3] Green M A. Solar Cells[M]. Englewood Cliffs: Prentice Hall, 1981.

[4] 赵富鑫, 魏彦章. 太阳能电池及应用[M]. 北京: 国防工业出版社, 1992.

[5] 杨贵恒, 强生泽, 张颖超. 太阳能光伏发电系统及其应用[M]. 北京: 化学工业出版社, 2011.

[6] 杨金焕, 于化丛, 葛亮. 太阳能光伏发电应用技术[M]. 北京: 电子工业出版社, 2009.

[7] 王斯成. 光伏并网与光伏建筑的政策、技术要点和技术标准[C]. 光伏并网与光伏建筑技术研讨会(金太阳示范工程专题会议), 北京, 2009.

[8] 杜春旭. 线性菲涅尔太阳能聚光系统的理论分析与实验研究[D]. 北京: 北京工业大学, 2012.

[9] 吴松华. 中国太阳能资源分布图[EB/OL]. (2015-09-06)[2017-11-03]. https://wenku.baidu.com/view/8d7a60f127d3240c8447efa1.html.

[10] 陈志明. 菲涅尔聚光器性能研究[D]. 杭州: 中国计量学院, 2013.

[11] 袁爱谊, 王亮兴. 聚光光伏发电技术研究与展望[J]. 上海电力, 2009, (1):13-18.

[12] 俞容文. 高倍聚光光伏技术介绍. [EB/OL]. (2010-5-7)[2017-11-3]. http://www.doc88.com/p-18146177085.html.

[13] 国金证券股份有限公司. 聚光光伏(CPV)太阳能专题研究报告[EB/OL]. (2010-07-08)[2017-11-03]. http://www.doc88.com/p-9184087373013.html.

[14] 沈辉. 太阳能电池的发展现状与前景展望[EB/OL]. (2011-04-05)[2017-11-03]. http://www.doc88.com/p-1691697020829.html.

[15] 2017 年中国光伏发电发展现状及展望[EB/OL]. (2016-12-07)[2017-11-03]. http://www.chinapower.com.cn/informationzxbg/20161207/70063.html.

[16] 2008～2014 年我国光伏行业发展概况及特点分析[EB/OL]. (2015-10-19)[2017-11-03]. http://www. chyxx.com/industry/201510/350574. html.

[17] 张艳. 我国光伏发电度电成本 10 年下降 90%. [EB/OL]. (2018-04-13)[2018-04-21]. http://www.my68.com/news/20180413113711071630 11.html.

[18] 全球光伏度电成本下降未来光伏项目的关注点将是产生电力的价值[EB/OL]. (2017-05-10)[2017-11-03]. http://www. solarzoom.com/index.php/article/92253.

[19] 紧握光伏产业链整合契机, 收获电站开发红利[EB/OL]. (2014-06-26)[2017-11-03]. http://www.solarzoom.com/article-52524-1.html.

[20] 太阳能电池行业发展趋势分析[EB/OL]. (2016-06-15)[2017-11-03]. http://www.xny365.com/news/article-41412.html.

[21] 智研咨询集团. 2016-2022 年中国光伏发电市场运营态势与投资前景预测报告[EB/OL]. (2016-07-06)[2017-11-03]. http://www.chyxx.com/research/201607/428647.html.

[22] 国家能源局. 2016 年光伏行业现状[EB/OL]. (2016-12-06)[2017-11-03]. http://www.pincai.com/baike/64909.html.

[23] 王斯成. 光伏发电的形势、质量和效益分析[EB/OL]. (2017-05-09)[2017-11-03]. http://www.xny365.com/news/article-84553. html.

[24] 中国光伏行业协会, 中国电子信息产业发展研究院. 中国光伏产业发展路线图(2016 年版)[EB/OL]. (2017-02-20)[2017-11-03]. http://wenku.ofweek.com/show-34694.html.

[25] 盘点高效太阳能电池转换效率之最: 晶硅电池谁称王？[EB/OL]. (2014-07-21) [2017-11-03]. http://solar.ofweek.com/2014-07/ART-260018-8300-28855323.html.

[26] 程颖. 聚光系统聚光器的初步研究[D]. 天津: 天津大学, 2009.

[27] 胡晨明, 怀特. 太阳能电池[M]. 北京: 北京大学出版社, 1990: 91-100.

第 2 章　晶体硅太阳能电池

2.1　太阳能电池的种类

太阳能电池种类较多，可以有不同的分类方法[1-5]。从商品化的程度看，晶体硅太阳能电池是太阳能电池行业的主流产品，市场占有率在 90%以上。近年来，化合物薄膜太阳能电池开始实现商品化，使得太阳能电池呈现出多品种共存的局面。图 2-1 是从太阳能电池的构成材料以及结构来分类的示意图。各种太阳能电池的转换效率如表 2-1 所示。

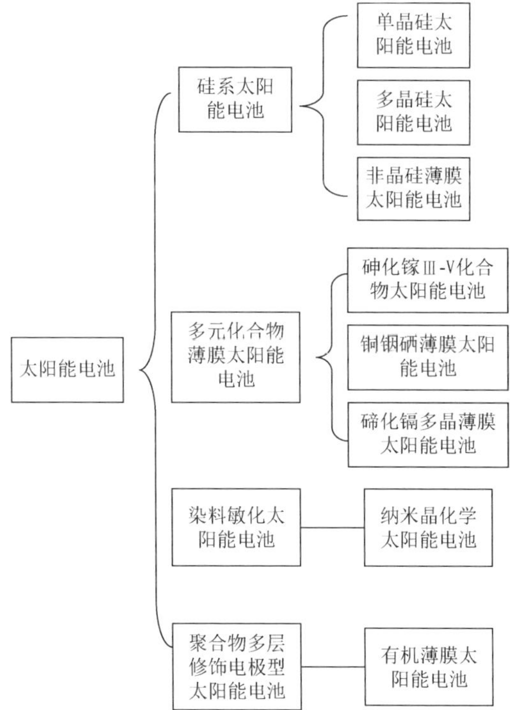

图 2-1　太阳能电池的种类

表 2-1　世界各类太阳能电池实验室最高转换效率

电池种类	最高转换效率/%	研制单位	备注
单晶硅太阳能电池	25	澳大利亚新南威尔士大学	电池面积为 4cm^2
背接触聚光单晶硅太阳能电池	26.8±0.8	美国 SunPower 公司	96 倍聚光
GaAs 多结太阳能电池	41.1±1.7	德国 Fraunhofer ISE	聚光电池
多晶硅太阳能电池	20.3±0.5	德国 Fraunhofer ISE	电池面积为 1.002cm^2
铟镓磷/砷化镓（InGap/GaAs）太阳能电池	30.28±1.2	日本能源公司	电池面积为 4cm^2
非晶硅太阳能电池	14.5（初始）±0.7 12.8（稳定）±0.7	美国 USSC 公司	电池面积为 0.27cm^2
铜铟镓硒太阳能电池	19.5±0.6	美国国家可再生能源实验室	电池面积为 0.41cm^2
碲化镉太阳能电池	16.5±0.5	美国国家可再生能源实验室	电池面积为 1.032cm^2
多晶硅薄膜太阳能电池	16.6±0.4	德国斯图加特大学	电池面积为 4.017cm^2
纳米硅太阳能电池	10.1±0.2	日本钟渊公司	2μm 厚薄膜
染料敏化太阳能电池	11.0±0.5	瑞士洛桑联邦理工学院（EPFL）	电池面积为 0.25cm^2
HIT 太阳能电池	22.3	日本三洋公司	—

注：HIT（heterojunction with intrinsic thin layer）表示内禀异质结薄层

2.2　晶体硅太阳能电池工作原理

晶体硅太阳能电池工作原理的基础是半导体 PN 结的光生伏打效应。单晶硅的原子按照一定规律排列，每个硅原子最外层有 4 个电子，在外加能量激发下，如受到光照，会摆脱原子核的束缚，形成带负电的自由电子，在原来位置形成带正电的“空穴”。在纯净的晶体硅中，自由电子与空穴数量相等。当在硅晶体中掺入能俘获电子的元素［如硼元素（B）］，就构成空穴型，即 P 型半导体，载流子多为带正电荷的空穴，空穴为多子，自由电子为少子。若掺入能够释放电子的元素［如磷元素（P）］，则构成电子型，即 N 型半导体，载流子多为带负电荷的电子，自由电子为多子，空穴为少子。若将这两种半导体结合在一起，则交界处形成 PN 结，即空间电荷区。在 P 区、空间电荷区和 N 区，能量大于禁带宽度 E_g（$h\nu \geqslant E_g$）的光子能把价带中电子激发到导带上形成自由电子，价带中留下带正电的空穴，形成电子-空穴对，电子和空穴统称为光生载流子。电子迁移到电池的 N 型（负极）一侧，空穴迁移到电池的 P 型（正极）一侧，从而在电池两极分别形成了正负电荷积累，产生“光生电压”，这一现象就是光生伏打效应。若在电池两侧引出电极并接上负载，就有“光生电流”通过，得到可利用的电能，这就是太阳能电池的工作原理[6,7]。

N 型和 P 型半导体接触形成 PN 结后，对于 N 型半导体，费米能级 E_{Fn} 将靠近导带势垒；对于 P 型半导体，费米能级 E_{Fp} 将靠近价带势垒。图 2-2 为不同状态下晶体硅太阳能电池能带图。有以下几种情况[7]：

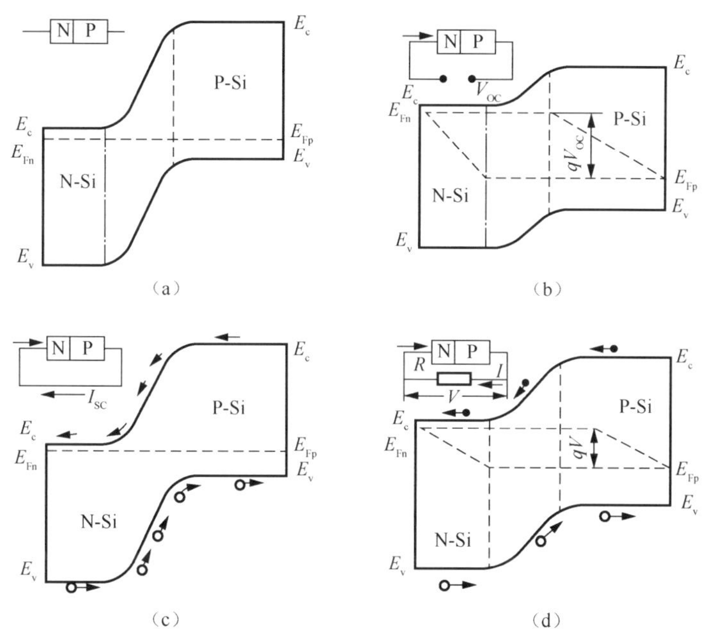

图 2-2 不同状态下晶体硅太阳能电池能带图

（1）无光照时，如图 2-2（a）所示，能带有统一的费米能级，势垒高度，即空间电荷区两端的电势差为 $qV_D=E_{Fn}-E_{Fp}$。

（2）当太阳光照射到太阳能电池上并被吸收时，PN 结处于非平衡态，光生载流子积累出现光电压，PN 结处于正偏，费米能级分裂。因处于开路状态，费米能级分裂宽度为 qV_{OC}，剩余的势垒高度为 $q(V_D-V_{OC})$，如图 2-2（b）所示。

（3）有稳定光照，如图 2-2（c）所示，电池处在短路状态（负载为零）时，原来在 PN 结两端积累的光生载流子复合，光电压消失，势垒高度为 qV_D，形成短路电流 I_{SC}。

（4）有光照，外接有负载时，一部分光电流在负载上建立电压 V，另一部分光电流和 PN 结在电压 V 的正向偏压下形成的正向电流抵消。费米能级的宽度正好等于 qV，剩余的结势垒高度为 $q(V_D-V)$。图 2-2（d）为太阳能电池工作的能带图。此时，太阳能电池的工作原理示意图如图 2-3 所示。

太阳能电池中，入射光子的能量 $h\nu$ 必须满足以下条件才会被吸收：

$$h\nu \geqslant E_g = h\nu_0 \tag{2-1}$$

式中，$h\nu_0$ 是可能引起产生电子-空穴对的最低能量，称为本征吸收限；E_g 为禁带宽度。最大波长 λ_0 与禁带宽度的关系为

$$\lambda_0 = \frac{1240}{E_g} \tag{2-2}$$

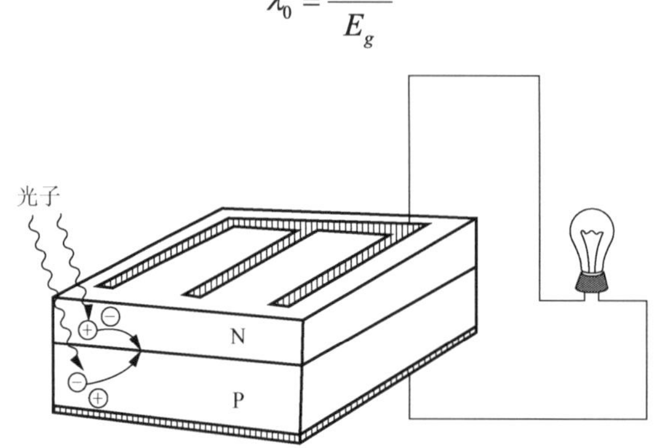

图 2-3　太阳能电池工作原理示意图

2.3　晶体硅太阳能电池结构

一般的晶体硅太阳能电池结构包括：

（1）基体材料。晶体硅太阳能电池通常以掺杂少量硼原子的 P 型半导体作为基体材料。

（2）PN 结。采用高温热扩散的方法，通过将浓度高于硼原子的磷原子掺入 P 型半导体基体内制成 PN 结。

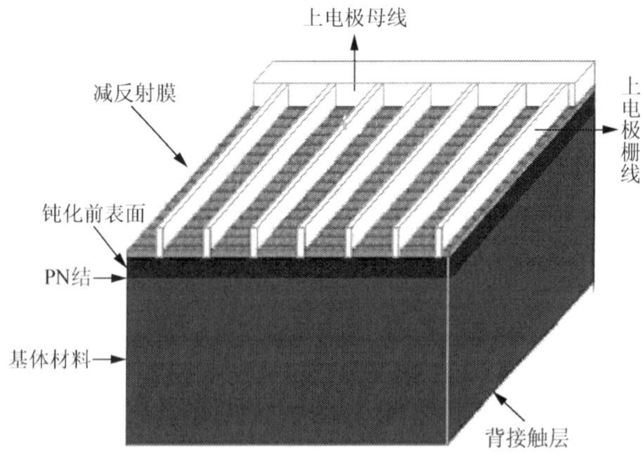

图 2-4　晶体硅太阳能电池结构剖面图

（3）丝网印刷电极。包括上电极栅线和母线。

（4）减反射膜。利用等离子体化学气相沉积法制备减反射膜。减反射膜可以减少光学损失。

（5）钝化前表面。

（6）背接触层。兼有电极和背面反射器作用。

晶体硅太阳能电池结构剖面图如图 2-4 所示。

2.4　太阳能电池的特性

2.4.1　太阳能电池的等效电路

太阳能电池的等效电路如图 2-5 所示。R_M为外接负载电阻。R_S为串联电阻，由电池的体电阻、表面电阻、电极导体电阻和电极与硅片间的接触电阻所构成。R_{SH}为并联电阻（旁漏电阻），由绕过硅片边缘的漏电阻、结区晶体缺陷和外来杂质沉淀物造成的内部漏电引起。串联电阻和并联电阻都起到减小填充因子的作用，很高的串联电阻和很低的并联电阻还会分别减小短路电流 I_{SC} 和开路电压 V_{OC}。I_D为通过 PN 结的总扩散电流，与I_{SC}方向相反，I_D又称为二极管反向电流（或饱和暗电流），I_L为流过负载的电流。式（2-3）为I_L、I_{SC}及I_D的关系式。I_O为无光照时的饱和电流。

$$I_L = I_{SC} - I_D = I_{SC} - I_O\left(e^{\frac{qV}{kT}} - 1\right) \tag{2-3}$$

式中，q为电子电荷；V为负载的端电压；k为玻耳兹曼常数；T为温度。

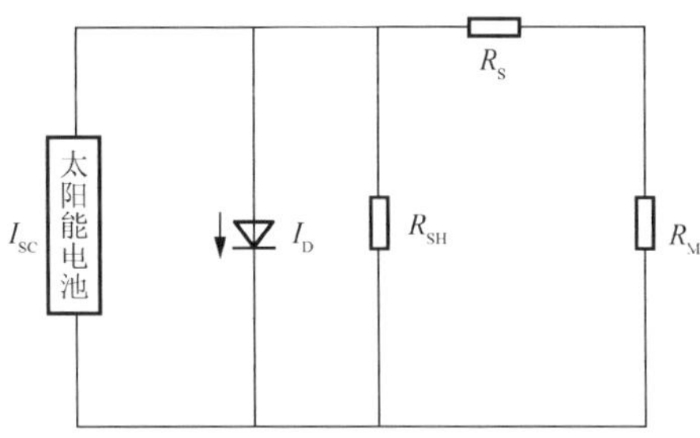

图 2-5　太阳能电池的等效电路

2.4.2　太阳能电池的 *I-V* 特性曲线及参数

当负载电阻R_L从 0 变到无穷大时，可画出如图 2-6 所示的太阳能电池负载特性曲线，即 *I-V* 特性曲线。曲线上的任一点都为工作点，工作点和原点的连线称为负载线，负载线斜率的倒数等于R_L。与工作点对应的横、纵坐标即为工作电压和工作电流。从 *I-V* 特性曲线中，可以得知描述太阳能电池特性的参数有：短路电流I_{SC}、开路电压V_{OC}和填充因子 FF[7,8]。

1. 短路电流I_{SC}

在标准光强照射下，将电池输出端短路，PN 结附近产生的少数光生载流子将通过这个途径流通，形成最大可能的光生电流，即短路电流，用 I_{SC} 表示。短路电流取决于光吸收量。理想情况下，它等于光生电流 I_L。在标准光强照射下，短路电流与太阳能电池面积大小有关，面积越大，短路电流越大。一般而言，1cm^{2}多晶硅太阳能电池的短路电流为 16～32mA。对于单晶硅太阳能电池，由于其表面金字塔绒面的效果，1cm^{2}太阳能电池的短路电流可达到 34mA。同一块太阳能电池，短路电流与入射光谱辐照度成正比。当环境温度升高时，短路电流略有上升，一般温度每升高 1℃，短路电流上升 0.06%～0.1%。

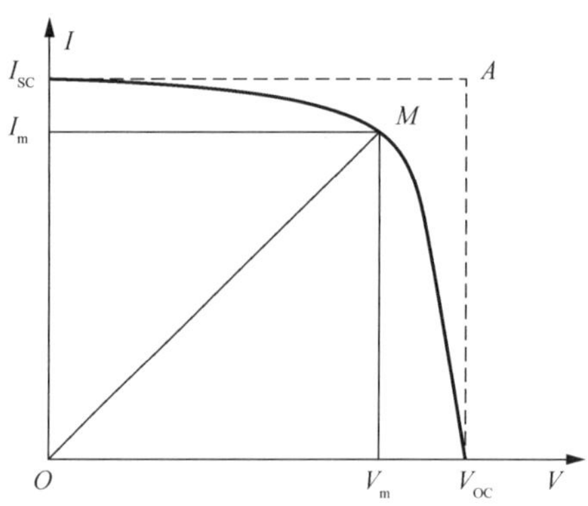

图 2-6　太阳能电池的 *I-V* 特性曲线

2. 开路电压 V_{OC}

在标准光强照射下，如果太阳能电池处于开路状态，光生载流子只能积累于 PN 结的两端产生光生电动势，这时电池外测的电势差叫开路电压，用 V_{OC}表示。开路状态下，$V=V_{OC}$，且 $I_L=0$，式（2-3）转化为

$$V_{OC}=\frac{AkT}{q}\ln\left(\frac{I_{SC}}{I_O}+1\right) \tag{2-4}$$

这是开路电压的理论计算公式。式中，I_O 为电池在无光照时的饱和暗电流；q 为电子电荷；k 为玻耳兹曼常数；A 为二极管的品质因子；T 为温度。太阳能电池的开路电压与入射光谱辐照度和材料特性有关。开路电压亦由吸收层材料的带隙决定，其最大值可由该材料的带隙值除以一个电子的电荷（E_g/e）计算得出。但由于电子和空穴的复合，太阳能电池的实际开路电压总小于这一值。在标准太阳光谱辐照度条件下，晶体硅太阳能电池的开路电压一般在 450～600mV，最高可达到 700mV。当入射光谱辐照度变化时，太阳能电池的开路电压与入射光谱辐照度的对数成正比。环境温度每上升 1℃，开路电压下降 0.3%～0.4%[8]。

3. 填充因子 FF

填充因子 FF 是最大输出功率与开路电压和短路电流乘积之比，太阳能电池的填充因子可由式（2-5）计算：

$$\mathrm{FF}=\frac{V_{\mathrm{m}}I_{\mathrm{m}}}{V_{\mathrm{OC}}I_{\mathrm{SC}}} \tag{2-5}$$

式中，V_{m} 和 I_{m} 分别表示最大输出功率点的光电压值和光电流值。

最大输出功率的获得方法是：调节负载 R_{L} 到某一值 R_M 时，在曲线上得到一点 M，得到的工作电流和工作电压之积为最大，此时对应的功率为最大输出功率。填充因子是对 I-V 特性曲线方形程度的度量，一定光强下，I-V 特性曲线的形状愈方，填充因子愈大，最大输出功率愈大。填充因子与入射光强、反向饱和暗电流、二极管的品质因子、串联电阻、并联电阻密切相关。

4. 转换效率 η

太阳能电池的转换效率 η 是最大输出功率（$P_{\mathrm{m}}=V_{\mathrm{m}}I_{\mathrm{m}}$）与输入功率（$P_{\mathrm{in}}$）之比：

$$\eta=\frac{V_{\mathrm{m}}I_{\mathrm{m}}}{SP_{\mathrm{in}}} \tag{2-6}$$

式中，S 为电池的有效面积。

2.4.3　太阳能电池的光谱响应

太阳光谱中，不同波长的光具有不同的能量，所含光子数目以及太阳能电池接受光照射时所产生的光生载流子数目也不同。太阳能电池所收集到的光电流与入射到电池表面的该波长的光子数之比，称作太阳能电池的光谱响应。光谱响应有绝对光谱响应和相对光谱响应之分。绝对光谱响应是指某一波长下太阳能电池的短路电流除以入射光功率的商，单位是毫安每毫瓦平方厘米[mA/(mW·cm^2)]。因为测量每个波长对应的光谱灵敏度的绝对值较困难，所以常将光谱响应的最大值定为 1，求出其他灵敏度对最大值的相对值，即可获得相对光谱响应，根据相对光谱响应绘制的曲线如图 2-7 所示。太阳能电池的光谱响应与太阳能电池的结构、材料性能、结深、表面光学特性等因素有关，并且随环境温度、电池厚度和辐照损伤而变化。

硅太阳能电池对于波长小于 0.35μm 及大于 1.15μm 的光波没有反应。大部分日照都在波长 0.50～0.90μm 这一波段内，硅太阳能电池的光谱响应的峰值在 0.80～0.90μm，由制造工艺和材料的电阻率决定，电阻率较低时，峰值约在波长

0.90μm 处。通常把波长较长的光谱区域称为长波长光谱响应区域或红光响应区域，主要取决于基体中少子的寿命和扩散长度；而把波长较短的光谱区域称为短波长光谱响应区域或蓝光响应区域，主要取决于少子在扩散层中的寿命和前表面复合速度[7,9]。

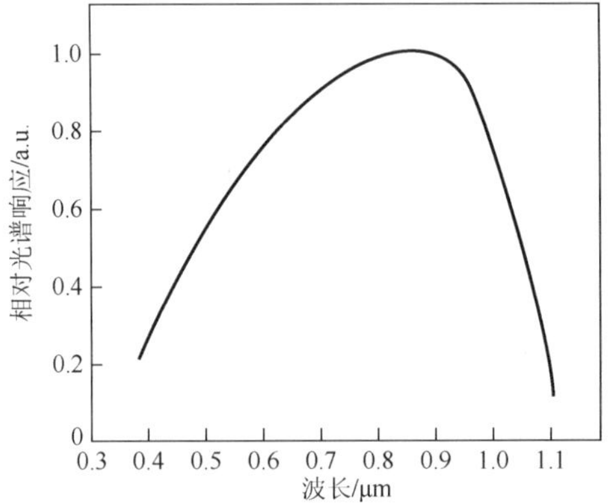

图 2-7　太阳能电池的相对光谱响应曲线

2.4.4　太阳能电池的温度和光电特性

图 2-8（a）示出了太阳能电池的温度特性，开路电压随温度升高而下降，短路电流随温度升高而升高，电池的输出功率（直接影响到效率）随温度升高而下降[7]。温度每升高 1℃，电池输出功率损失率为 0.35%～0.45%，例如，在 20℃工作的硅太阳能电池与 70℃工作时比较，输出功率要高 20%，即(70−20)×0.4%=20%。

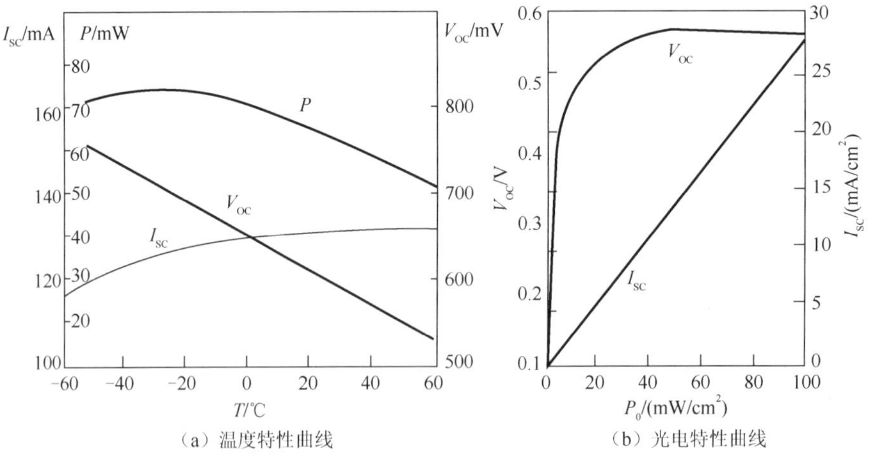

图 2-8　太阳能电池的温度与光电特性曲线

太阳能电池的光电特性如图 2-8（b）所示，图中 P_0 表示入射光能。短路电流随光强增加而增加，强光时线性很好，因而对光谱做适当修正后，太阳能电池可以作为照度计使用。开路电压随光强增加而呈指数上升，弱光时增加很快，强光下趋于饱和。利用弱光下开路电压随光强增加呈指数上升的特性，太阳能电池可以用于弱光的光强测量[7]。

2.5　晶体硅太阳能电池的制造

目前商用硅太阳能电池包括单晶硅、多晶硅、非晶硅太阳能电池。多晶硅太阳能电池以其材料成本低的优势迅速发展，实验室转换效率已达到 19.8%（电池面积为 4cm^2，AM 1.5 光照条件下），商用转换效率达到 16%左右。多晶硅太阳能电池正在引导着目前的太阳能电池市场。图 2-9 为太阳能光伏发电系统产业链图[7,9]。

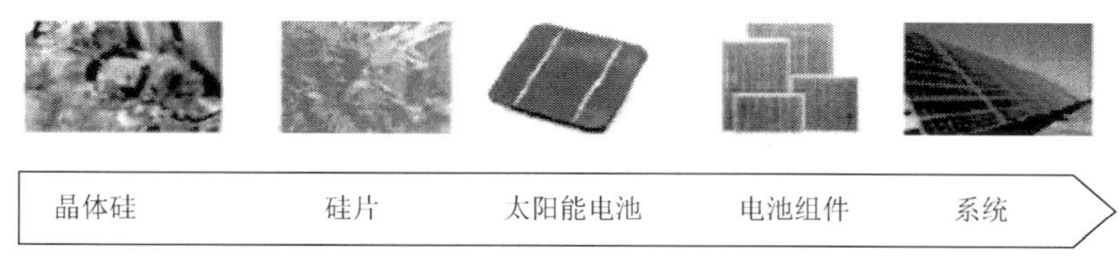

图 2-9　太阳能光伏发电系统产业链图

晶体硅太阳能电池组件的生产分为：硅材料的制备及基片的生产、电池片技术和组件的生产。图 2-10 所示为制备太阳能电池用多晶硅的工艺流程。

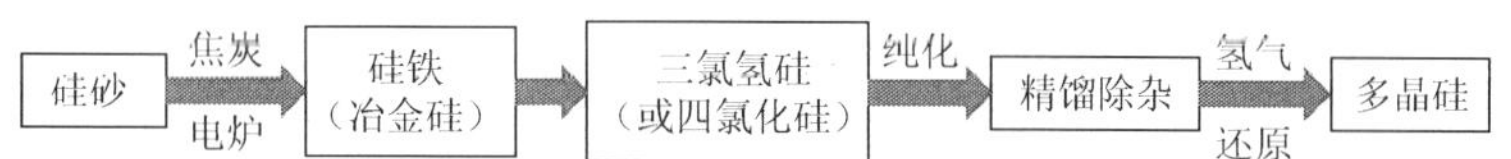

图 2-10　硅砂制备高纯度多晶硅的工艺流程图

2.5.1　晶体硅材料的制备

1. 高纯度多晶硅的制备

硅是地壳中分布第二广的元素，构成地壳总质量的 25.7%。多晶硅材料来源于优质石英砂（亦称硅砂），主要成分是高纯度二氧化硅（SiO_2），石英砂在电炉中被碳还原炼出工业硅，即冶金硅（MG-Si）[7-9]。其反应式为

$$SiO_2+2C = Si+2CO \tag{2-7}$$

工业硅与氢气或氯化氢反应，可得到三氯氢硅（$SiHCl_3$）或四氯化硅（$SiCl_4$）。经蒸馏，三氯氢硅或四氯化硅的纯度提高，然后通过还原剂（H_2）被还原为多晶

硅，其纯度可达到 99.9999999%以上。通常把 99.9999999%以上的多晶硅称为电子级硅（EG-Si），把 99.99999%以上的多晶硅称为太阳能级硅（SG-Si）。目前工业化制备高纯度多晶硅的方法主要有三氯氢硅法（西门子法）和硅烷法等。图 2-10 为硅砂制备高纯度多晶硅工艺流程图，图 2-11 为三氯氢硅法生产高纯度多晶硅示意图。还原炉中原来直径为 8mm 的硅芯将生长到直径为 150mm 左右的多晶硅棒，多晶硅棒经过一周或更长时间，可作为区熔法生长单晶硅的原料。目前太阳能级硅的生产使用改良西门子法，即在三氯氢硅法基础上增加反应气体的回收从而增加高纯度多晶硅的出产率。

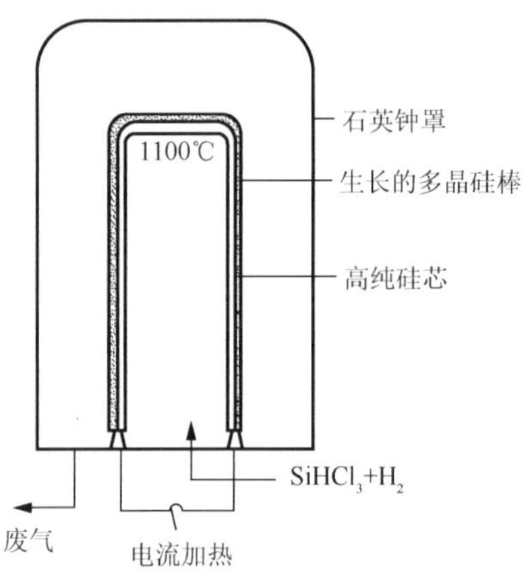

图 2-11　三氯氢硅法生产高纯度多晶硅示意图

2. 单晶硅锭的制备

目前单晶硅锭的制备方法主要有直拉法和区熔法。

（1）直拉法（丘克拉斯基法）。将多晶硅头尾料装入单晶炉的石英坩埚内，在真空或气氛下加热使之熔化，用一个处理过的籽晶与熔化的硅充分熔接，并以一定速度提升，在晶核诱导下，控制工艺条件和掺杂技术使其沿着一定单晶方向凝固、成核长大，从熔体上被缓缓拉出。工艺过程为：多晶装料—熔化—种晶—引晶—缩颈—放肩—等径—收尾。图 2-12 为直拉法拉晶工艺流程示意图[9]。

（2）区熔法（FZ 法）。将预先处理好的多晶硅棒和籽晶一起固定在区熔炉上下轴间，以高频感应等方法加热。由于硅密度小，表面张力大，在电磁场浮力、熔硅表面张力和重力的平衡作用下，多晶硅棒和籽晶产生的熔区能稳定地悬浮在多晶硅棒中间。在真空或气氛下，控制特定的工艺条件和掺杂条件，使熔区在多晶硅棒上从头到尾定向移动，如此反复多次，便沿着籽晶长成有预期电学性能的单晶硅棒。目前广泛采用的区熔炉是内热式区熔炉[9]（图 2-13）。

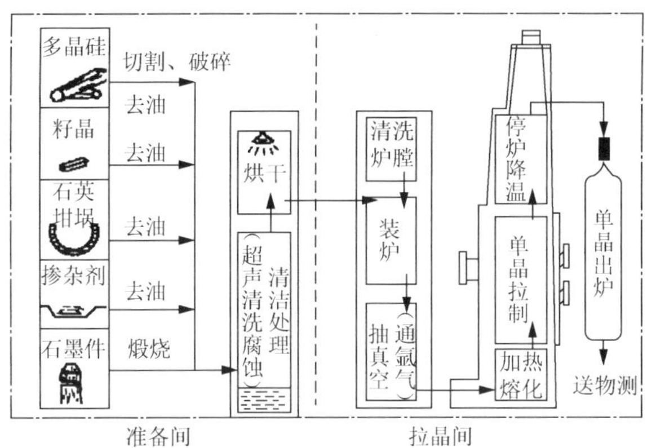

图 2-12　直拉法拉晶工艺流程示意图

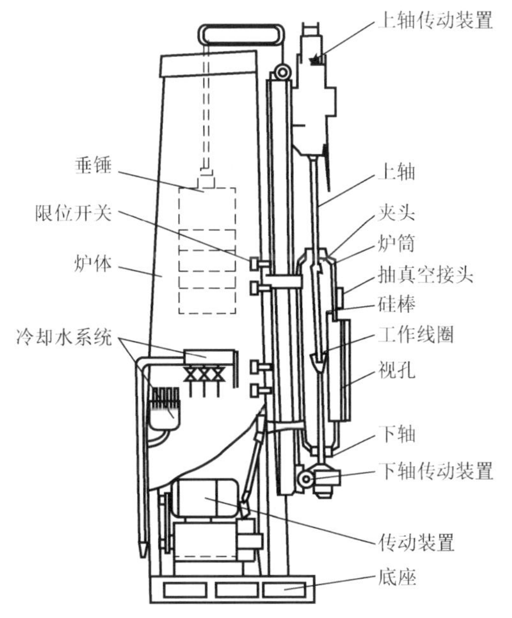

图 2-13　内热式区熔炉结构示意图

3. 多晶硅锭的制备

多晶硅锭的制备，即铸锭工艺，主要有定向凝固法和浇铸法。

（1）定向凝固法。将硅材料放在坩埚中熔融，然后从坩埚底部通冷源，固液面从下而上移动形成硅锭，如图 2-14 所示[9]。

（2）浇铸法。将熔化后的硅液倒入模具中形成硅锭，铸出的硅锭被切成方形硅片，用于制作太阳能电池。目前应用的大尺寸硅锭（69cm×69cm）可提高太阳能电池的生产效率。

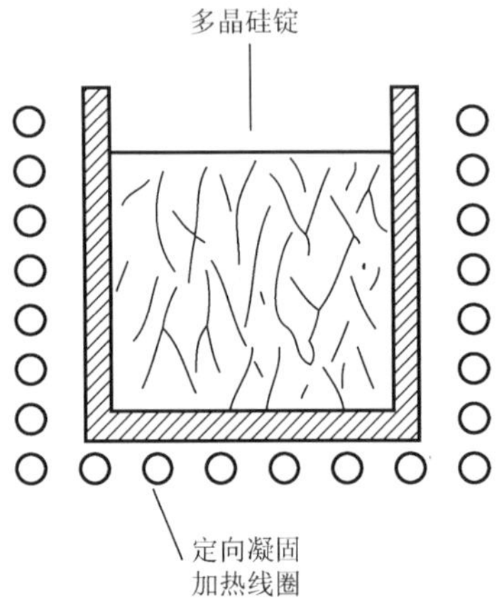

图 2-14　定向凝固法示意图

4. 片状硅的制备

片状硅，即硅带是从熔体中直接生长出来的，可以大大减少由硅锭切片造成的硅材料的损失，片厚 100～200μm。

5. 硅片的加工

硅锭经表面整形、定向、切割、研磨、腐蚀、抛光、清洗等工艺，被加工成具有一定尺寸、厚度、晶向和高度，表面具有一定平行度、平整度、光洁度，表面无缺陷、无崩边、无损伤层，高度完整、均匀、光洁的镜面硅片。图 2-15 为硅片加工工艺流程图[9]。硅片加工的关键是通过镶铸金刚砂（SiC）的刀片（或钢丝）的高速旋转，定向切割出符合规格的硅片。切片工艺的要求主要是：①切割精度高，表面平行度高，翘曲度和厚度公差小；②断面完整性好，消除拉丝、刀痕和微裂纹；③提高成品率，缩小刀片（或钢丝）切缝，降低原材料损耗；④提高切割速度，实现自动化切割。

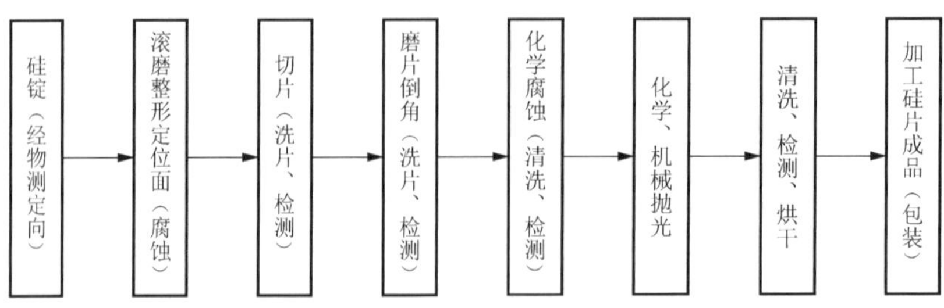

图 2-15　硅片加工工艺流程图

目前切片方法主要有外圆切割、内圆切割、线切割、激光切割等。线切割切片应用普遍，具有切片质量高、速度快、产量大、成品率高、成本低以及适于大规模生产等优点。图 2-16 为硅片线切割示意图[9]。

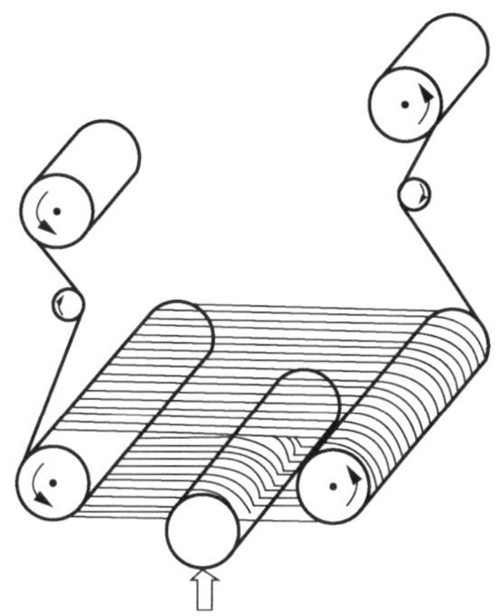

图 2-16　硅片线切割示意图

6. 太阳能电池硅片的技术要求

太阳能电池硅片的技术要求为：①导电类型。P 型硅常用硼掺杂，用以制造 N^+/P 型硅电池；N 型硅用磷或砷掺杂，用以制造 P^+/N 型硅电池。这两种材料均可选用，所制成的两种电池的各项参数大致相当。目前国内外多采用 P 型硅材料。②电阻率。太阳能电池中硅的电阻率范围很宽，在 0.1～50Ω·cm，甚至更大。在一定的范围内，电池的开路电压随着硅基体电阻率的下降而增加。在电阻率较低时，太阳能电池的开路电压较高，短路电流略低，总转换效率较高。但电阻率太低，开路电压反而会降低，并导致填充因子下降。所以地面应选用电阻率在 0.5～3.0Ω·cm 的硅材料。③晶向、位错、寿命。太阳能电池较多地选用沿［111］和［110］晶向生长的硅材料。单晶硅太阳能电池一般要求无位错和少子寿命尽量长。④几何形状和尺寸。圆形硅片的尺寸有 ϕ50mm、ϕ70mm、ϕ100mm、ϕ200mm；方形硅片的尺寸有 100mm×100mm、125mm×125mm、156mm×156mm。硅片的厚度由以前的 300～450μm 降为 180～350μm[9]。

2.5.2　晶体硅太阳能电池的制造工艺

晶体硅太阳能电池的制造包括扩散制结、制作电极和减反射膜三个主要工序。电池需要一个大面积的浅结实现能量转换。电极用来输出电能，减反射膜的作用是使电池的输出功率进一步提高。电池制造工艺中还包括去除背结和腐蚀周边两个辅助工序。结特性是影响电池转换效率最主要的因素。电极除影响电性能外，还关系到电池的可靠性和寿命长短的问题。图 2-17 为晶体硅太阳能电池的制造工艺流程图。

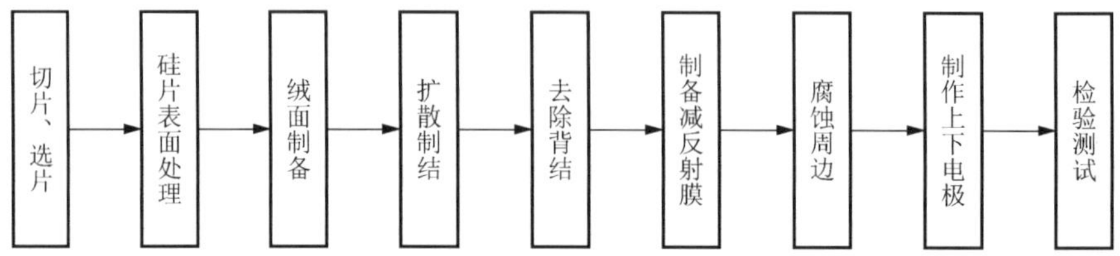

图 2-17　晶体硅太阳能电池的制造工艺流程图

2.5.2.1　硅片的切片、选片

硅片是制造太阳能电池的基本材料，可由高纯度硅棒、硅锭或硅带切割而成。选择硅片时要考虑硅材料的导电类型、电阻率、晶向、位错、寿命等。硅片通常切成方形、长方形、圆形或半圆形，厚度为 0.18～0.4mm。

2.5.2.2　硅片的表面处理

硅片的表面处理是硅片切片、选片后的第一步主要工艺，包括硅片的化学清洗和表面腐蚀。

1. 化学清洗

通常由单晶棒或多晶锭切割成硅片，硅片表面可能污染的杂质大致有三类：①油脂、松香、蜡等有机物质；②金属离子及各种无机化合物；③尘埃以及其他可溶性物质。为了达到去污的目的，常用的清洗剂有高纯水、有机溶剂（如甲苯、二甲苯、丙酮、三氯乙烯、四氯化碳等）、浓酸、强碱以及高纯中性洗涤剂等。

2. 表面腐蚀

硅片经初步清洗去污后，通过表面腐蚀去除硅片表面由机械切片造成的 30～50μm 厚的损伤层。通常使用的腐蚀液有酸性和碱性两类。

（1）酸性腐蚀。硝酸和氢氟酸的混合液作为腐蚀液，其溶液配比为：浓硝酸∶氢氟酸=10∶1～2∶1。硝酸的作用是使单质硅氧化为二氧化硅，其化学反应方程式为

$$3Si+4HNO_3 = 3SiO_2+2H_2O+4NO$$

氢氟酸使硅表面形成的二氧化硅不断溶解，使反应不断进行，其化学反应方

程式为

$$SiO_2+6HF \longrightarrow H_2[SiF_6]+2H_2O$$

生成的络合物六氟硅酸 $H_2[SiF_6]$溶于水。通过调整硝酸和氢氟酸的比例、溶液的温度可控制腐蚀速度，若加醋酸作缓冲剂，可使硅片表面光亮，腐蚀液的配比一般为：硝酸∶氢氟酸∶醋酸= 5∶3∶3 或 6∶1∶1。

（2）碱性腐蚀。硅可与氢氧化钠、氢氧化钾等碱性溶液起作用，生成硅酸盐并放出氢气，其化学反应方程式为

$$Si+2NaOH+H_2O \longrightarrow Na_2SiO_3+2H_2$$

影响腐蚀效果的主要因素是腐蚀液的浓度和温度。碱性腐蚀过程为：①有机溶剂初步去油；②热浓硫酸去除残留的有机和无机杂质；③硅片经表面腐蚀后，再经王水或碱性过氧化氢清洗液彻底清洗；④高纯去离子水冲洗。

2.5.2.3　绒面制备

有效的绒面结构可以使入射光在硅片表面多次反射和折射，增加光的吸收，降低光的反射率，提高太阳能电池的短路电流，如图 2-18 所示。制备方法：利用氢氧化钠稀释液、乙二胺和磷苯二酚水溶液、乙醇氨水溶液等化学腐蚀液对硅片表面进行绒面处理。例如（100）表面经处理后，出现以（111）面为表面的四面方锥型金字塔结构，称作绒面结构，这一过程称为表面织构化。

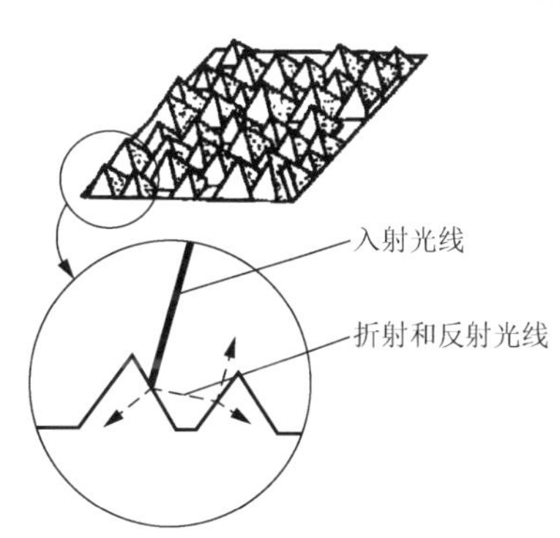

图 2-18　绒面结构减少光的反射示意图

2.5.2.4　扩散制结

PN 结是太阳能电池的核心部分。制结过程是在一块基体材料上生成导电类型不同的扩散层，它和表面处理均是制造太阳能电池的关键工序。制结方法有热扩散法、离子注入法、外延法、激光法及高频电注入法等。下面主要介绍热扩散法。

热扩散制 PN 结的方法为：用加热方法使Ⅴ族杂质（如磷）掺入 P 型硅或Ⅲ族杂质（如硼）掺入 N 型硅。对扩散的要求：获得适合于 PN 结的结深和扩散层方块电阻。在实际电池制作中，应综合考虑各个因素，结深一般在 0.3～0.5μm，方块电阻平均为 20～70Ω。主要热扩散方法有涂布源扩散、液态源扩散以及固态源扩散等。

（1）涂布源扩散。一般分简单涂布源扩散和二氧化硅乳胶源涂布扩散两种。

①简单涂布源扩散是将 1 或 2 滴五氧化二磷（P_2O_5）或三氧化二硼（B_2O_3）在水（或乙醇）中的稀溶液，预先滴涂于 P 型或 N 型硅片表面作杂质源与硅反应，生成磷硅或硼硅玻璃。沉积在硅表面的杂质在扩散温度下向硅内部扩散，形成 PN 结或 NP 结。工业生产中的涂布源方法有喷涂、刷涂、丝网印刷、浸涂和旋转涂布等。扩散温度、时间和杂质源浓度决定成本和扩散工艺，最佳扩散条件常随硅片性质和扩散设备而变化。②二氧化硅乳胶是一种有机硅氧烷的水解聚合物，能溶于乙醇等有机溶剂中，形成具有一定黏度的溶液，在 100～400℃下烘烤后，逐步形成无定型二氧化硅。二氧化硅乳胶可以通过在硅酸乙酯中加水和无水乙醇，经水解方法获得，也可以通过将四氯化硅通入醋酸后加乙醇制得。在乳胶中适量溶解五氧化二磷或三氧化二硼等杂质，并经乙醇稀释，就可得到可用的二氧化硅乳胶源。利用自旋法涂布二氧化硅乳胶源，即中心自转式涂布，涂布出来的薄膜厚度均匀，重复性好。

（2）液态源扩散。包括三氯氧磷液态源扩散和硼的液态源扩散等方式。液态源扩散是通过气体携带的方法将杂质带入扩散炉内实现扩散的，其原理如图 2-19 所示。硼的液态源扩散装置与三氯氧磷扩散装置相同，但不需要通氧气。

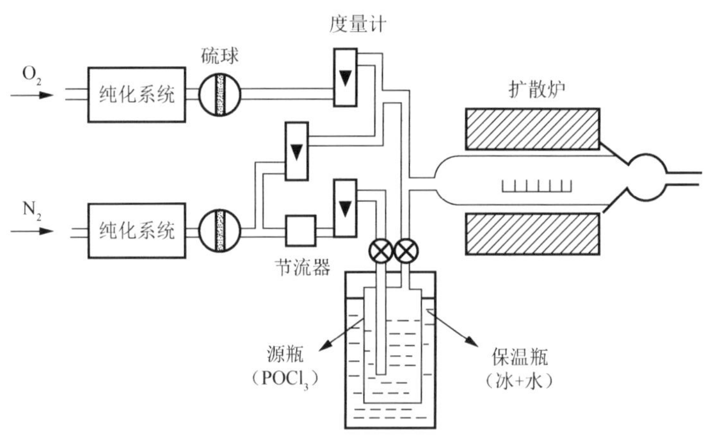

图 2-19　三氯氧磷扩散装置示意图

（3）固态源扩散。通常采用片状氮化硼作源，在氮气保护下进行扩散。片状氮化硼的制作方法有：高纯氮化硼棒切割成和硅片大小一样的薄片；粉状氮化硼冲压成片。扩散前，氮化硼片预先在扩散温度下通氧气，使氮化硼表面的三氧化二硼与硅发生反应，形成硼硅玻璃沉积在硅表面，硼向硅内部扩散。氮气流量较低时，扩散更为均匀。

将几种扩散方法加以比较，得出如表 2-2 所示的结论。

表 2-2　几种扩散方法的比较

扩散方法		特点
涂布源扩散	简单涂布源扩散	设备简单，操作方便；工艺要求较低，比较成熟；扩散硅片表面状态欠佳，PN 结面不太平整；对于大面积硅片薄层，电阻值相差较大
	二氧化硅乳胶源涂布扩散	设备简单，操作方便；扩散硅片表面状态良好；PN 结面平整；均匀性、重复性较好；改进涂布设备可适用于自动化流水线生产
液态源扩散		设备和操作比较复杂；扩散硅片表面状态好；PN 结面平整，均匀性、重复性较好；工艺成熟
固态源扩散		设备简单，操作方便；扩散硅片表面状态好；PN 结面平整，均匀性、重复性比液态源扩散好；适合于大批量生产

2.5.2.5　去除背结

常用的方法有：化学腐蚀法、磨片法、蒸铝或丝网印刷铝浆烧结法。

（1）化学腐蚀法。这是较早使用的方法，此方法可同时去除背结和周边的扩散层，因此可省去腐蚀周边的工序。硅片经腐蚀后背面平整光亮，适合于制作真空蒸镀的电极。前结的掩蔽一般用涂黑胶的方法。黑胶是用真空封蜡或质量较好的沥青溶于甲苯、二甲苯或其他溶剂制成。硅片腐蚀去背结后用溶剂溶去真空封蜡，再经浓硫酸或其他清洗液煮清洗。

（2）磨片法。用金刚砂将背结磨去，也可将携带砂粒的压缩空气喷射到硅片背面，除去背结，磨片后背面形成粗糙的硅表面，故磨片法适用于化学镀镍背电极的制造。

上述两种去除背结的方法对于 N^+/P 和 P^+/N 型电池都适用。

（3）蒸铝或丝网印刷铝浆烧结法。仅适用于制作 N^+/P 型太阳能电池。它是在扩散硅片背面真空蒸镀（或丝网印刷）一层铝，加热或烧结到铝-硅共熔点（577℃）以上，形成铝-硅熔液（图 2-20）。然后，随着降温，液相中的硅将重新凝固出来，形成含有一定量铝的再结晶层。这一合金化过程实际上是对硅掺杂的过程，它补偿了背面 N^+层中的施主杂质，得到以铝掺杂的 P 型层。在合金化过程中，随着温度的上升，液相中铝的比例增加，在足够的铝量和温度下，硅片背面甚至能形成与前结方向相同的背面场。目前该工艺已被用于大批量工业化生产，从而提高电池的开路电压和短路电流，并减小电极的接触电

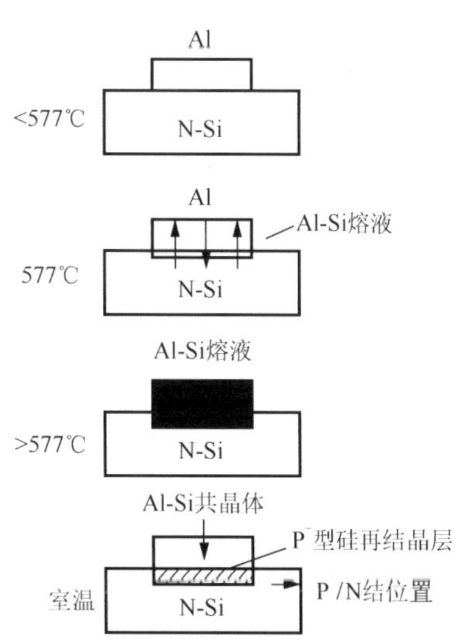

图 2-20　硅片背面硅铝合金化过程示意图

阻。背结能否烧穿与基体材料的电阻率、背面扩散层的掺杂浓度和厚度、背面蒸镀或印刷铝层的厚度、烧结的温度及时间和气氛等因素有关。

2.5.2.6　制作减反射膜

光照射到平面的硅片上，一部分被反射，即使绒面硅表面也有约 11%的反射损失。在硅片上覆盖一层减反射膜，可大大降低光的反射。减反射膜的厚度要使硅片对波长为 600nm 的光产生最小的反射。商品化太阳能电池中使用的一些减反射膜材料的折射系数见表 2-3。此外，减反射膜材料还必须是透明的。减反射膜常沉积为非晶的或无定形的薄层，以防止在晶界处的光散射。减反射膜的制备方法如表 2-4 所示。

表 2-3　减反射膜材料的折射系数

材料	折射系数
MgF_2	1.3～1.4
SiO_2	1.4～1.5
Al_2O_3	1.8～1.9
SiO	1.8～1.9
Si_3N_4	约 1.9
TiO_2	约 2.3
Ta_2O_5	2.1～2.3
ZnS	2.3～2.4

表 2-4　减反射膜的制备方法

方法	原材料或蒸发源	成膜
真空镀膜和离子镀膜法	SiO	$SiO+SiO_2$ 膜
反应蒸发法	Ta_2O_5	Ta_2O_5 膜
	Nb_2O_5	Nb_2O_5 膜
	TiO、Ti_2O_3	TiO_2 膜
自旋法	$Ti\,(OC_2H_5)_4+4H_2O$	TiO_2 膜
	$Si\,(OC_2H_5)_4+4H_2O$	SiO_2 膜
喷涂法	钛酸异丙酯+水	TiO_2 膜

2.5.2.7　腐蚀周边（去边）

扩散制结过程中，在硅片的周边表面也形成了扩散层，使电池的上下电极形成短路环，所以必须将它除去。周边上存在任何微小的局部短路都会使电池并联电阻下降，使电池片成为废品。去边方法主要有腐蚀法和挤压法。腐蚀法是将硅片两面掩好，放入硝酸、氢氟酸组成的腐蚀液中加以腐蚀。挤压法是用大小与硅片相同、略带弹性的耐酸橡胶或塑料与硅片相间整齐地隔开，加一定压力后阻止腐蚀液渗入缝隙以取得掩蔽的方法。目前工业化生产多用等离子干法腐蚀，即在辉光放电条件下通过氟和氧交替对硅片作用，去除硅片中含有扩散层的周边。

2.5.2.8　制作上下电极

电极就是与 PN 结两端形成紧密欧姆接触的导电材料。在电池光照面上的电极称为上电极，在背面的电极称为下电极或背电极。电极材料应满足以下要求：能与硅形成牢固的接触；接触电阻较小，是欧姆接触；有优良的导电性；遮挡面积一般小于 8%；收集效率高；可焊性强；成本低；污染小；体电阻小；宜于加工等。

制作电极的方法主要有铝浆印刷烧结法、真空蒸镀法、化学镀镍法、丝网印刷法等。

（1）铝浆印刷烧结法。是目前在商品化电池生产中大量被采用的工艺方法。其工艺为：把硅片置于真空镀膜机的钟罩内，抽到一定真空度时，蒸镀 30～100nm 厚的铝膜，再蒸镀 2～5μm 的银层；为便于电池组装，电极上需钎焊一层锡-铝-银合金焊料；此外，为得到栅线状的上电极，在蒸镀铝和银时硅片表面需放置一定形状的金属掩膜。

（2）真空蒸镀法。指用图形掩膜的电极模具板制作电极的方法。掩膜由光刻或激光加工的不锈钢箔或铍铜箔制成。如果镀膜机带有电极模具板翻转机构，上下电极可一次形成，否则需要两步抽真空，分别蒸镀。

（3）化学镀镍法。大多用于在砂磨过的或经蒸铝烧结的硅片背面制作下电极，因为绒面硅表面曲折，使镀层附着力增加。此方法也可用来制作上电极。

化学镀镍法原理：利用镍盐（氯化钠或硫酸镍）溶液在强还原剂次磷酸盐的作用下，依靠镀件表面的催化作用，使次磷酸盐分解出生态原子氢，将镍离子还原成金属镍，同时次磷酸盐分解析出磷，在镀件表面上获得镍磷合金的沉积镀层。化学镀镍的镀液配方很多，碱性溶液用于半导体镀镍比酸性溶液好。一种典型镀液的组分是：氯化镍 30g/L、氯化铵 50g/L、柠檬酸铵 65g/L、次磷酸钠 10g/L。

真空蒸镀法和化学镀镍法是传统的制作电极方法。

（4）丝网印刷法。为降低成本和提高产量，人们将厚膜集成电路的丝网漏印工艺引入太阳能电池的生产中。该工艺已成熟，制作的电极线条的宽度仅为 50μm，高度为 10～20μm。此法存在工艺成本仍较高、耗能量大、批量小以及不适宜于自动化生产等缺陷。

如图 2-21 所示，金属电极一般由主线和栅线两部分构成，主线是直接将电流输到外部的较粗部分，栅线则是为了把电流收集起来传递到主线上去的较细部分。下电极要求尽可能在背面布满。对于丝网印刷，覆盖面积将影响到填充因子。上电极金属栅线的设计很重要，当单体电池的尺寸增加时尤为突出。图 2-22 所示为几种上电极设计方法。设计原则是使电池的输出最大，即电池的串联电阻尽可能小且电池的光照作用面积尽可能大。

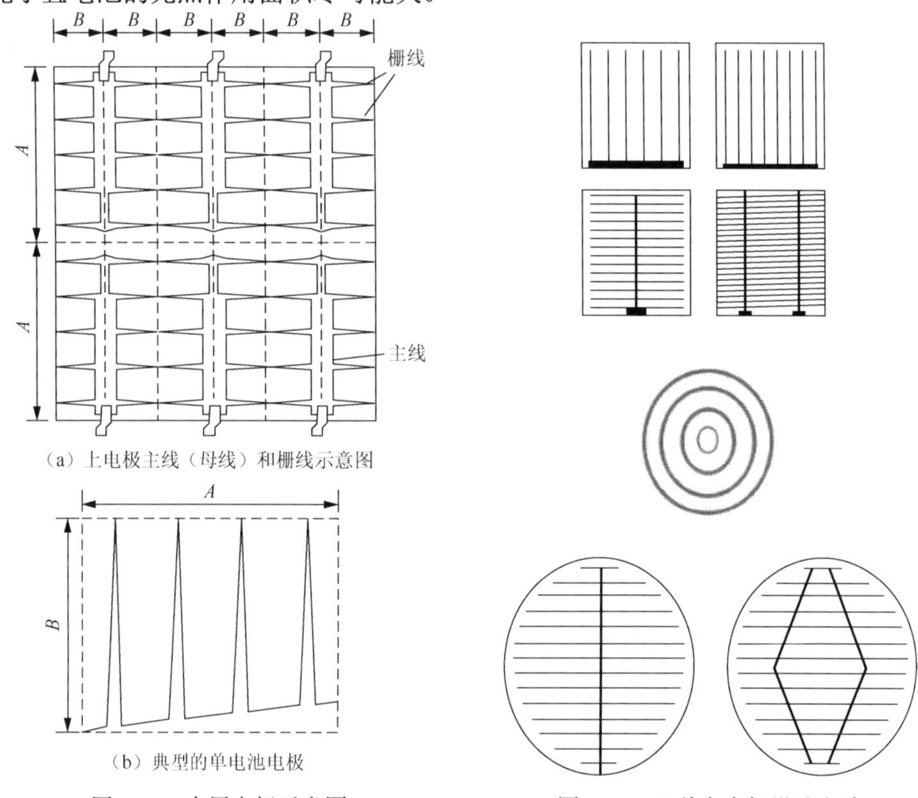

（a）上电极主线（母线）和栅线示意图

（b）典型的单电池电极

图 2-21　金属电极示意图

图 2-22　几种上电极设计方法

2.5.2.9　检验测试

在电池的生产中需要检测电池的 *I-V* 特性曲线，从而获得短路电流、开路电压、最大输出功率以及串联电阻等参数（见 2.4.2 节）。

2.5.2.10　提高多晶硅太阳能电池的转换效率

多晶硅太阳能电池同单晶硅太阳能电池一样，有晶粒取向不同和晶界分布不均匀问题。由于生产过程中引入的各种结晶缺陷，且这些缺陷在电池生产的热过程中会发生变化，即使在基片、电池结构、工艺过程相同的情况下，电池性能也不均匀。要以低成本、高效率为目标，结合各种生产技术，以提高多晶硅太阳能电池的转换效率，关键技术为[7,9]：

（1）陷光技术。为了增强太阳能电池表面的陷光效果，通常要有绒面结构。多晶硅太阳能电池表面织构化的方法主要有：机械刻槽、激光刻槽、湿法化学腐蚀、光刻腐蚀、反应离子腐蚀等。陷光技术可大幅度提高电池的转换效率。

（2）改善硅片质量。多晶硅片质量研究的一个方向，就是去除迁移性金属杂质的吸杂技术，如浓磷扩散吸杂、铝吸杂、背面损伤或离子注入损伤吸杂、氢钝化等技术。

（3）表面/背面钝化技术。表面钝化的最高效率为 19.8%，铸造多晶硅太阳能电池采用具有去除杂质效果的 TCA（Trichloroethane，三氯乙烷）氧化方法。

（4）丝网印刷制作电极。将厚膜集成电路的丝网漏印工艺引入太阳能电池的生产中。电极线条的宽度降到50μm，高度为 10～20μm。注意上电极金属栅线的设计原则是使电池的输出最大。

（5）绒面硅表面的制备。近年来多晶硅太阳能电池普遍采用表面为（111）面的四面方锥体状的绒面表面。

2.5.3　太阳能电池组件

单体太阳能电池的输出功率只有 1～4W，输出电压在 0.5V 左右，不能满足电源应用的要求。使用中要将多个单体电池连接、封装成组件，进而连接为方阵，以向负载提供更大的输出电流、电压、功率。为保证太阳能电池组件在室外能使用 20～25 年，必须有良好的封装，以满足防风、防尘、防湿、防腐蚀的要求。具体要求有：①工作寿命在 20～25 年以上；②有良好的封装和电绝缘性能；③足够的机械强度，能经受运输、使用过程中的振动、冲击和热应力；④在紫外辐射段稳定性好；⑤因组合引起的转换效率损失少；⑥可靠性高，因单体电池及连接条损失的转换效率小；⑦封装成本低。

1. 太阳能电池组件的结构

太阳能电池组件中单体电池连接方式有串联、并联及混合连接，根据电压、电流及功率要求来设计，如图 2-23（a）所示。组件的封装结构有玻璃壳体式［图 2-23（b）］、底盒式［图 2-23（c）］、平板式［图 2-23（d）］、全胶密封式（图 2-24）。图 2-24 为太阳能电池组件连接示意图。图 2-25 为太阳能电池组件结构剖面示意图[7-9]。

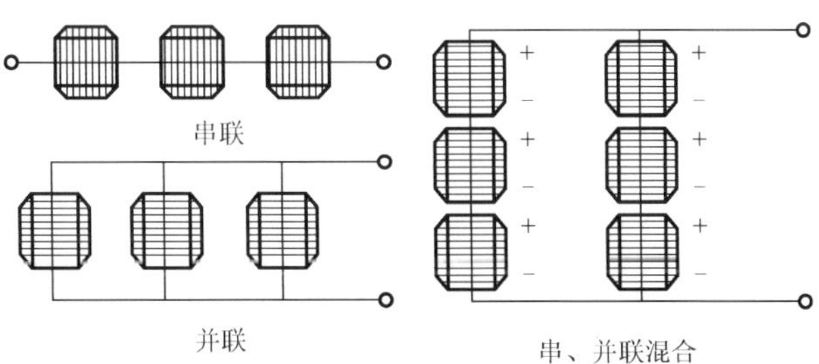

（a）太阳能电池的连接方式

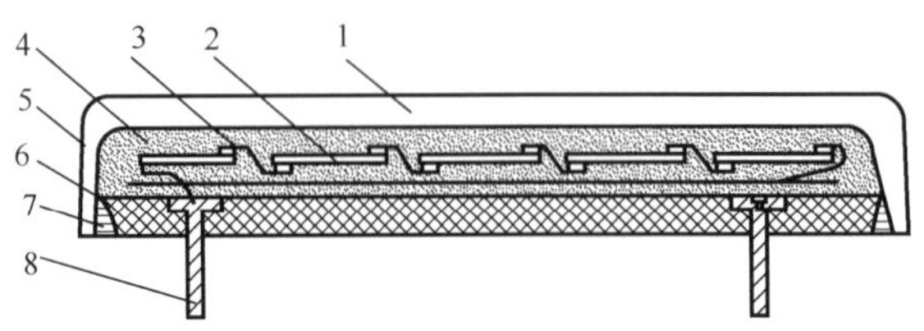

（b）玻璃壳体式太阳能电池组件示意图

1. 玻璃壳体；2. 硅太阳能电池；3. 互连条；4. 黏结剂；
5. 衬底；6. 下底板；7. 边框胶；8. 电极接线柱

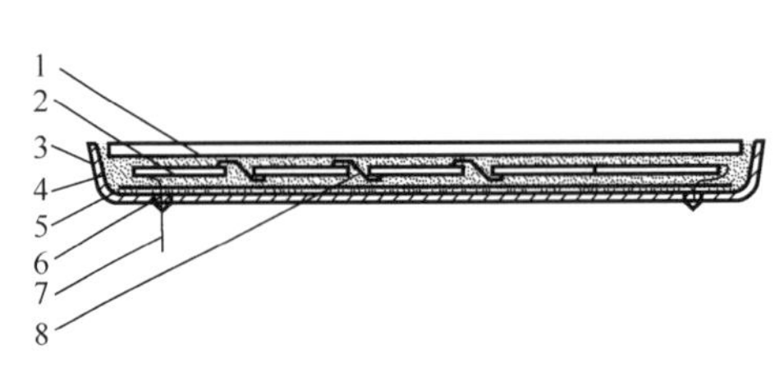

（c）底盒式太阳能电池组件示意图

1. 玻璃盖板；2. 硅太阳能电池；
3. 盒式下底反；4. 黏结剂；5. 衬底；
6. 固定绝缘胶；7. 电极引线；8. 互连条

（d）平板式太阳能电池组件示意图

1. 边框；2. 边框封装胶；3. 上玻璃盖板；
4. 黏结剂；5. 下底板；6. 硅太阳能电池；
7. 互连条；8. 引线护套；9. 电极引线

图 2-23　太阳能电池的连接方式及各种太阳能电池组件示意图

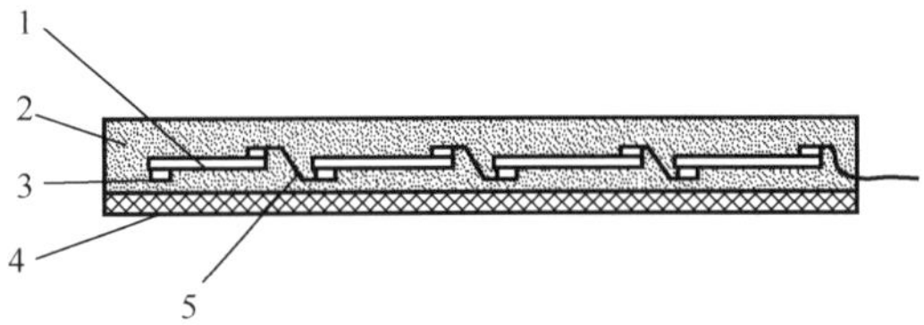

图 2-24　太阳能电池组件（全胶密封式）连接示意图

1．硅太阳能电池；2．黏结剂；3．电极引线；4．下底板；5．互连条

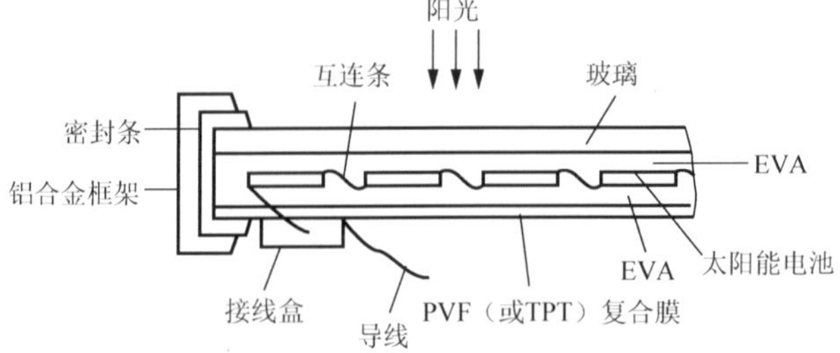

图 2-25　太阳能电池组件（全胶密封式）结构剖面示意图

2. 太阳能电池组件的封装材料与封装工艺

太阳能电池组件的寿命与其封装材料和封装工艺有很大关系。封装材料的寿命是决定组件寿命的重要因素。图 2-26 为平板式太阳能电池组件的封装工艺流程图[7-10]。其过程主要分为以下几个部分：

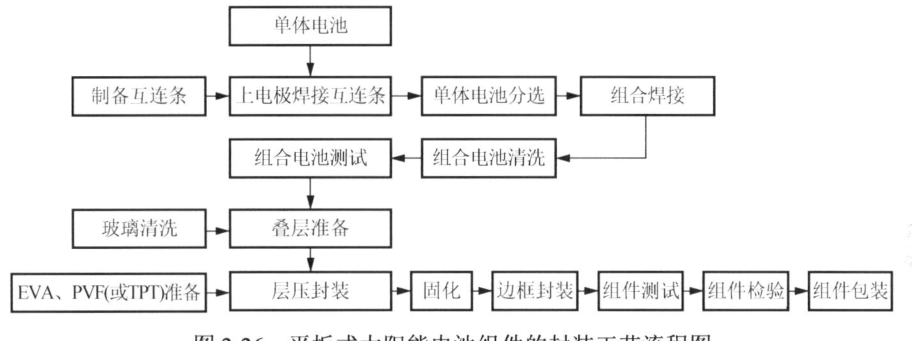

图 2-26　平板式太阳能电池组件的封装工艺流程图

（1）单体电池连接。按照串并联设计将单体电池通过金属导电条带焊接在一起。

（2）叠层准备。电池上下两侧均为聚乙烯-聚醋酸乙烯酯共聚物（polyethylene vinylacetate，EVA）胶膜，最上面是低铁钢化白玻璃，背面是聚氟乙烯（polyvinyl fluoride，PVF）或聚氟乙烯复合膜，聚氟乙烯复合膜就是通常所说的 TPT[10]，是由聚氟乙烯（Tedlar）制成的 Tedlar+PET+Tedlar 三层复合膜。其中，PET 指嵌段共聚物，包含苯乙烯类树脂和氢化树脂。例如，商用太阳能电池的叠层由玻璃+EVA+电池板+EVA+TPT 背板五层组合而成。此种叠层具有耐老化、耐腐蚀、耐污水等性能和优异的机械强度，能防止其他介质如水、氧气、腐蚀性气体、其他液体（如酸雨）等对太阳能电池硅片的侵蚀。因此，此种叠层耐候性、黏结性、耐温性好，使用寿命大于 25 年。

（3）层压封装。将各层材料叠好后，放入真空层压机进行热压封装。最上层的低铁钢化白玻璃透光率高，而且长期经紫外线照射不会变色。EVA 膜中的抗紫外剂和固化剂在热压过程中形成具有一定弹性的保护膜，此保护膜使电池与低铁钢化白玻璃紧密接触。PVF（或 TPT）复合膜具有良好的耐光、防潮、防腐蚀性能。

（4）加密封条、边框。太阳能电池经层压封装后，四周加上密封条，装上经阳极氧化后的铝合金边框，以及接线盒，即成为成品组件。

（5）检验测试。测试内容主要包括短路电流、开路电压、填充因子及最大输出功率等参数。

2.6　独立光伏发电系统简介

目前光伏发电系统的分类如图 2-27 所示。本节仅介绍独立光伏发电系统[11]。

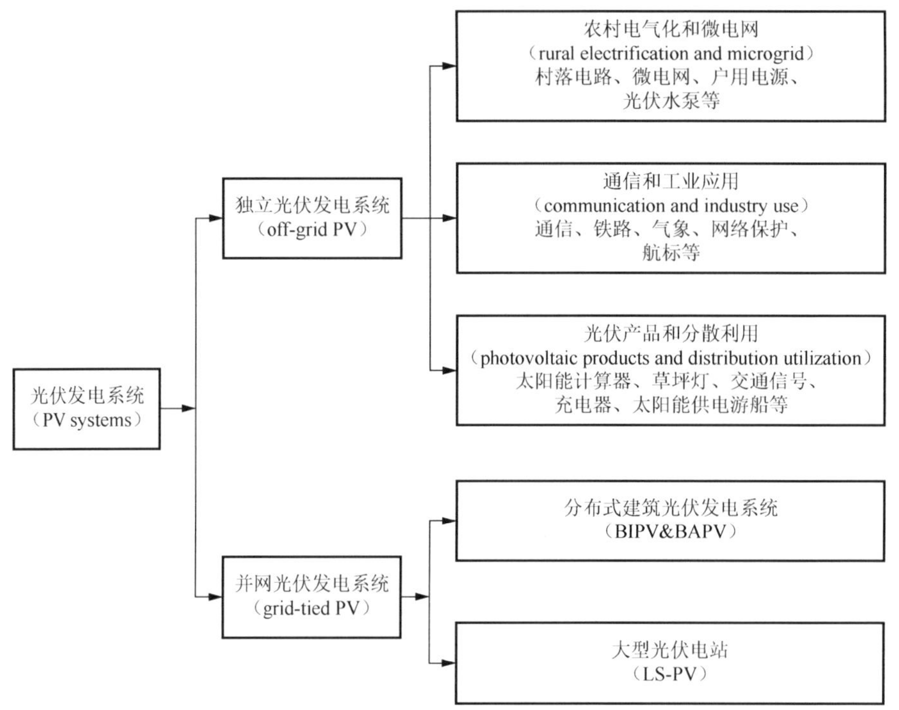

图 2-27　光伏发电系统的分类

2.6.1　独立光伏发电系统工作原理

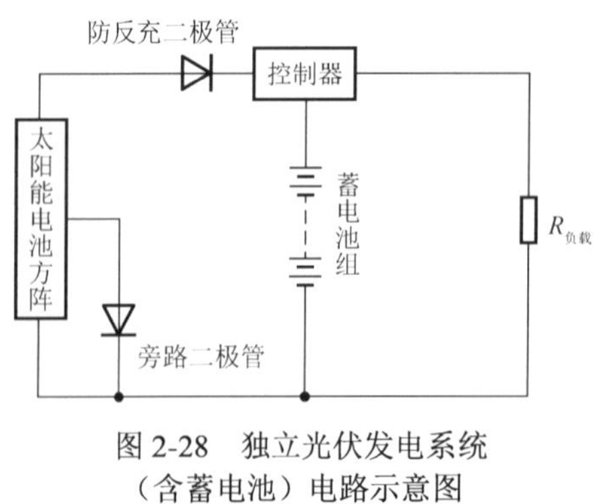

图 2-28　独立光伏发电系统（含蓄电池）电路示意图

独立光伏发电系统（见 1.3 节）由太阳能电池方阵、防反充二极管、蓄电池组、控制器、负载等组成[7,8]，如图 2-28 所示。防反充二极管（阻塞或隔离二极管）的功能是利用二极管的单向导电性，防止在日照时蓄电池组通过太阳能电池方阵放电，最大输出电流必须大于太阳能电池方阵的最大输出电流，反向耐压要高于蓄电池组的最高电压。在太阳能电池方阵工作时，防反充二极管两端的电压降要尽量低

（硅二极管一般为0.6V，锗二极管为0.3V，大功率肖特基二极管可以在0.3V以下），以便降低系统的功耗。

独立光伏发电系统的工作原理（图2-28）是：太阳能电池方阵吸收太阳光并将其转化成电能后，在防反充二极管的控制下为蓄电池组充电。直流或交流负载通过开关与控制器连接。控制器负责保护蓄电池，防止出现过充电或过放电状态，即在蓄电池达到一定的放电深度时，控制器将自动切断负载；当蓄电池达到过充电状态时，控制器将自动切断充电电路。有的控制器能够显示独立光伏发电系统的充放电状态，并能贮存必要的数据，甚至还具有遥测、遥信和遥控的功能。在交流光伏发电系统中，直流-交流逆变器将蓄电池组提供的直流电变成能满足交流负载需要的交流电[7,8]。

2.6.2 独立光伏发电系统应用的简化设计

用户采用太阳能电池作电源既要求满足用电设备的正常工作，又要力求降低成本。因此，必须对太阳能光伏系统进行设计。由于用电设备的负载和用途不同，太阳能电池应用系统所处的地理位置以及气象条件等因素也不相同，况且许多数据在不断变化，这就使应用系统的设计十分复杂。这里以年太阳辐射量为依据，就太阳能电池功率和蓄电池容量的确定，介绍一种简化设计方法[12]。

2.6.2.1 简化设计方法

1. 太阳能电池方阵工作电压的确定

太阳能电池方阵的工作电压为浮充电压、线路损耗引起的电压降以及太阳能电池温升引起的电压降之和。

蓄电池浮充电压为额定电压的 1.125 倍，线路电压降为负载电压的 3%，硅阻塞二极管电压降为 0.7V，温升电压降的温度系数为-0.0023V/℃，当负载电压为 12V 时，其电压降小于 2.07V。所以，太阳能电池方阵工作电压一般为负载工作电压的 1.4 倍。

2. 太阳能电池方阵日输出电量的确定

太阳能电池方阵日输出电量为负载日耗电量与蓄电池充电效率修正系数的乘积。

蓄电池充电效率修正系数可确定为 1.25（充电效率为 80%）。照射到水平表面上的太阳辐射量换算成照射到倾斜表面上的太阳辐射量，其修正系数取 0.9，因太阳能电池组件衰降和灰尘影响等引起的损失修正系数为 1.11，所以，太阳能电池方阵日输出电量一般为负载日耗电量的 1.25 倍。

当负载工作电压为 1V，负载日耗电量为 1A·h 时，太阳能电池方阵日输出电能为 1.4V×1.25A·h=1.75W·h。

3. 平均日辐射时数 H 的计算

平均日辐射时数 H=太阳能电池方阵安装地点的年太阳辐射量/（365×太阳辐射功率）。

设 R 为年太阳辐射量，单位是千瓦时每平方米（$\mathrm{kW\cdot h/m^2}$）。而 1kW·h=3.6MJ，即 1kJ=0.278W·h。在标准光强 AM1.5 条件下，太阳辐射功率为 $100\mathrm{mW/cm^2}$，此时的平均日辐射时数 H 为

$$H = R(\mathrm{kJ/cm^2}) \times 0.278(\mathrm{W\cdot h/kJ}) / [365 \times 0.1(\mathrm{W/cm^2})] \tag{2-8}$$

4. 太阳能电池方阵总功率 P 的计算

太阳能电池方阵总功率 P=太阳能电池方阵日输出电能/平均日辐射时数。

设负载工作电压为 V，负载工作电流为 I，日工作时间为 t，则

$$\begin{aligned} P &= (1.4V\times 1.25I\times t)/H \\ &= 1.4V\times 1.25I\times t\times 365\times 0.1/(0.278\times R) \end{aligned} \tag{2-9}$$

令

$$\begin{aligned} k &= (1.4\times 1.25\times 365\times 0.1)/0.278=230\mathrm{kJ/(cm\cdot h)}=63.94\mathrm{W/cm^2} \\ &=639.4\mathrm{kW/m^2} \end{aligned} \tag{2-10}$$

太阳能电池方阵总功率 $P=k\cdot$(负载工作电压 V×负载工作电流 I×日工作时间 t)/年太阳辐射量 R，即

$$P = k\cdot (V\times I\times t)/R \tag{2-11}$$

对于不同运行情况，系数 k 可适当调整：

当有人值守，一般使用或三级用电时，$k = 230\mathrm{kJ/(cm^2\cdot h)}$；

当无人值守，要求可靠或二级用电时，$k = 230\times 1.1=253\mathrm{kJ/(cm^2\cdot h)}$；

当无人值守，环境恶劣，系统无法维护或一级用电时，$k=230\times 1.2=276\mathrm{kJ/(cm^2\cdot h)}$。

5. 蓄电池容量

蓄电池容量（battery capacity，BC）=1.2×蓄电池放电容量修正系数×负载工作电流×日工作时间×最长阴雨连天数（1.2 为安全系数）。

碱性蓄电池放电容量修正系数为 1.25，酸性蓄电池放电容量修正系数为 1.5。

$$C = 1.2\times1.25 = 1.5\text{（碱性蓄电池）}$$
$$C = 1.2\times1.5 = 1.8\text{（酸性蓄电池）}$$

则

$$\text{BC} = C\times\text{负载工作电流}\times\text{日工作时间}\times\text{最长阴雨连天数}$$

若蓄电池放置地点的最低温度为−10℃，则上式还要乘以 1.1；最低温度为−20℃时，则乘以 1.2。

2.6.2.2　设计实例

例 1　负载功率为 6W，工作电压为 12V，工作电流为 0.5A，日工作时间为 4h。系统供照明用。若当地年太阳辐射量为 795kJ/cm^2，最长连续阴雨天数为 3 天，最低温度为−1℃。

太阳能电池方阵总功率：

$$P = [(12\times0.5\times4)/795]\times230 = 6.9\text{W}$$

选用 1 块 7W 太阳能电池组件即可。

蓄电池容量：

$$\text{BC} = 1.5\times0.5\times4\times3 = 9\text{A}\cdot\text{h}\text{（碱性蓄电池）}$$

例 2　负载功率为 120W，工作电压为 48V，工作电流为 2.5A，每天工作 24h，年太阳辐射量 628kJ/cm^2，最低气温为−35℃，蓄电池放置地点的温度为−20℃，最长阴雨天数 8 天。该系统无人值守，环境条件恶劣，维护困难，要求不间断用电。

太阳能电池方阵总功率：

$$P = [(48\times2.5\times24)/628]\times276 = 1266\text{W}$$

选用 36 件 35W 太阳能电池组件即可（4 串 9 并）。

蓄电池容量：

$$\text{BC} = 1.5\times2.5\times24\times8\times1.2 = 864\text{A}\cdot\text{h}\text{（碱性蓄电池）}$$

参 考 文 献

[1] 肖成. 全球晶硅电池市场分析[EB/OL]. (2014-09-10)[2017-11-03]. http://www.qianzhan.com/analyst/detail/220/140906-885ba0d6.html.

[2] 张旭鹏, 杨胜文, 张金玲. 非晶硅薄膜电池应用及前景分析[J]. 光源与照明, 2010, (1):39-41.

[3] 赵志明. 非晶硅薄膜太阳能电池及生产设备技术发展现状与趋势[EB/OL]. (2011-04-12)[2017-11-03]. https://wenku.baidu.com/view/9c763c641ed9ad51f01df246.html.

[4] 刘国梁, 李晓明. 交叉式背接触型光伏电池中国专利现状及其发展趋势[J]. 河南科技, 2016, (14): 74-77.

[5] 薛钰芝. 量子点材料光伏电池的研究[J]. 太阳能, 2007, (1): 15-16.

[6] 李安定. 太阳能光伏发电系统工程[M]. 北京：北京工业大学出版社, 2001.

[7] 赵富鑫, 魏彦章. 太阳能电池及应用[M]. 北京：国防工业出版社, 1992.

[8] 杨金焕, 于化丛, 葛亮. 太阳能光伏发电应用技术[M]. 北京：电子工业出版社, 2009.

[9] 王长贵, 王斯成. 太阳能光伏发电实用技术[M]. 2 版. 北京：化学工业出版社, 2009.

[10] 顾煦明, 张伊玮. TPT 型太阳能电池背板热处理工艺的研究[J]. 信息记录材料, 2017, (6):12-13.

[11] 王亚兰. 独立光伏发电装置研究与系统设计[D]. 广州：华南理工大学, 2013.

[12] 王君一, 徐任学, 张茂. 农村太阳能实用技术[M]. 北京：金盾出版社, 1993: 187-190.

[13] Green M A. Solar Cells[M]. Englewood Cliffs: Prentice Hall, 1981.

第 3 章　聚光型太阳能发电技术

聚光型太阳能发电技术是使用透镜或反射镜等光学元件，将大面积的阳光汇聚到一个小面积上，再进一步利用产生电能的太阳能发电技术。这种利用光学元件将太阳光汇聚后再进行利用发电的技术，被认为是太阳能发电未来发展趋势的第三代技术[1-7]。聚光型太阳能发电技术有三种表现形式：

（1）聚光型太阳能光伏系统。将汇聚后的太阳光通过高转化效率的太阳能电池直接转换为电能。聚光型太阳能光伏系统利用半导体制成的光伏太阳能电池板经聚光后发电，可以直接安装在地面、屋顶、沙漠等地点，将太阳能直接转化为电能使用。

（2）聚光型太阳能光热发电（concentrating solar thermal，CST）系统。利用汇聚后的太阳光产生的高热量加热液态工质，再进行热力发电。通常聚光型太阳能光热发电系统是采用反射镜把太阳光反射并聚集到接收器，该接收器能够聚集太阳能并将其转换为热能，利用接收器产生的热蒸汽，推动涡轮发动机，从而驱动发电机发电满足电力需求。

（3）聚光型太阳能光伏光热混合（concentrating photovoltaic and thermal，CPVT）系统。聚光型太阳能光伏光热混合系统为以上两者的结合形式。

近 20 年来，聚光型太阳能光热发电技术与聚光型太阳能光伏发电技术并行发展。

3.1　聚光型太阳能光热发电系统

聚光型太阳能光热发电系统所加热的水可以储存在巨大的容器中，在太阳落山后几个小时内仍然能够带动汽轮发电。图 3-1 为聚光型太阳能光热发电系统结构示意图。

按照聚集太阳能的方式，聚光型太阳能光热发电系统分为：

（1）线性聚光型太阳能光热发电系统，包括：槽式聚光型太阳能光热发电系统、反射式线性菲涅耳透镜聚光型太阳能光热发电系统等。

（2）蝶式/引擎聚光型太阳能光热发电系统。

（3）塔式聚光型太阳能光热发电系统（电力塔系统）等。

在反射式聚光集热器中应用较多的是旋转抛物面镜聚光器和槽式抛物面镜

聚光器。前者可以获得高温，但要进行二维跟踪；后者可获得中温，只需一维跟踪[1]。

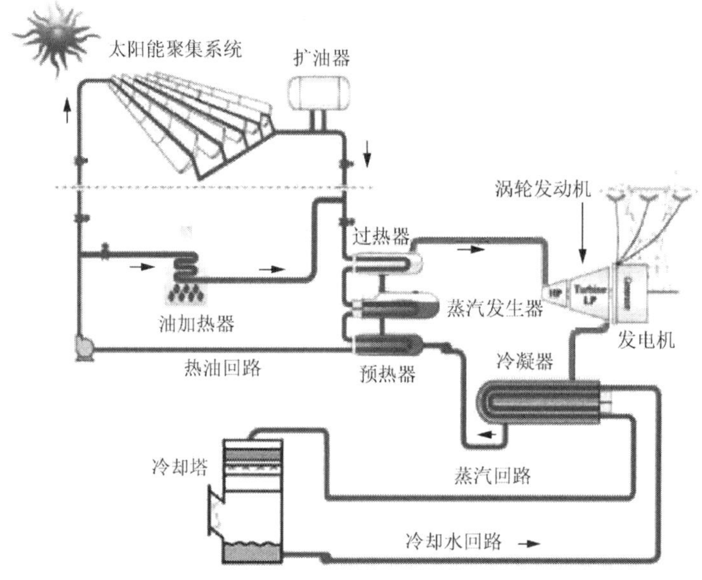

图 3-1　聚光型太阳能光热发电系统结构示意图

3.1.1　线性聚光型太阳能光热发电系统

线性聚光型太阳能光热发电系统采用线聚焦技术，即采用线性聚光器，包括抛物面反射镜槽式聚光器和线性菲涅耳反射镜聚光器两种。线性聚光型太阳能光热发电系统利用以上反射镜聚光器来捕获太阳的能量，并把太阳光反射和对焦集中到焦线上，焦线上装有线性管状集热器，吸收聚焦后的太阳辐射能把吸热管内的流体加热，然后产生过热蒸汽，驱动涡轮发电机产生电力。线性聚光器系统通常由按南北向平行排列的大量聚光器组成，来保证最大限度地聚集太阳能。线性聚光型太阳能光热发电系统利用单轴太阳跟踪系统，使反射镜在白天能够随时追踪太阳的方位，以确保太阳光能不断地反射到吸热管。线聚焦技术的特点是：在太阳能聚集系统中直接产生蒸汽，不需要昂贵的换热器，但需要安装大量的传热管道，费用昂贵，而且运行温度也比较低。

（1）槽式聚光型太阳能光热发电系统。全称为槽式抛物面反射镜太阳能光热发电系统[2]。槽式聚光型太阳能光热发电系统由聚光器以及吸热配件或接收器和跟踪机构组成。其中聚光器由许多弯曲的反射镜组合装配而成，安装在支架上。吸热管或接收器管沿着每个抛物形反射镜的焦线固定安装，用以吸收太阳辐射能，传热工质（例如传热流体、水/蒸汽）要从太阳能集热管中流过，从而产生过热蒸汽，直接输送到涡轮机用以发电。槽式聚光型太阳能光热发电系统的聚光比为 10～100，温度可达 400℃。在跟踪机构对支架进行控制下，吸热管能充分吸收来自反射镜反射的阳光。图 3-2 为槽式聚光型太阳能光热发电系统结构示意图。在图 3-2 中，抛物面槽式聚光器将太阳光反射到接收器，高温传热流体从接收器中流出，流进管道，通过涡轮驱动发电机输出电力，向电网提供电力；低温传热流体从管道流出，流进蒸汽冷凝器进一步冷却，回流到聚光器。热量存储器位于管道和蒸汽冷凝器之间，如果采用特大型的聚光器系统，在白天对存储系统加热，这样热量存储系统可以在晚上或多云天气下运行，从而产生更多的蒸汽，实现发电。槽式聚光型太阳能光热发电系统也可采用混合设计，也就是采用矿石作为补充燃料，以补充在低太阳辐射时期的太阳能，还可采用天然气热水器或燃气蒸汽锅炉/再热器。以后槽式聚光型太阳能光热发电系统可能与现有或新建的联合循环天然气和煤炭发电厂结合起来。

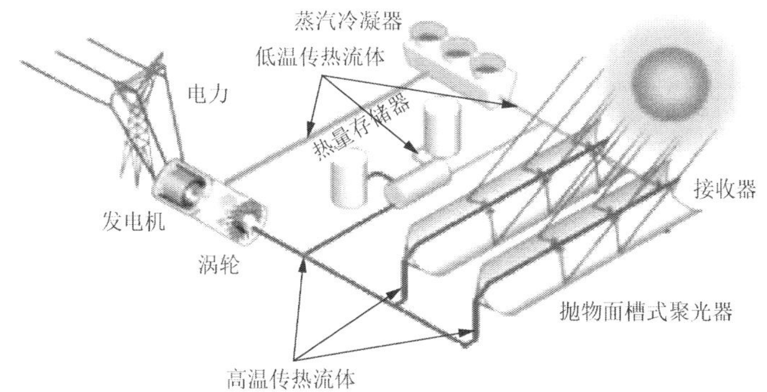

图 3-2　槽式聚光型太阳能光热发电系统结构示意图

（2）反射式线性菲涅耳透镜聚光型太阳能光热发电系统。由菲涅耳反射镜聚光器、集热器和跟踪机构组成。把平坦的或略弯的菲涅耳反射镜安装配置在跟踪器上，在反射镜上方的空间安装集热器。图 3-3 为反射式线性菲涅耳透镜聚光型太阳能光热发电系统结构示意图。在图 3-3 中，太阳光通过安装在地面的菲涅耳反射镜聚光器向上反射到集热器，高温传热流体从接收器中流出，流进管道，通过涡轮驱动发电机输出电力，向电网提供电力；低温传热流体从管道流出，流进蒸汽冷凝器进一步冷却，回流到集热器。本系统的特点是集热器不采用真空技术，由此增加了集热管的长度，提高了设备的可用率，其聚光效果是常规槽式线聚焦集热器的 3 倍，而且建造费用降低 50%。本系统的缺点是工作效率只有普通集热器的 70%，因而需进一步完善。

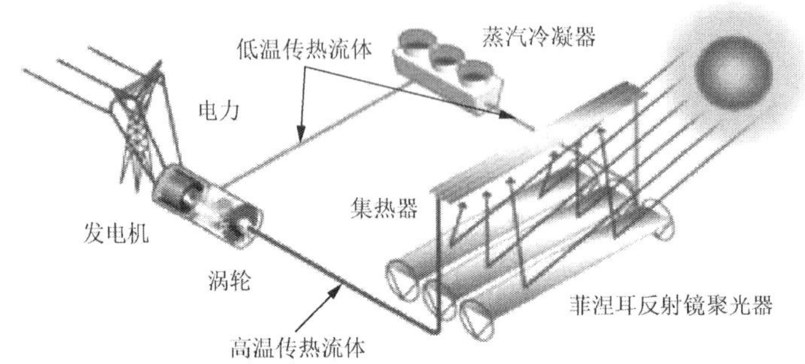

图 3-3　反射式线性菲涅耳透镜聚光型太阳能光热发电系统结构示意图

3.1.2　蝶式/引擎聚光型太阳能光热发电系统

与其他聚光型太阳能光热发电系统相比，蝶式/引擎聚光型太阳能光热发电系统产生的电力功率相对较少，通常在 3 万～25 万 kW 的范围内，很适合分布式发电站应用。多个这样分布安装的单元蝶式/引擎聚光型太阳能光热发电系统整合成一簇，可实现集中向电网供电，不但能缓解电力能源需求，还可提高整个电网的运行安全性。整个系统安装在一个双轴跟踪支撑机构上，实现定日跟踪，连续发电，发电效率高达 30%，在相同的运行温度下，发电效率明显高于槽式和塔式聚光型太阳能光热发电系统，是所有聚光型太阳能光热发电系统中发电效率最高的。缺点是蝶式/引擎聚光型太阳能光热发电系统的单元发电容量较小[1-4]。

蝶式/引擎聚光型太阳能光热发电系统主要由聚光器（集热器）和电力转换装置两个部分组成，如图 3-4 所示。由许多反射镜组成的抛物面蝶式聚光器把太阳光引导和集中到电力转换装置，电力转换装置产生电能。

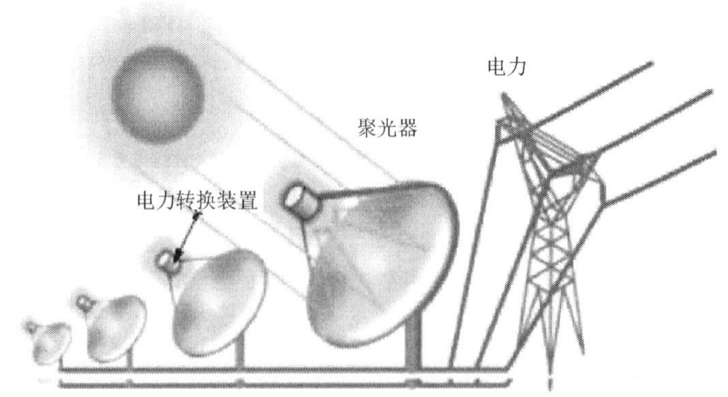

图 3-4　蝶式/引擎聚光型太阳能光热发电系统结构示意图

电力转换装置包括热接收器和发动机/发电机。蝶式聚光器把聚集的太阳光束反射到一个热接收器，热接收器聚集了太阳热量。蝶式聚光器安装在一个跟踪支撑机构上，全日跟踪太阳，每一个反射镜阵列会朝向太阳，尽可能持续地把太阳光高效率反射到热接收器中。热接收器是蝶式聚光器和发动机/发电机之间的接口，它吸收太阳能的集中光束，将它们转换成热量，然后把热量传输到发动机/发电机。热接收器的管道中装有冷却流体，冷却流体通常是氢和氦，一般是作为传热介质，也作为发动机的工作流体。发动机/发电机子系统从热接收器中接收热量，并利用热量来产生电力。目前，在蝶式/引擎聚光型太阳能光热发电系统中应用的最常见的热发动机类型是斯特林发动机，斯特林发动机利用被加热的流体来推动活塞产生机械功，发动机的机轴以旋转的方式驱动发电机产生电力。

斯特林发动机作为一种外燃的封闭循环往复式热力发动机，它的运动部件间没有机械连接，无须润滑、密封简单，和聚光器非常好地结合在一起，高效率地产生电能。这种发动机有几个优势：一是能量转换效率高；二是机器非常“安静”；三是寿命长；四是非常环保，完全燃烧后只产生很少量的氮氧化物和一氧化碳，内燃机在这方面远不能与它相比。

蝶式/引擎聚光型太阳能光热发电系统独立分布运行的特点是非常适合急需电力补充的发展中国家的边远地区，我国西藏、青海、新疆、内蒙古南部、山西、陕西北部、河北、山东、辽宁、云南中部等太阳辐射总量都很大的地区，适于建造分散式太阳能斯特林热电站。缺水的内蒙古西部沙漠地区很适合建立大面积、大容量的蝶式斯特林太阳能热发电站，这种电站也能部分解决内蒙古地区发展火电站缺水的问题。

3.1.3　塔式聚光型太阳能光热发电系统

塔式聚光型太阳能光热发电系统（电力塔系统）是由几万至几十万块曲面镜，即日光反射镜（定日镜）组成。日光反射镜由许多平面反射镜或曲面反射镜构成，在计算机控制下，这些反射镜将阳光都反射至同一吸收器上，吸收器可以达到很高的温度，获得很大的能量[5]。

图 3-5 所示为由日光反射镜系统、接收器等组成的塔式聚光型太阳能光热发电系统。其中日光反射镜对太阳进行实时跟踪，把太阳光聚焦到塔顶的接收器。在接收器中对传热流体进行加热，产生高温过热蒸汽，过热蒸汽推动常规涡轮发电机组发电。一些电力塔利用水/蒸汽作为传热流体。塔式聚光型太阳能光热发电系统具有卓越的传热和能量存储能力。具有商业规模的此类系统可以生产 200MW 的电力，但造价十分昂贵，建设电站的成本很高。

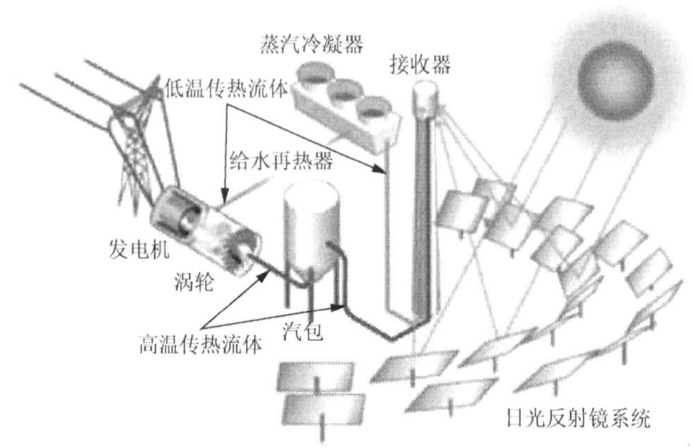

图 3-5　塔式聚光型太阳能光热发电系统结构示意图

图 3-6 所示为西班牙 Gemasolar 电站，它的装机容量为 20MW[5]，总投资 2.6 亿美元，是世界上第一个公用事业规模的采用塔式熔盐技术的光热电站，可在阴雨天气以及夜间持续发电 15 个小时，实现全天候 24 小时不间断供电。电力塔周围是日光反射镜，直接将收集到的阳光反射到发电塔顶端的接收器，对传热流体进行加热，加热后的传热流体从接收器流出进入给水再热器，经过再热器后进入涡轮发动机，从而驱动汽轮发电机发电。冷的传热流体从涡轮流出进入蒸汽冷凝器进行冷却，冷却后的传热流体重新回流到塔顶的接收器。

图 3-6　Gemasolar 电站

全球单体最大太阳能发电厂位于摩洛哥瓦尔扎扎特，厂内有 500000 块透镜（反射器），每个大约 40 英尺（1 英尺=0.3048 米）高。天气晴好时，这些透镜随着太阳的方位而转向，使太阳光聚集到一个充满液体的管道里，并将液体加热到约 393℃。这些液体被用于加热一个临近的水源，产生蒸汽驱动涡轮机旋转产生能量。即使在太阳下山后，该电站仍能持续生产。白天获取的热量被储存在一种特殊的熔融盐中，太阳下山 3 小时后，发电站仍能生产能源，可持续生产到日落后 8 小时[5]。

3.2　聚光器系统

聚光型太阳能光伏发电技术是新型太阳能发电技术的代表，未来有很大的发展空间。聚光型太阳能光伏系统是由太阳能电池加上聚光系统组成，一定程度上克服了太阳能量的分散性（功率密度约 1kW/m^2），提高了单位面积太阳能电池的输出功率，大大降低了光伏发电的成本，有很好的应用前景。聚光型太阳能光伏发电技术被认为是第三代太阳能光伏发电技术之一[6-9]。当前聚光型太阳能光伏发电技术的研发主要集中在以下几个方面：

（1）用于聚光型太阳能光伏系统的各类聚光器的原理、光路方面的分析研究；

（2）聚光型太阳能光伏系统所需要的太阳跟踪系统的设计研究；

（3）对加入聚光器以后太阳能电池的开路电压、短路电流、功率、转换效率等输出特性的理论和实验研究；

（4）对加入聚光器以后太阳能电池的工作温度以及散热技术的研究。

3.2.1　聚光器系统简介

聚光型太阳能光伏系统[6,8-12]具有多种不同的表现形式，其结构一般包括四大部分：①聚光器系统；②聚光太阳能电池（太阳光接收器、光电转换模块）；③冷却装置；④太阳跟踪机构（图 3-7）。

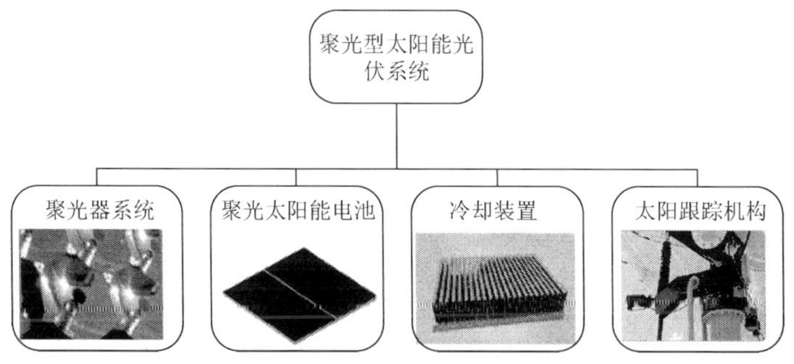

图 3-7　聚光型太阳能光伏系统组成示意图

聚光器系统是聚光型太阳能光伏系统最重要的组成部分，也是聚光型太阳能光伏发电技术与传统平板式太阳能发电技术的最大区别所在。聚光器系统通常由主聚光器和二次聚光器组成，它很大程度上决定了整套聚光型太阳能光伏系统性能的高低。

1. 聚光器简介

聚光器按照光学原理可分为折射式、反射式、荧光、二次、热光伏、混合及全息聚光器等。此外，按照透镜的成像分类，有成像型（聚焦型）和非成像型（非聚焦型）聚光器之分。图 3-8 为反射式和折射式（菲涅耳透镜）聚光器的原理示意图。图 3-9 为成像型和非成像型聚光器原理示意图。

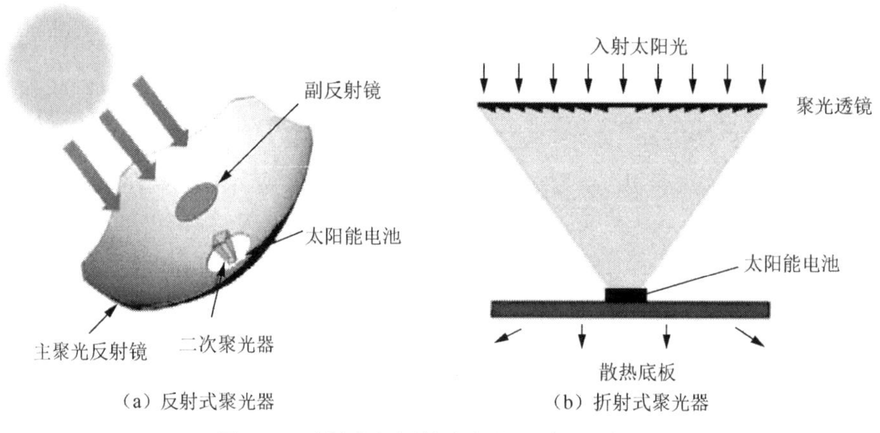

图 3-8　反射式和折射式聚光器原理示意图

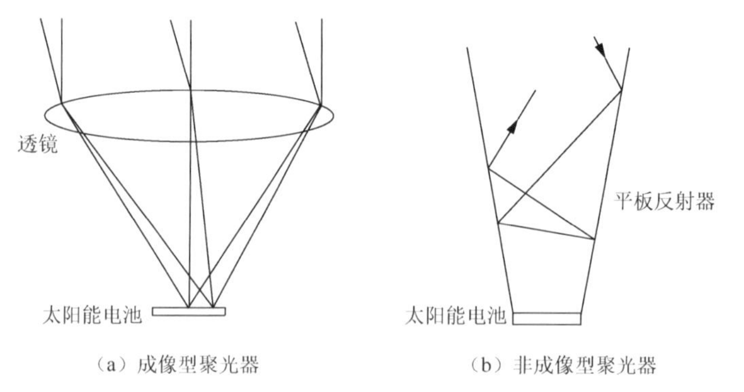

图 3-9　成像型和非成像型聚光器原理示意图

反射式聚光器是由反射镜组成，它是遵循光的反射原理把太阳光汇聚到接收面上。反射式聚光器口径可以做得很大，采用的反射镜主要有抛物面镜、平面镜、抛物面槽式镜等类型。反射式聚光器一般要求不存在色散现象，反射效率可接近

100%，但对反射镜面清洁度要求较高，如果反射镜面受到污染，反射效率会急剧下降，因此组件表面通常要覆盖一层高透光玻璃以便于清洁。

折射式聚光器是利用光的折射原理将较大面积的太阳光经过聚光器汇聚到较小面积的接收体上。折射式聚光器在光学设计上有很大的自由度，对入射光线比较敏感，制造难度不高，成本较低，但易造成光线的色散。折射式聚光器又可分为传统的曲面透镜和菲涅耳透镜。传统的曲面透镜通常是由一个凸透镜组成，利用凸透镜进行聚光（点聚焦），但凸透镜体积都较大，因此很少在实际中应用。目前折射式聚光器一般采用菲涅耳透镜，与普通凸透镜相比，它只保留了有效的折射面，可节省近 80%的材料。目前最常用的菲涅耳透镜材料是一种光学塑料，与玻璃相比，这种光学塑料具有质量轻、易加工成型等优点，但由于它属于聚酯类材料，长时间使用后透光性能容易衰退。

混合聚光器则是将不同聚光原理的聚光器组合到一起，以达到最大程度利用太阳能的目的，主要原理是利用光的折射、反射以及聚光器内部反射来聚集太阳光。

热光伏聚光器是把太阳能吸收体加热到高温完成光热转换，然后聚光系统辐射器发出辐射到太阳能电池上完成光电转换，太阳能电池只能接收一定波长的短波辐射，不能利用长波辐射，长波辐射重新回到辐射器上，可以实现光热、光电的相互转换，从而提高系统的综合效率。

荧光聚光器和全息聚光器现阶段研究与应用都比较少[15,16]。

2. 聚光强度

在研究开发聚光型太阳能光伏系统时，通常首先要根据项目的要求、安装地点、场所以及经济条件等因素来选择聚光强度，确定是选择低倍率、中倍率还是高倍率的聚光型太阳能光伏系统。表 3-1 为不同聚光强度类型的聚光型太阳能光伏系统对各部分的要求[15,16]。

表 3-1 不同聚光强度类型的聚光型太阳能光伏系统对各部分的要求

聚光强度类型	聚光倍数	电池类型	冷却模块	太阳跟踪模块
低倍率	2～100	传统硅太阳能电池	无冷却或 被动冷却	单轴跟踪或 无主动跟踪
中倍率	101～300	硅太阳能电池、GaAs 多结太阳能电池	主动冷却	双轴跟踪
高倍率	301～1000	高密度 GaAs 多结太阳能电池	大容量冷却	高精度跟踪

不同的聚光型太阳能光伏系统所采用的聚光器有所不同。表 3-2 为不同聚光强度类型的聚光型太阳能光伏系统采用的聚光器种类。例如，平面镜、曲面镜和菲涅耳透镜可以在低倍率的聚光型太阳能光伏系统中使用，但是平面镜就不能用

在中、高倍率的聚光型太阳能光伏系统中，而菲涅耳透镜可以制作成各种聚光倍率的聚光器。

表 3-2 不同聚光强度类型的聚光型太阳能光伏系统采用的聚光器种类

聚光强度类型	聚光器形状	聚光方式	聚光次数	可否用菲涅耳透镜
低倍率	平面镜型或曲面镜型	反射式和折射式	一次聚光	可用
中倍率	平面镜型或曲面镜型	反射式和折射式	一次聚光和多次聚光	可用
高倍率	曲面镜型	反射式和折射式	多次聚光	可用

3. 聚光次数

二次聚光器安装在太阳能电池的表面，用于提高对入射光角度与聚光器轴线偏离角度的容忍度。太阳跟踪系统的精度和风的作用都会引起阳光入射角度的偏差，因此在高倍率聚光型太阳能光伏系统中二次聚光器是必备的。又由于应用在聚光型太阳能光伏系统中的菲涅耳透镜或抛物面反射镜的加工工艺和材料等诸多因素的影响，聚光的光斑都不太均匀，导致电池表面温度及电池阵列电阻不均匀，从而降低了电池的输出性能，而且聚焦倍数越大，影响越明显。因此需要在聚光型太阳能光伏系统中增加第二级聚光器以提高系统的性能。有研究表明，二级聚光器系统的转换效率要高于单级聚光器系统，尤其是在直射辐照强度较小时更为明显。同时二级透镜对光路有收敛作用，可降低一级透镜和太阳垂直性的要求，在无二级透镜的系统中，一级透镜和太阳之间的角度误差通常要求小于 0.5°，以避免光能偏离光伏芯片；而使用二级透镜后，此要求可以放松到 1.5°，因而大大减少聚光型太阳能光伏系统中太阳跟踪系统的精度要求，降低制造成本[17]。

3.2.2 聚光器的基本理论与参数

本节首先说明聚光器相关的基本理论，接着介绍聚光性能的三个参数，即聚光比、聚光效率和光斑均匀度。

3.2.2.1 基本理论

在光学系统中，光的传播遵循几何光学的三条光线传播定律，而不需要考虑其波动性。三条光线传播定律为：直线传播定律、独立传播定律、反射和折射定律。在此基础上，本节主要说明边缘光线原理[18,19]、光线追迹方法、成像与非成像光学理论[20-24]。

1. 边缘光线原理

边缘光线原理是指：在设计聚光器（如菲涅耳透镜）时，入射光中最外侧光线也要入射到接收面的边缘上，而不是最大接收角之内的入射光线在接收面上形成一个清晰的像。

如图 3-10 所示，对于成像型聚光器的一个重要的要求就是最大入射张角 θ_i 内的所有光线应在出射孔径的边缘形成清晰的像，即假设 θ_i 以内的光线全部通过聚光器从出射孔径射出。对非成像型聚光器而言，所有最外侧光线不必都成清晰像点，但都必须从出射孔径的边缘出射，即入射光束中的最外侧光线也应是出射孔径最外侧光线。

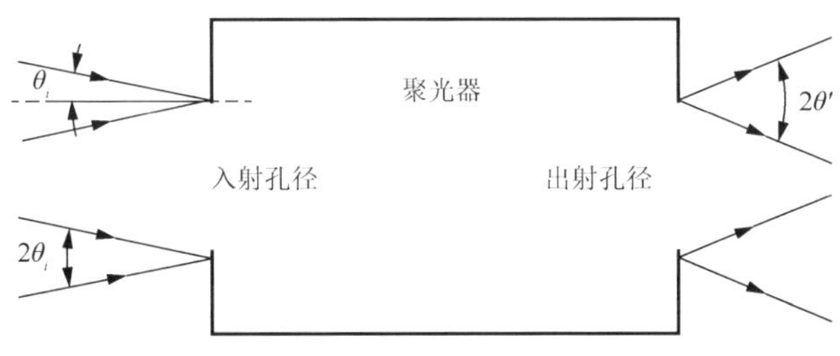

图 3-10　边缘光线原理示意图

在迄今为止所发展的非成像型聚光器设计方案中，没有足够的自由度能使所有的以 θ_i 入射的光线满足这一原理。尽管这样，根据边缘光线原理设计的聚光器理论上具有很高的聚光比，所以在设计中仍然要根据这个原理设计聚光器的相关参数[10,25]。

2. 光线追迹方法

在实际处理光学系统成像问题（光学设计）时，最直接的方法是把折射定律准确地应用于每一个折射面，追迹具有代表性的光线通过系统的准确路径，即光线追迹法。分析单元的光线追迹方法主要有光学图解法和计算法。三条光线传播定律，即直线传播定律、独立传播定律、反射和折射定律，在研究聚光器系统的性能时，可确定系统中的每条光线走过的路径以及光线最后汇聚位置和角度。光线追迹法主要有两种不同的形式，即序列光线追迹法和非序列光线追迹法。

（1）序列光线追迹法。考虑光学系统中光学表面的先后顺序，在分析过程中是以系统中每一个光学表面作为研究的对象，根据光学表面的先后顺序，每次计算一个光学表面的相关参数。此法的优点是计算速度快，可以优化和进行公差分析。

（2）非序列光线追迹法。考虑任何光线都没有预定义路径，光线射出并投射到光路中的任意物体上，随后可能经反射、折射、衍射、散射、分裂为子光线等。与序列光线追迹相比，此方法更为通用，光线追迹速度要慢一些。

非序列光线追迹法与序列光线追迹法相比，最大的不同是不考虑光学系统中光学表面的先后顺序，以及在分析的过程中不以每一个光学表面作为研究对象。光学系统中采用非序列光线追迹法进行研究时，光源的相关参数，即光源发出的每一条光线的初始参数、每一条光线的具体位置、每一条光线的具体方向等都是不确定的。

非序列光线追迹需要追迹大量光线来分析光学系统的特性，光线追迹可通过蒙特卡罗方法来决定光线的位置和方向，接收器通常被划分成很多小格来接收光线，这样可更加精确地分析光的强度、照度和亮度等信息。

3. 成像与非成像光学理论

传统几何光学是一种成像光学，成像光学是依据像差理论，重点关注光学系统成像质量的优劣，经过不断地对光学系统结构参数的优化，得到满足特定要求的成像效果。非成像光学与成像光学不同，非成像光学不关注如何最大可能地消除像差和提高传递效率，而是将重点放在提高能量的总体传递效率和接收像面能量的均匀性方面，在保证总体传递率的前提下实现较大的入射角和出射角。

光学系统旨在进行光学能量传递或者光能的再次分布，在光学的发展史中，成像光学是非成像光学的基础，二者相辅相成。非成像光学的基本参数术语如表 3-3 所示。

表 3-3　非成像光学的基本参数术语表

参数名称	光度学术语	辐射度术语
功率或光通量	流明（lumen，lm）	瓦（watt，W）
单位面积的功率	照度（illuminance，$1lm/m^2=1lx$）	辐照度（irradiance，W/m^2）
单位立体角的功率	光强度（luminous intensity，1lm/sr=1cd）	辐射强度（radiant intensity，W/sr）
单位立体角单位投影面积的功率或单位投影立体角单位面积的功率	亮度（luminance，cd/m^2）	辐射度［radiance，$W/(m^2 \cdot sr)$］

非成像光学系统的设计主要依据三大基本理论：边缘光线原理、费马原理和马吕斯定律。

（1）边缘光线原理。如前所述，大量实践表明：根据边缘光线原理设计的聚光器可以达到很高的聚光比。所以，边缘光线原理在非成像光学系统的设计中具有很重要的指导意义。

（2）费马原理。用“光程”的概念对光的传播定律做了更简明的概括。光程

s 可表示为：$s=l\times n$。其中，l 代表光在介质中传播的几何路径；n 代表光在这种介质中的折射率。费马原理又称作“光程 s 为极值”的定律，即光在介质中传播时，传播光程 s 总是为极值（极大、极小或常量）。无论是光的直线传播定律，还是反射和折射定律，均可由费马原理推导得到。

（3）马吕斯定律。描述了光经过任意多次折射和反射后，光束与波面、光线与光程之间的关系。马吕斯定律表明，垂直于波面的光束经过任意多次折射和反射后，无论折射和反射面形状如何，出射光束仍垂直于波面。

3.2.2.2　聚光性能参数

1. 聚光比

聚光比是评价聚光器聚光性能的一个重要参数。聚光比可以分成几何聚光比和光学聚光比。几何聚光比（C_g）是指聚光器的入射口径面积（S_1）和出射口径面积（S_2）之比，即

$$C_g = \frac{S_1}{S_2} \tag{3-1}$$

光学聚光比（C_o）是聚光器的几何聚光比（C_g）和聚光器的聚光效率（η）的乘积，即

$$C_o = C_g \times \eta = \frac{S_1}{S_2} \times \eta \tag{3-2}$$

以菲涅耳透镜为例，根据经典几何光学，平行的太阳光照射到菲涅耳透镜的表面后，光线会在光轴方向的焦点处汇聚成一个点。按照几何聚光比的定义，此时菲涅耳透镜的几何聚光比应该是无穷大。但是，实际太阳光具有一个很小的夹角（2δ），即太阳张角[26]。实际太阳光到达地球时并非平行光，半张角为 $\delta=0.267°$，因此，实际的聚光比存在上限值[19]：

一维几何聚光比的上限是

$$C_{g1,\max} = \frac{1}{\sin\delta} = 214.6 \tag{3-3}$$

二维几何聚光比的上限是

$$C_{g2,\max} = \frac{1}{\sin^2\delta} = 46049.6 \tag{3-4}$$

这是在理想情况下的几何聚光比上限，在实际应用中，菲涅耳透镜还存在着加工缺陷和工程误差，所以菲涅耳透镜实际可以达到的几何聚光比总小于其上限值[18,19,27]。

2. 聚光效率

聚光效率直接影响太阳能电池的转换效率。聚光效率 η 可以表示为

$$\eta=\frac{E_0}{E} \tag{3-5}$$

式中，E_0 表示透射过透镜的总能量；E 表示入射到透镜表面的总能量。在实际应用中，由于存在反射损失、吸收损失、加工工艺损失等，聚光效率低于理论值。如菲涅耳透镜的加工工艺损失主要是由加工过程中的拔模角、圆角引起，它们减少了菲涅耳透镜有效接收入射光能量的面积，致使透过透镜的总能量减少，从而聚光效率减小。

3. 光斑均匀度

太阳光经过聚光后会形成不同的能量分布。根据 IEC 60904-9：2007 国际标准规定，菲涅耳透镜光斑能量的均匀度可以表示为[10,25]

$$\Delta E=1-\frac{E_{\max}-E_{\min}}{E_{\max}+E_{\min}}\times 100\% \tag{3-6}$$

式中，$E_{\max}$ 代表光强接收面上光照强度的最大值；$E_{\min}$ 代表光强接收面上光照强度的最小值。由于在实际的测试中光强的最小值一般是 10^{-n} 量级的数值，所以常用光照强度平均值 E_{mean} 代替 $E_{\min}$ 来计算光斑能量的均匀度，即

$$\Delta E=1-\frac{E_{\max}-E_{\text{mean}}}{E_{\max}+E_{\text{mean}}}\times 100\% \tag{3-7}$$

4. 接收角

接收角是聚光器的中心轴与太阳光线入射方向的夹角。当聚光效率等于光线垂直入射到聚光器时聚光效率 η 的 90%（考虑光损耗）时，接收角称为聚光器的最大接收角，用 α 表示，聚光效率用 η_α 表示[19,28]：

$$\eta_\alpha=90\%\times\eta \tag{3-8}$$

1989 年，Welford 和 Winston[25]研究了在理想的非成像聚光系统中，几何聚光比与最大接收角之间的关系：

$$C_{\mathrm{g}}=\frac{1}{\sin^2\alpha} \tag{3-9}$$

3.2.3 几种典型的聚光器

聚光型太阳能光伏系统中，聚光器的种类较多，本节选择一些典型的聚光器进行介绍，其中包括平面反射型聚光器、蝶式聚光器、槽式聚光器、复合抛物面

聚光器（CPC）、菲涅耳透镜聚光器、塔式光伏光热混合型聚光器。

1. 平面反射型聚光器

图 3-11 所示为一种平面反射型聚光器，即“4 倍聚光漏斗”型聚光器，由 8 块平面镜组合而成，带有散热片。太阳光经镜面反射到底部的太阳能电池上，被接收后产生电流。

图 3-12 所示为甘肃省武威地区已建成的“4 倍聚光+转盘式跟踪”光伏电站，峰值功率为 1MW[29,30]。其特点是：①太阳跟踪器使多晶硅的用量减少 30%～40%；②4 倍聚光，尤其对“直射光”的聚光，可将硅材料、非硅材料的每度电“耗能”下降到原来的 1/4。

图 3-11 “4 倍聚光漏斗”型聚光器

图 3-12 甘肃省武威地区“4 倍聚光+转盘式跟踪”光伏电站

2. 蝶式聚光器

蝶式聚光器光学原理如图 3-13 所示，蝶式聚光器采用多块平面镜，并通过巧妙的结构设计使太阳光经平面镜反射后均匀地照射到对应一侧的太阳能电池板上，实现数倍聚光功能，从而提高单位面积太阳能电池的发电效率。该聚光器的外形像蝴蝶，聚光倍数可达到 10～1000，平面镜的利用率高达 85%以上，特别适合于各种规模的聚光型太阳能光伏系统。

图 3-14 为蝶式聚光器的数学模型图[31]。已知太阳能电池板的宽度为 L，在电池板和平面镜间建立直角坐标系，假设太阳能电池板的放置角度和宽度分别为ϕ和 AB_1，太阳能电池板与第一块平面镜的高度差为 H_1，太阳光线始终平行于 y 轴，图中入射光线 B_1O_1，经平面镜的端点 O_1 反射后的光线 O_1A 反射到电池板的端点 A。由入射光线和反射光线的夹角可得平面镜 O_1O_2 的放置角度β_1。经电池板另一端点 B_1，作反射光线 $B_1O_2 /\!/ AO_1$，可得平面镜的另一端点 O_2，同理可得出其余平

面镜 O_2O_3、O_3O_4、O_4O_5…的放置角度和尺寸。

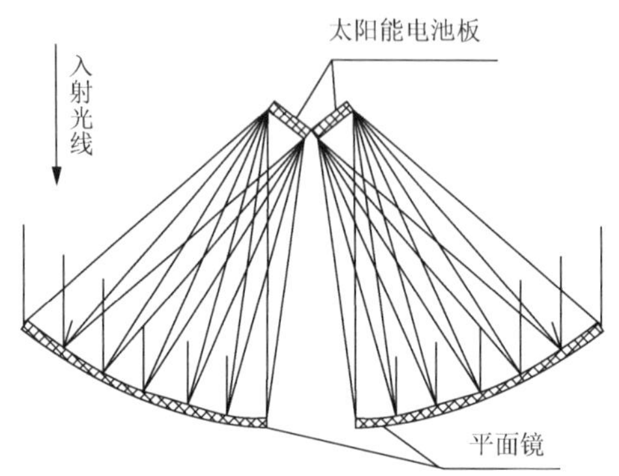

图 3-13　蝶式聚光器光学原理图

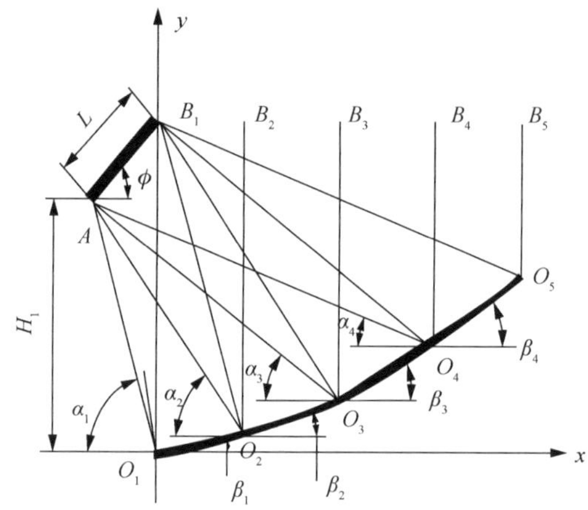

图 3-14　蝶式聚光器的数学模型图

如图 3-14 所示，B_1O_1、B_2O_2、B_3O_3、B_4O_4、B_5O_5 分别为各个平面镜的入射光线。为了使结构尽可能紧凑，假设 B_1O_1 在 y 轴上。第一块平面镜 O_1O_2 在 O_1 的入射光线为 B_1O_1，反射光线为 O_1A；在 O_2 的入射光线为 B_2O_2，反射光线为 O_2B_1；由此，可建立一定的几何关系。蝶式聚光器顶部太阳能电池板的放置倾角 ϕ 和太阳能电池板与第一块平面镜的高度差 H_1 的变化，都会引起聚光器底部平面镜放置角度的变化，产生不同的聚光比。高度差 H_1 越大，理论聚光比越高，但这将导致聚光器的支架不稳定，从聚光器的机械强度考虑，支架的截面形状为正三角形时刚性最好。通过减小太阳能电池板的宽度或增加聚光器支架的宽度可提高聚光器的聚光比。

一个蝶式聚光器的实例如下：采用的太阳能电池板的宽度 L=120mm，放置倾角 ϕ=28°，与第一块平面镜的高度差 H_1=3660mm，聚光器支架宽度 D=4230mm，几何聚光比可达到 12.1。

许志龙、刘菊东等研制的二维蝶式聚光器如图 3-15 所示[31]。该聚光器采用二维跟踪太阳转动，由 12 块 281mm×621mm 的太阳能电池板、36 块 300mm×1245mm 的平面镜及钢结构组成。太阳能电池板的总标称功率为 252W，聚光器的理论几何聚光比为 5.7。按照反射镜的反射率为 80%计算，扣除玻璃镜反射损耗，聚光器实际几何聚光比为 4.56，在太阳光照强度为 1kW/m^2 时，系统实际发电功率约为 1kW。

图 3-15　二维蝶式聚光器样机

1．平面镜；2．太阳能电池板；3．传感器；4．支架转动机构；5．底盘转动机构

如图 3-15 所示，二维蝶式聚光器顶部安装有光敏电阻传感器 3，它实时接收变动的太阳光。当太阳光偏离一个较大的角度时，就会出现偏离信号，该信号经放大后送入控制单元，进而通过支架转动机构 4 和底盘转动机构 5 带动聚光器实现二维跟踪，达到自动跟踪太阳的高度角和方位角，从而确保支架底部的平面镜 1 把太阳光均匀地反射到架子顶部的太阳能电池板 2 上。同时，太阳能电池板的受光面朝下，避免了污染物落到其表面而产生的“热岛效应”，提高了电池的使用寿命。

3．槽式聚光器

图 3-16 为槽式聚光器光路示意图[2]，该聚光器由抛物面反射镜组成。太阳能电池接收面，即太阳光接收面用以放置接收器，接收器通常为圆管状或平板状。抛物面反射镜的边缘半角γ大约为 45°，考虑到边缘半角越大，反射到接收面上的太阳光越不均匀，造成电池总体效率下降，所以在设计聚光器时，边缘半角尽量设计得小一些。槽式聚光器的最大几何聚光比：

$$C_{\max} = \frac{1}{\sin \alpha_{\mathrm{C}}} \tag{3-10}$$

式中，α_C 为接收半角。但因聚光器都存在能量损失，所以平均几何聚光比大约是 $\frac{1}{2}C_{max}$。为了让反射光更加均匀地反射到电池上，边缘半角不宜过大，一般在 30° 左右较为合适。抛物面反射装置允许使用单轴跟踪或者免跟踪，组件成本大大下降，在近几年发展比较迅速。但抛物面反射镜加工工艺复杂、加工误差较高、制造费用高，而且在使用过程中还存在着反射层易脱落、聚光不均匀以及随时间推移性能明显下降的问题。因此，今后应着重研究改进其稳定性和耐用性。

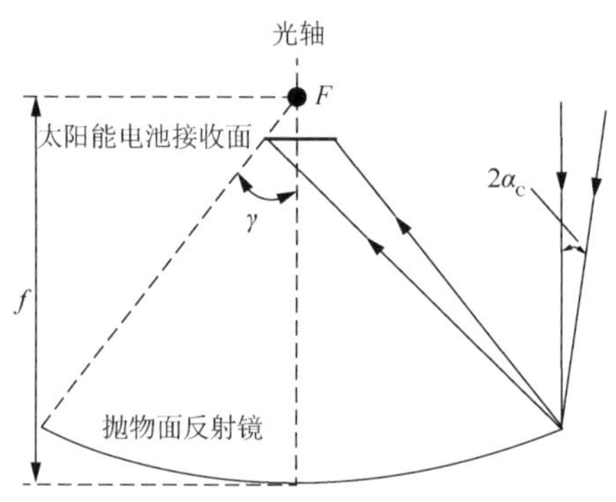

图 3-16　槽式聚光器光路示意图

4. 复合抛物面聚光器

复合抛物面聚光器[13,14,20]最先由 Winstont 和 Rab 等人从高能物理实验研究中的辐射探测器改进而来，其特点是可将探测器开口面上的包含在接收角内的投射辐射全部反射到接收元件[3,13,32]。传统的抛物面镜必须连续跟踪，并能使辐射源成像。而复合抛物面聚光器与之不同，它是一种不需要跟踪，只需间断性（季节性）地调节方位就能得到一定聚光比的聚光器，其结构如图 3-17 所示。如果聚光器被设计成非跟踪的，要使最大几何聚光比达到 2 或更高，则接收角要大于 30°；如果复合抛物面聚光器一年倾斜 2 次以上，并且东西向放置，则即使减少接收角，几何聚光比仍然可以达到 4 以上。根据接收器形状的不同，复合抛物面聚光器可分为平截复合抛物面聚光器、槽式复合抛物面聚光器和具有非平面吸收体的复合抛物面聚光器等。

根据边缘光线原理（见 3.2.2 节），对于聚光器，以最大入射半角 α_C 入射的所有光线，都必须从出射孔径的边缘出射。也就是说，入射光束中的最外侧光线（图 3-18 中 1 和 2）也应是出射孔径处的最外侧光线（图 3-18 中 1′ 和 2′），P 是出射孔边缘光线处，这样看来，通过出射孔径的直径 $2b$ 和最大入射半角 α_C 就可以确定复合抛物面的形状。根据以上原理，我们可以设计出复合抛物面聚光器，聚光器焦距为

$$f = \frac{-b}{1+\sin\alpha_C} \tag{3-11}$$

入射孔径的半径 a 为

$$a = \frac{b}{\sin\alpha_C} \tag{3-12}$$

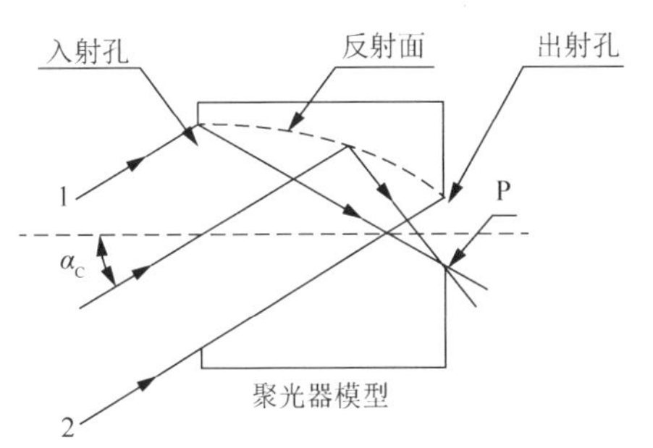

图 3-17　复合抛物面聚光器剖面示意图

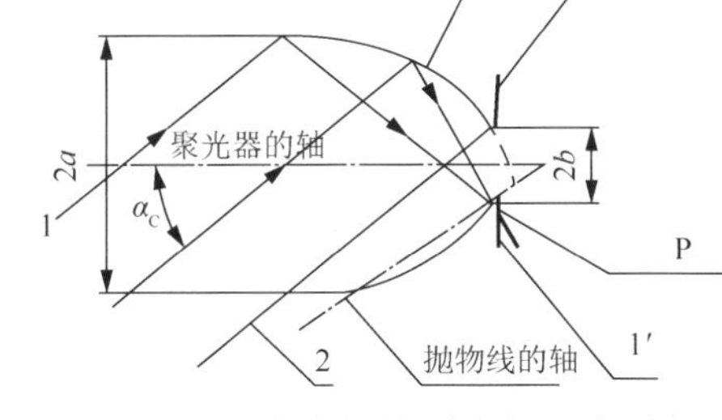

图 3-18　复合抛物面聚光器原理图

5. 菲涅耳透镜聚光器

菲涅耳透镜是一种折射式聚光器[33]，它是由平凸透镜演变而来的。从图 3-19（a）可知，当太阳光垂直平凸透镜入射时，第一个界面（平面）不改变光的传播方向，第二个界面（曲面）才会改变光的传播方向，使入射光会聚。把平凸透镜的曲面分成许多个小单元，由于每个小单元可近似地看作平面［图 3-19（b）］，这样图中画有阴影线的部分变成了直角小棱镜。把许许多多直角小棱镜平板化（在一块平板上加工制成），便构成了菲涅耳透镜（也称平板透镜），见图 3-19（c）。菲涅耳透镜是由法国著名物理学家菲涅耳（Fresnel）发明并以其名字命名的一类新型光学器件。聚光器的一面为平面，另一面为按照一定宽度和角度设计的锯齿棱角。阳光从平面一侧透射到另一侧，经过锯齿棱角折射汇聚到一个小的区域范围内形成聚光效应。它还可以根据实际需要设计成点聚焦式菲涅耳透镜（圆盘镜）和线聚焦式菲涅耳透镜（长条镜）。与抛物面反射镜相比，菲涅耳透镜聚光较为均匀且不会产生阴影，因此在早期的应用和示范项目方面应用较为广泛。目前，菲涅耳透镜正朝应用多结电池和小型化方向发展。菲涅耳透镜基本上采用透明塑料挤压成型的加工方法制成，制造方法简单，成本很低，但是加入跟踪装置以后成本骤增。因此，降低跟踪装置的成本，并提高其跟踪精度是决定菲涅耳透镜能否大规模使用的关键。

菲涅耳透镜的分类有多种方法，可分为平板型、弧型和其他类型。平板型又分为曲折面为入射面型、光面为入射面型和全反射型。弧型分为拱形和球冠形（图 3-20）[18,34]。

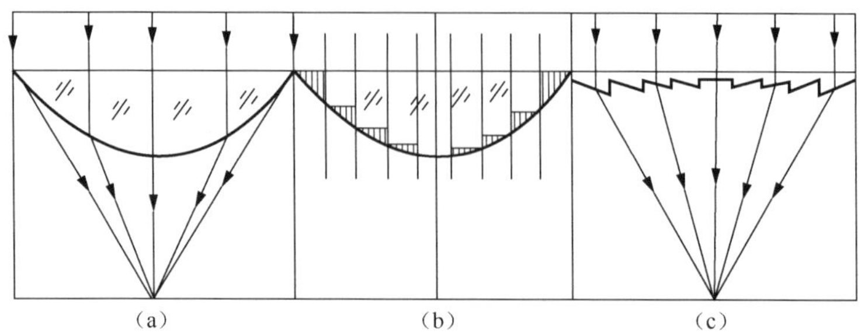

图 3-19　菲涅耳透镜演化示意图

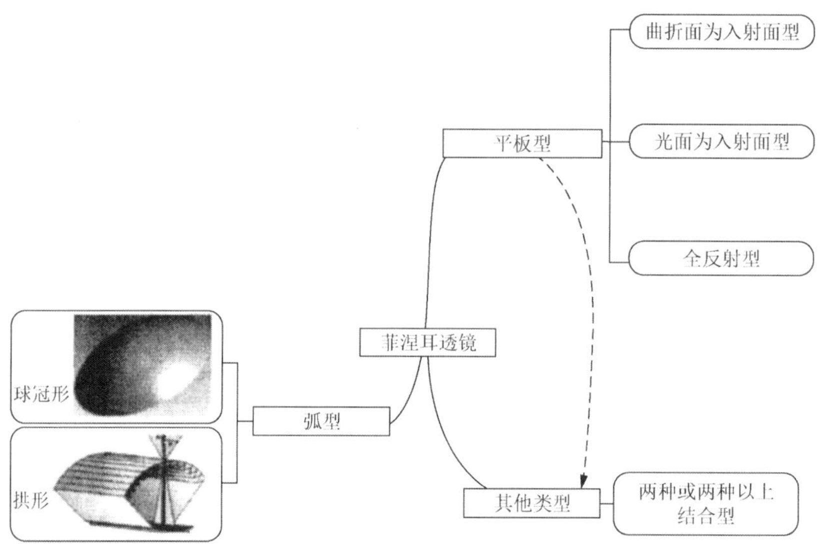

图 3-20　菲涅耳透镜分类图

6. 塔式光伏光热混合型聚光器

塔式光伏光热混合型聚光器将光热发电和光伏发电集成为一体，构成一种创新型的聚光光伏光热混合系统（CPVT）。图 3-21 是中国涿州聚烨光能技术有限公司与澳大利亚光电资源有限公司合作建立的塔式光伏光热混合型聚光器。它采用定日镜反射阳光至集热塔产生高温热能，聚光倍数为 750。每一个塔式模块安装一个大小约 1m^2 的高效聚光 GaInP/GaAs/Ge 三结太阳能电池，发电功率为 200kW。该聚光太阳能电池由波音光谱实验室研发，集合了光伏、光热两种效能，有可廉价存储、光伏发电成本较低的双重优势。750 倍的聚光能量照射在高效聚光太阳能电池板上，1m^2 的电池板可产出的电能是同等面积的普通电池板的 1500 倍。置于塔顶的能量吸收器分为两个部分，上层部分为热量吸收器，主要吸收红外辐射，下层部分为聚光太阳能电池板，主要吸收可见光。吸收的热量存入储热系统，聚光太阳能电池板发出的电能驱动压缩机来压缩空气存入压缩空气罐中，发电时释放压缩空气中的空气驱动空气透平发电，同时用储热系统加热空气，空气受热膨胀做功，发电效率获得大幅提升[35]。

图 3-21　塔式光伏光热混合型聚光器

3.3　聚光太阳能电池

聚光太阳能接收器包括聚光太阳能电池、旁路二极管和散热系统等。聚光太阳能电池是将光能转换为电能的器件，与普通的太阳能电池相比，它接收到的电流密度是普通太阳能电池的几倍到几百倍，这就需要聚光太阳能电池的电阻尽量小，以减少功率损耗，同时要设计适合采集高电流密度的电池栅线。目前国际上与聚光器配合的太阳能电池主要有常规的晶体硅太阳能电池（见 2.3 节）、晶体硅聚光太阳能电池［交叉背接触（interdigitated back contact，IBC）晶体硅太阳能电池，以下简称 IBC 电池］和Ⅲ-Ⅴ族多结聚光太阳能电池。IBC 电池价格便宜，与Ⅲ-Ⅴ族多结聚光太阳能电池相比，效率较低，常用在低聚光倍率（不超过 200 倍）的聚光型太阳能光伏系统中。

3.3.1　IBC 电池

1. IBC 电池概述

与常规的晶体硅太阳能电池不同，IBC 电池的正面无电极，正负两极金属栅线呈指状交叉排列于电池的背面。其最大的特点是 PN 结和金属接触区都处于电池的背面，正面无电极遮挡影响。因此 IBC 电池的短路电流更高；同时背面可容许较宽的金属栅线来降低串联电阻，从而提高填充因子；电池前表面场（front surface field，FSF）因钝化作用良好，提高了开路电压增益，使其转换效率较高。由于电池片正面呈全黑色，看不到金属电极线，故更加美观，且更易组装。

IBC 电池最早于 1975 年由 Lammert 和 Schwartz 提出，2014 年其转换效率已达到 25%（一个太阳条件下）。表 3-4 列出了 2012～2014 年 IBC电池技术的研究进展。美国的 SunPower 公司已经研发了三代 IBC 电池，其最新的 MaxeonGen3 电池应用 145μm 厚度的 N 型 CZ硅片衬底，转换效率达到 25%。德国 Fraunhofer ISE、ISFH 和 IMEC 研发的 IBC 电池，转换效率分别达到 23%、23.1%和 23.3%。日本的 Sharp 公司和 Panasonic 公司将 IBC 与 HJ（异质结）技术结合在一起，它们研发的晶体硅多结太阳能电池的转换效率分别达到 25.1%和 25.6%。

表 3-4　2012～2014 年 IBC 电池技术的研究进展

公司/研究机构	电池尺寸	类型	关键技术	最高转换效率/%	报道年份
SunPower	5″	IBC	电镀	25.0	2014
Sharp	5″ 或 $4cm^2$	高效 IBC	丝网印刷	25.1	2014
Panasonic	5″ 或 $4cm^2$	高效 IBC	丝网印刷	25.6	2014
ANU	$4cm^2$	IBC	光刻	24.4	2014
Fraunhofer ISE	$4cm^2$	IBC	蒸镀	23.0	2013
ISFH	5″	IBC	蒸镀	23.1	2013
IMEC	$4cm^2$	IBC	蒸镀	23.3	2013
Konstanz ISC	6″	IBC	丝网印刷	21.3	2012
Bosch	6″	IBC	离子注入	22.1	2013
Samsung	6″	IBC	离子注入	22.4	2012
天合光能	6″	IBC	丝网印刷、炉管扩散	22.9	2014

注：5″ 和 6″ 分别表示 5 英寸和 6 英寸，指电池对角线长度；$4cm^2$ 指电池面积

在中国，天合光能股份有限公司（简称天合光能）、晶澳太阳能有限公司（简称晶澳）等光伏企业正在研发 IBC 电池。2014 年澳大利亚国立大学（ANU）研发的小面积 IBC 电池，转换效率达到 24.4%；天合光能独立研发的 6 英寸大面积 IBC 电池，转换效率达到 22.9%，成为当时 6 英寸 IBC 电池的最高转换效率。2015 年后，天合光能采用新工艺，中试生产出了平均转换效率为 22.8%、最高转换效率为 23.15%（内部测试）的 IBC 电池，如图 3-22 所示。2016 年 4 月 26 日，天合光能国家重点实验室研发的 IBC 电池经 JET 独立测试，以 23.5%的转换效率创造了 156mm×156mm 大面积 N 型单晶硅 IBC 电池的世界纪录[36]。

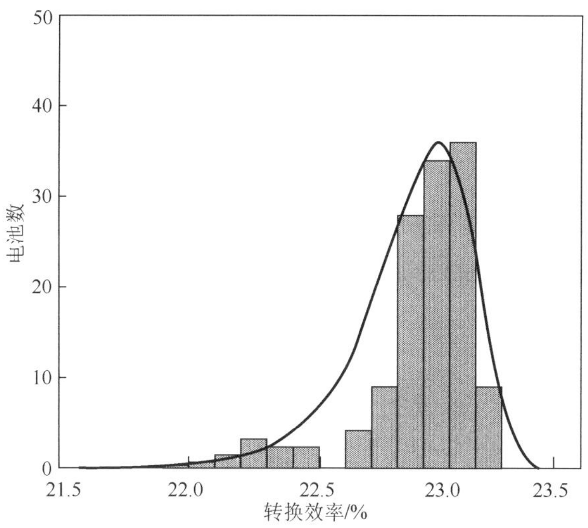

图3-22　天合光能研发的IBC电池转换效率分布图

2. IBC电池结构

IBC电池结构如图3-23所示。在高寿命的N型硅片衬底的背面形成相间的P^+和N型扩散层，前表面制备金字塔状绒面增强光的吸收，同时形成N^+前表面场、SiO_2钝化层、减反射涂层，背面在N型及P^+扩散层下，采用SiO_2等钝化层或叠层，选择性地形成P区和N区的金属接触区。金属化通常应用蒸镀和电镀方法。澳大利亚国立大学和天合光能在研发24.4%的IBC电池时采用蒸镀铝形成金属接触区，而SunPower公司用电镀铜来形成电极。

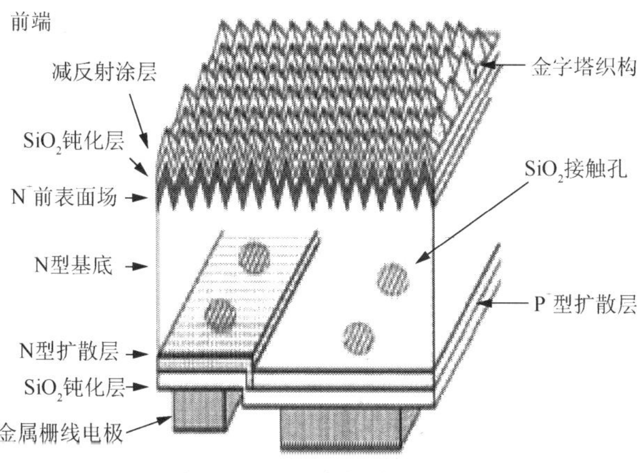

图3-23　IBC电池的结构图

3. IBC 电池扩散区的形成

IBC 电池的工艺流程比传统太阳能电池要复杂得多，关键是如何在电池背面制备出呈叉指状间隔排列的 P 区和 N 区，以及在其上面分别形成金属接触区和栅线电极。

扩散掺杂环节应用炉管扩散。普通太阳能电池的扩散只需在 P 型衬底上形成 N 型的扩散区，而 IBC 电池既有形成背面 N 区（BSF）的磷扩散，还有形成 PN 结的硼扩散，即在 N 型衬底上进行 P 型掺杂。常规的掺杂方法为定域掺杂法，包括：

（1）掩膜法。通过光刻的方法在掩膜上形成需要的图形，此法成本高，不适合大规模生产。

（2）刻蚀法。成本较低，可通过丝网印刷刻蚀浆料或者阻挡型浆料来刻蚀，或用掩膜挡住不需要刻蚀的部分，形成需要的图形。此法需两步扩散过程以形成 P 区和 N 区。

（3）化学气相沉积法。直接在掩膜中掺入所需掺杂的杂质源（硼或磷源），通过化学气相沉积形成掺杂的掩膜层。后续经高温将杂质源扩散到硅片内部，可省一步高温过程。

（4）丝网印刷法。在电池背面印刷一层含硼的叉指状扩散掩蔽层，它经扩散后进入 N 型衬底形成 P 区；而未印刷掩膜层的区域，经磷扩散后形成 N 区。此法在对准精度、印刷重复性等方面有局限性，较小的 PN 间距和金属接触面积能带来转换效率的提升，因此丝网印刷法需在工艺重复可靠性和转换效率之间找到平衡点。

（5）激光法。是解决丝网印刷局限性的一条途径。激光法分为两种：一种是间接刻蚀掩膜，即利用激光的高能量使局部固体硅升华成为气相，使附着在该部分硅上的薄膜脱落；另一种是直接刻蚀，例如 SiN_x 吸收紫外激光能量而被刻蚀。和丝网印刷法相比，两种激光法都可得到更细小的电池单位结构和金属接触开孔，设计更灵活。但要注意激光加工造成的硅片损伤，以及对接触电阻的影响。激光加工的必要条件是精准对位，常采用扫描式激光头（scanner）以节省时间。由于激光加工需耗时几分钟到十几分钟，生产效率低，所以激光法目前只适合研发应用。

（6）离子注入法。来自半导体工业，可应用到 IBC 电池的制备中。通过掩膜可形成选择性的离子注入掺杂，可精确控制掺杂浓度，从而避免在炉管扩散中高浓度的扩散杂质与硅的晶格失配形成的扩散死层。Bosch 公司和 Samsung 公司都成功将离子注入技术运用到 IBC 电池中，实现了 22.1%和 22.4%的转换效率。2011 年，Suniva 公司开发了离子注入技术，实现了 P 型单晶电池的转换效率大于 18.6%并商业化。图 3-24 为杜邦公司生产的 IBC 电池的转换效率[37]，杜邦公司金属化技术在 2015 年实现了电池的转换效率达到 22%。

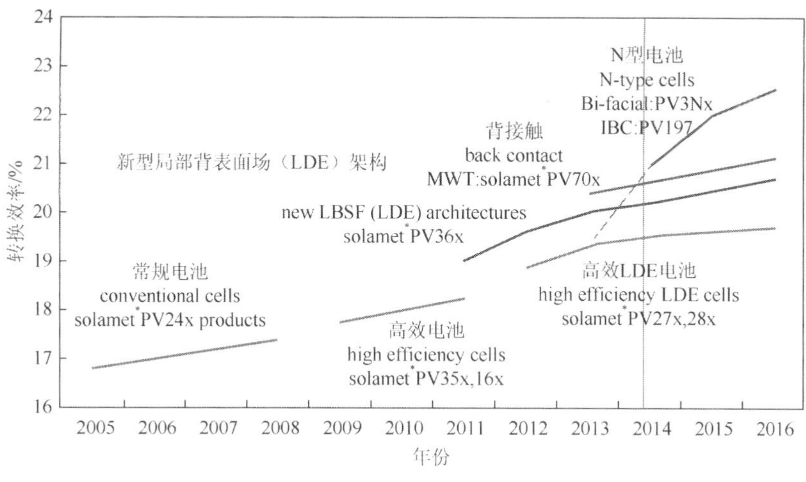

图 3-24　杜邦公司生产的 IBC 电池的转换效率

4. IBC 电池陷光与表面钝化技术

对于晶体硅太阳能电池，前（上）表面的光学特性和复合至关重要[37-39]，故要进行 IBC 电池的光学损失分析和光学减反设计。McIntosh 等人采用椭偏仪、量子相应测试与数值模拟相结合的方法，定量确定了 IBC 电池的光学损失，包括前表面发射、减反膜寄生吸收、长波段不完美光陷阱、自由载流子吸收的影响等[36,37]。

和常规电池相比，IBC 电池的性能受前表面的影响更大，因为大部分的光生载流子在入射面产生，然后流动到电池背面直到接触电极。为降低载流子的复合，需对电池表面进行钝化，以降低表面态密度。电池表面钝化通常有化学钝化和场钝化两种方式。化学钝化中应用较多的是氢钝化，比如 SiN_x 薄膜中的氢键在热作用下进入硅中，中和表面的悬挂键，钝化缺陷。场钝化是利用薄膜中固定的正或负电荷对少子的屏蔽作用，比如带正电的 SiN_x 薄膜会吸引带负电的电子到达界面，在 N 型硅中，少子是空穴，薄膜中的正电荷对空穴具有排斥作用，从而阻止了空穴到达表面而被复合。因此，带正电的薄膜（如 SiN_x 薄膜）较适合用于 IBC 电池的 N 型硅前表面的钝化。由于电池背表面同时有磷、氮两种扩散，理想的钝化膜则是能同时钝化磷、氮两种扩散界面，二氧化硅是较理想的选择。如果背面发射极/P^+（emitter/P^+）中硅占的比例较大，亦可选择带负电的薄膜，如 AlO_x。

5. 金属接触区和栅线

IBC 电池的栅线都在背面，不需要考虑遮光，故可以更灵活地设计栅线，降低串联电阻[37-39]。但由于 IBC 电池的正面无金属栅线遮挡，电流密度较大，在背面的金属接触区和栅线上的外部串联电阻损失也较大。金属接触区的复合通常都较大，所以在一定范围内（接触电阻损失足够小），金属接触区的比例越小，复合就越少，从而开路电压越高。

因此，IBC 电池在金属化之前一般要进行打开接触孔/线的步骤。N 区和 P 区的金属接触孔需要与各自的扩散区对准，否则会造成漏电失效。丝网印刷刻蚀浆料、湿法刻蚀或者激光等方法可将金属接触区的钝化膜去除。

另外，蒸镀和电镀也被应用于高效 IBC 电池的金属化。澳大利亚国立大学研发的转换效率为 24.4%的 IBC 电池就是采用蒸镀铝的方法来形成金属接触区。

6. 异质结-背接触（HJ-IBC）电池的发展

采用 IBC 与 HJ 技术相结合的 HJ-IBC 技术可以使电池的转换效率进一步提升。HJ-IBC 电池的结构如图 3-25 所示，在硅片表面对本征非晶硅进行表面钝化，在背面分别采用 N 型和 P 型的非晶硅薄膜形成异质结。HJ-IBC 电池利用非晶硅优越的表面钝化性能，结合 IBC 无金属遮挡的优点，使得相同的器件结构获得更高的转换效率，如 Panasonic 公司和 Sharp 公司研制的 HJ-IBC 电池，转换效率达到 25.6%和 25.1%。

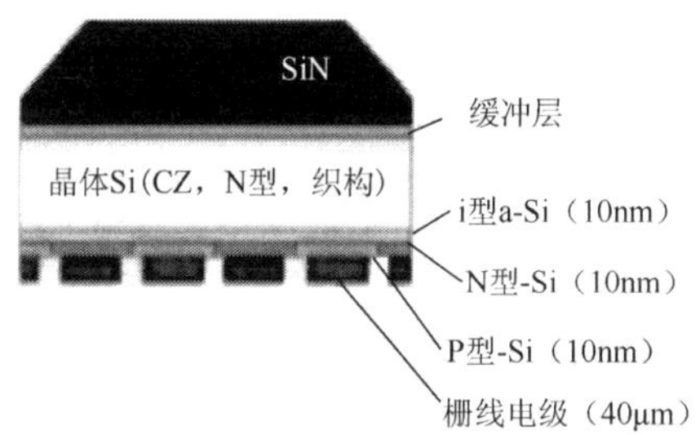

图 3-25　HJ-IBC 电池截面示意图

高效率是 IBC 电池最大的特点，目前多家科研单位已经分别实现了转换效率为 23%的高效 IBC 电池的制备，并将开路电压提升到 700mV 以上，有效降低了电池的温度系数，使其具有更优越的发电能力，但所使用的 N 型硅片较昂贵。HJ-IBC 电池制备过程中需要多步掺杂等复杂工艺，制造成本较高，制约了其大规模应用。IBC电池技术门槛高，成本和售价高，2014 年仅有美国 SunPower 公司持有年产能 1.2GW 的 IBC 电池生产线，包括年产能 100MW 的第三代高效 IBC 电池生产线。

国内方面，中国科学院微电子研究所亦在进行 HJ-IBC 电池的研发。

图 3-26 所示为 HJ-IBC 电池的先进生产设备；图 3-27 所示为 HJ-IBC 电池的检测设备；图 3-28 所示为 HJ-IBC 电池的完整研发平台[37-39]。

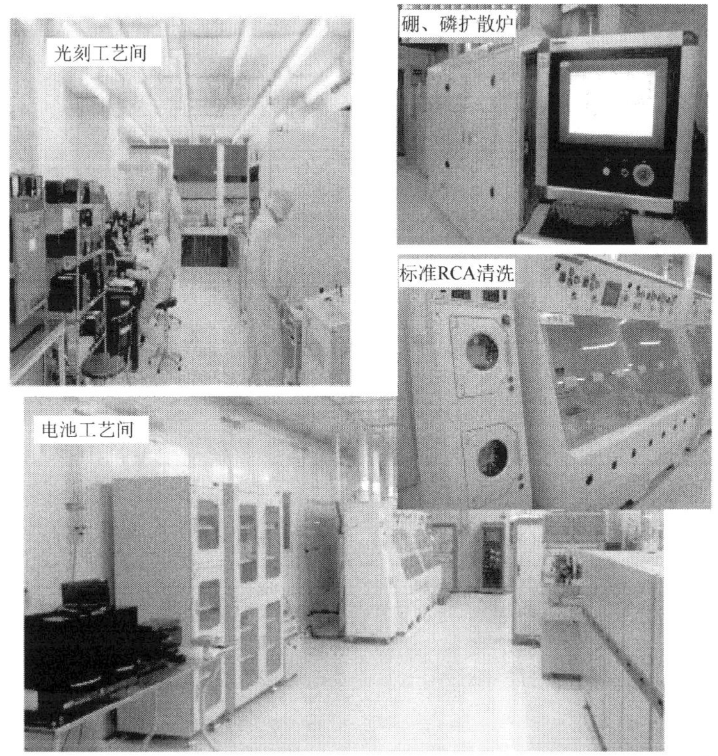

图 3-26　HJ-IBC 电池的先进生产设备

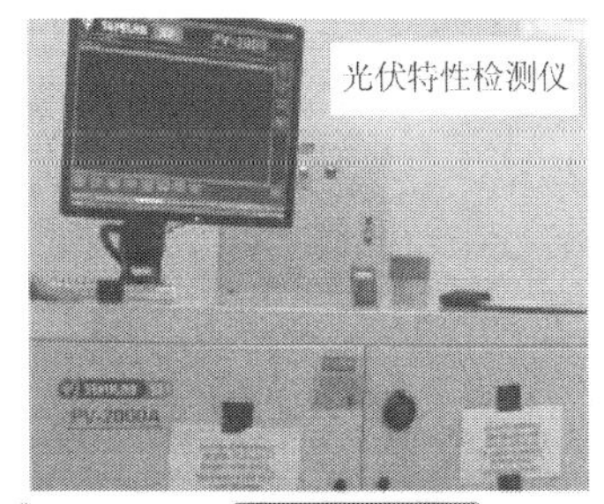

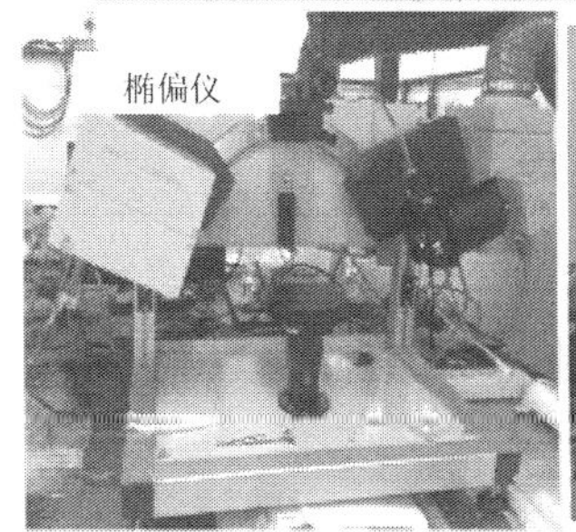

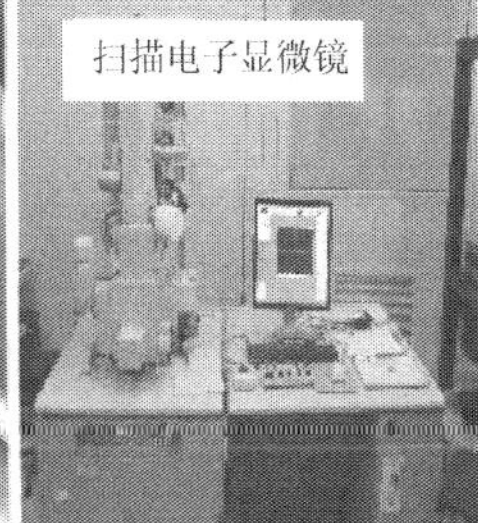

图 3-27　HJ-IBC 电池的检测设备

图 3-28　HJ-IBC 电池的完整研发平台

3.3.2　GaAs 多结太阳能电池

3.3.2.1　GaAs 多结太阳能电池概述

当聚光型太阳能光伏系统的聚光倍数在 100 以上时（即中高倍率以上），接收器表面的温度急剧上升，此时，系统通常使用Ⅲ-Ⅴ族多结太阳能电池。GaAs 三结（例如 GaInP/GaAs/Ge）太阳能电池在 20 世纪 90 年代开始研制，到 2000～2008 年，实验室转换效率可达到 29%～30%，批量生产电池的转换效率达到 26.5%。2014 年美国国家可再生能源实验室宣布其研发的 GaAs 四结太阳能电池在 234 倍日光聚集下实现了 45.7%的转换效率。中国三安光电股份有限公司（以下简称三安光电）2014 年完成 GaInP/GaAs/Ge 三代三结空间太阳能电池项目，经认证，已实现 2 万片空间电池外延片的生产和销售，量产电池的平均转换效率达到 31%，打破了部分进口的局面[40-43]。与其他技术相比，GaAs 多结太阳能电池具有以下优点：

（1）吸收太阳光谱范围宽。例如晶体硅只能吸收波长为 0.4～1.1μm 的太阳光的能量，而 GaAs 三结太阳能电池可吸收波长为 0.3～1.9μm 的太阳光的能量，转换效率大幅度提升，如图 3-29 所示。

（2）节约半导体材料。例如相对加工简单、价格低廉的聚光器件和 GaAs 三结太阳能电池联合运用，可以减少电池面积，有效降低成本和能耗。

（3）具有更好的耐高温性能。GaAs 多结太阳能电池在最大功率下的温度系数远小于硅太阳能电池，200℃时硅太阳能电池停止工作，而 GaAs 多结太阳能电池仍可以 10%的效率继续工作。

（4）更加节能环保。由于减少了半导体器件的使用，因此大大减少了制造相关器件所造成的污染和能源消耗，使聚光型太阳能光伏系统的生产过程更加节能环保。

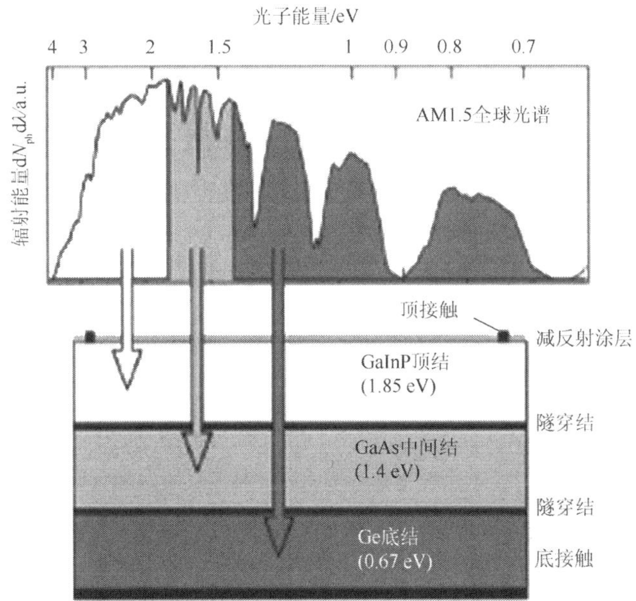

图 3-29　GaInP/GaAs/Ge 三结太阳能电池分段吸收光谱

3.3.2.2　GaAs 多结太阳能电池的研发

GaAs 多结太阳能电池以 GaAs 半导体为基体材料。本节介绍 GaAs 基系太阳能电池的特点、GaAs 基系单结太阳能电池、GaAs 基系多结叠层太阳能电池以及串联式多结太阳能电池的隧穿结方面的内容。

1. GaAs 基系太阳能电池的特点

GaAs 是Ⅲ-Ⅴ族化合物半导体材料，具有闪锌矿晶体结构。与硅不同的是，GaAs 的晶格结构中镓原子和砷原子交替地占位于沿体对角线方向，即[111]方向，位移 1/4 对角线长度的各个面心立方的格点上。GaAs 基系太阳能电池的特点如下。

（1）GaAs 具有直接带隙能带结构，禁带宽度 E_g=1.43eV（计算表明，当 E_g 在 1.2～1.6eV 时，转换效率最高），是理想的太阳能电池材料。表 3-5 列出了 2008

年各类聚光太阳能电池及小组件转换效率的认证结果。从表 3-5 可见，GaInP/GaAs、GaInP/GaAs/Ge 等多结太阳能电池的转换效率超过了 30%，GaInP/GaAs/Ge 三结叠层电池的最高转换效率达到了 32.4%左右。

表 3-5　2008 年各类聚光太阳能电池及小组件转换效率的认证结果

电池	转换效率/%	面积/cm^2	光强/sun	光谱类型	备注
GaAs	25.1±0.8	3.9	1	地面光谱	Kopin、AlGaAs 窗口
GaAs（薄膜）	23.3±0.7	4.0	1	地面光谱	Kopin、5mm
GaAs（多晶）	18.2±0.5	4.0	1	地面光谱	Res,Triangle Inst（RTI）Ge 衬底
InP	21.9±0.7	4.0	1	地面光谱	Spire，外延
GaInP/GaAs	30.3	4.0	1	地面光谱	Japan Energy
GaInP/GaAs/Ge	28.7±1.4	29.93	1	地面光谱	Spectrolab
Si	24.7±0.5	4.0	1	地面光谱	UNSW, PERL
GaAs	27.6±1.0	0.13	255	直射光谱	Spire
GaInAsP	27.5±1.4	0.08	171	直射光谱	NREL,Entech 封装
InP	24.3±1.2	0.08	99	直射光谱	NREL,Entech 封装
GaInP/GaAs/Ge	32.4±2.0	0.1025	414	直射光谱	Spectrolab
GaAs/GaSb	32.6±1.7	0.053	100	直射光谱	Boeing，四端器件机械叠层
Inp/GaInAs	31.8±1.6	0.063	50	直射光谱	NREL，三端器件单片
GaInP/GaAs	30.2±1.4	0.103	180	直射光谱	NREL，单片
Si	26.8±0.8	1.6	96	直射光谱	SunPower，背面接触

注：1sun 指 1 倍光强，在 AM1.5 条件下，1sun=96mW/cm^2

（2）GaAs 光吸收系数大，在 10^4cm^{-1} 以上，如图 3-30 所示。当光子能量 $E>E_g$（E_g=1.43eV）的太阳光进入 GaAs 后，仅入射 1μm 左右，其光强便衰减到原值的 1/e 左右（e 为自然对数的底），经 3μm 后，这一光谱段 95%以上的阳光已被吸收。当 $E>E_g$（E_g=1.12eV）时，硅的光吸收系数是缓慢上升的，在可见光区域比 GaAs 的光吸收系数小一个数量级以上。故硅材料需要数十至上百微米的厚度才能充分吸收太阳光，而 GaAs 基系太阳能电池的有源层厚度只有 3～5μm。

（3）GaAs 基系太阳能电池具有较强的抗辐照性能。实验表明，经过 1MeV 高能电子辐照，剂量达到 $1\times10^{15}cm^{-2}$，GaAs 基系太阳能电池的转换效率仍能保持原值的 75%以上，而高效空间硅太阳能电池在同样辐射条件下，其转换效率只能保持原值的 66%。

（4）GaAs 基系太阳能电池的温度系数较小，约为−0.23%/℃，而硅太阳能电池的温度系数约为−0.48%/℃。GaAs 基系太阳能电池的转换效率随温度升高，降低得较缓慢，因而可工作在更高的温度条件下。例如当温度升高到 200℃时，GaAs 基系太阳能电池的转换效率下降近 50%，而硅太阳能电池的转换效率下降近 75%。

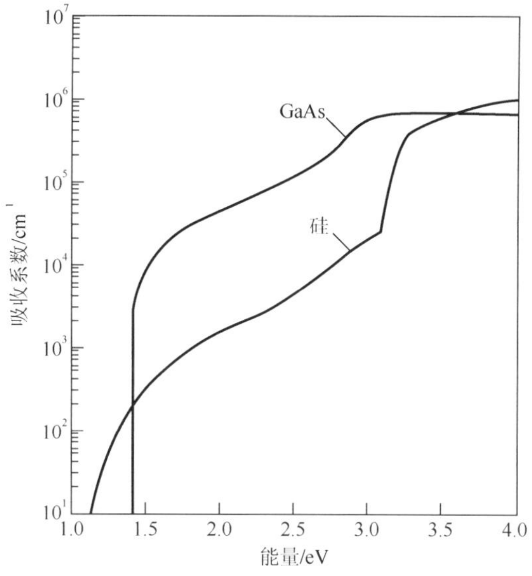

图 3-30　硅和 GaAs 光吸收系数光谱

（5）GaAs 基系太阳能电池的缺点主要有：①GaAs 材料的密度（5.32g/cm^3）较大，为硅材料（2.33g/cm^3）的两倍多；②GaAs 材料的机械强度较弱，易碎；③GaAs 材料价格昂贵，约为硅材料价格的 10 倍。

GaAs 基系太阳能电池的研发过程如图 3-31 所示。

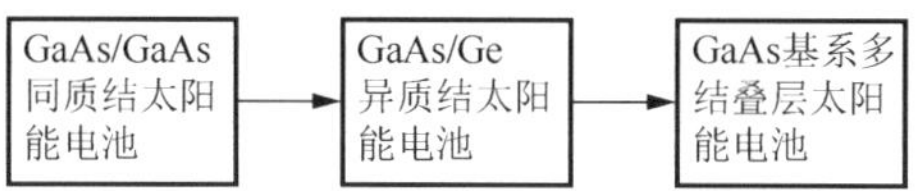

图 3-31　GaAs 基系太阳能电池的研发过程

2. GaAs 基系单结太阳能电池

（1）GaAs/GaAs 同质结太阳能电池。研发始于 20 世纪 60 年代。初期采用液相外延（LPE）技术，衬底采用 GaAs 单晶片，制备同质结太阳能电池，但电池表面复合速率大，转换效率小于 10%。直到 1973 年，Hovel 等在 GaAs 表面生长一薄层 $Al_xGa_{1-x}As$ 窗口层后，才提高了转换效率。1995 年西班牙的 Estibaliz Ortiz 利用 LPE 技术研制出 AlGaAs/GaAs 异质结太阳能电池，其结构如图 3-32 所示。在 AM1.5、600 倍聚光条件下，转换效率达到 25.8%。工艺过程主要包括光刻、蒸发、合金、退火、选择腐蚀等。图 3-33 为中国科学院 1999 年利用金属有机化学气相沉积（MOVCD）技术研制的高效 GaAs 太阳能电池的 *I-V* 特性曲线，转换效率为 21.95%，经北京市太阳能研究所和航天部 514 所联合测试标定[42,44]。

上电极	减反射膜	上电极
AlGaAs窗口层		
GaAs发射构		
GaAs基区		
GaAs缓冲区		
Ge衬底		
下电极		

图 3-32　AlGaAs/GaAs 异质结太阳能电池的结构示意图

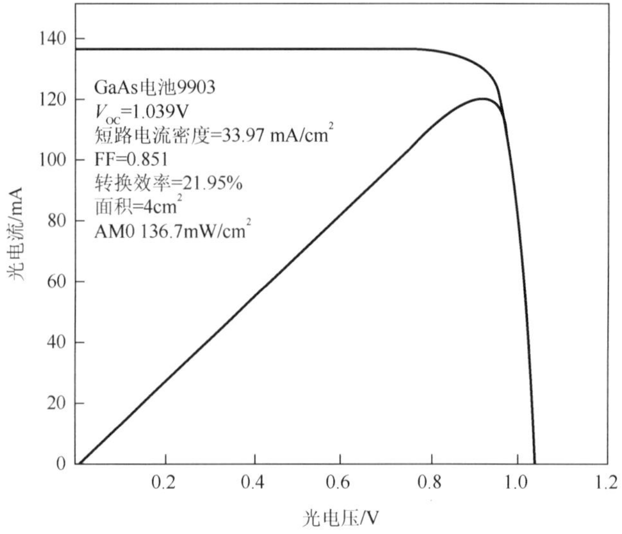

图 3-33　高效 GaAs 太阳能电池的 *I-V* 特性曲线

（2）GaAs/Ge 异质结太阳能电池。利用 MOCVD 设备，采用两步生长法解决了界面反向畴（APD）、螺位错及非控制界面扩散、界面缺陷等关键问题。

3. GaAs 基系多结叠层太阳能电池

GaAs 基系多结叠层太阳能电池通常由多个子电池和隧穿结构成。几种具有不同带隙的半导体材料构成单结子电池，然后按 E_g 从大到小串联成多结太阳能电池，改变了单结电池只吸收单一波段的局限，拓宽了整个电池对太阳光光谱响应波段，减少能量损失[44]。

图 3-34 为三结太阳能电池分段能量转换示意图，图 3-35 为三结太阳能电池的等效电路图。由于子电池彼此串联，经优化，各子电池同时产生相等的输出电

流密度(J)，即各子电池的 E_g 匹配，可提高转换效率。目前商业化 GaInP/InGaAs/Ge 三结太阳能电池在 1000 倍聚光条件下测试，平均转换效率在 39%左右。

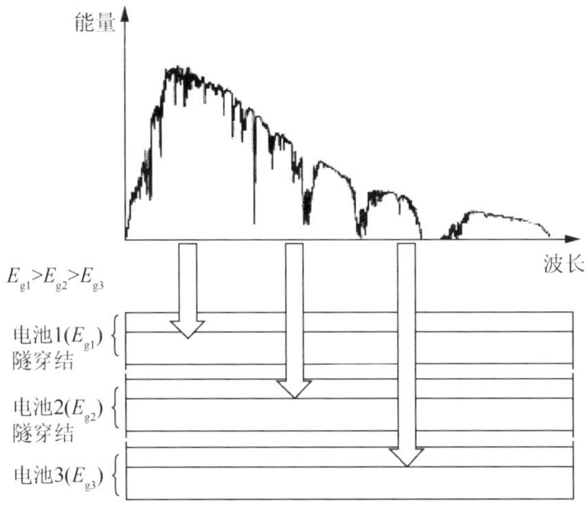

图 3-34　三结太阳能电池分段能量转换示意图

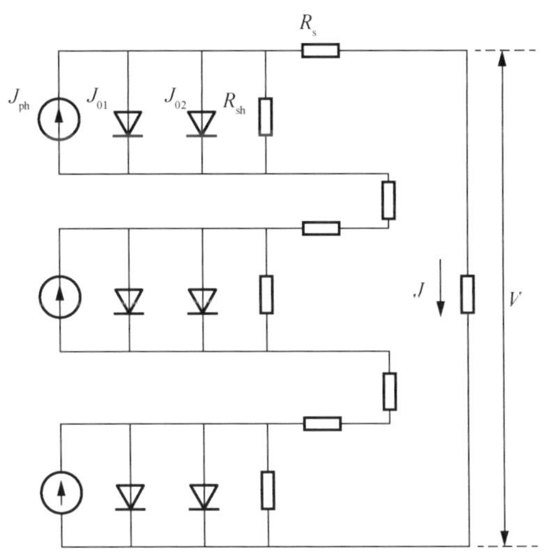

图 3-35　三结太阳能电池的等效电路图

4. 串联式多结太阳能电池的隧穿结

GaInP/InGaAs/Ge 三结太阳能电池由 GaInP 顶电池、InGaAs 中电池和 Ge 底电池串联而组成，通常每一结电池均采用 N-on-P 结构，即 N 型发射层生长在 P 型基区上表面形成 PN 结。若让子电池彼此直接相连，将在界面处形成 P-on-N 反向结构，即上子电池的 P 型背场层与下子电池的 N 型窗口层之间形成与 N-on-P

结构相反的结构，导致子电池处于反偏状态，子电池间开路电压将彼此抵消，致使整体三结太阳能电池电压降低，转换效率严重偏低。为此，在子电池连接处插入半导体隧穿结，其 P-on-N 的结构成为过渡区，从而消除反偏影响[44]。

3.3.2.3　Ⅲ-Ⅴ族化合物太阳能电池的制备技术与性能表征

1. 制备技术

（1）液相外延（LPE）技术。在Ⅲ-Ⅴ族化合物太阳能电池研究初期采用 LPE 技术来制备 GaAs 及其他相关化合物太阳能电池[45]，LPE 系统的结构如图 3-36 所示，由滑动炉、石墨舟、控制杆、支架、H_2 发生器以及真空泵组成。LPE 技术的优点是设备简单，价格便宜，生长工艺相对简单、安全，毒性较小。缺点主要是难以实现多层结构生长。

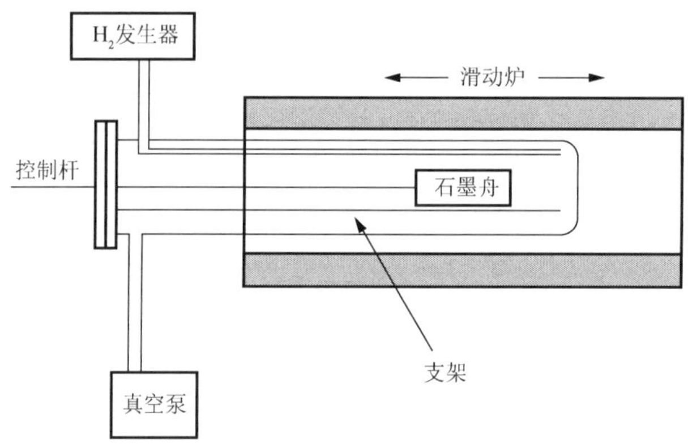

图 3-36　LPE 系统结构示意图

（2）MOCVD 技术。是目前研究和生产Ⅲ-Ⅴ族化合物太阳能电池的主要技术手段。其工作原理是在真空腔体中用携带气体 H_2 通入三钾基镓（TMGa）、三钾基铝（TMAl）、三钾基铟（TMIn）等金属有机化合物气体和砷烷（AsH_3）、磷烷（PH_3）等氢化物。在适当温度下，这些气体进行化学反应，生成 GaAs、GaInP、AlInP 等Ⅲ-Ⅴ族化合物，并在 GaAs 或 Ge 衬底上沉积，实现外延生长。图 3-37 为 MOCVD 设备示意图。利用 MOCVD 技术生长出的外延片表面光亮，各层厚度均匀，浓度可控；易实现同质或异质外延生长，如多结叠层电池的外延生长。外延片的生长参数包括气体压力、流速、Ⅴ/Ⅲ气体比、生长温度以及 GaAs 或 Ge 衬底的晶体取向等。MOCVD 设备和气源材料的价格昂贵，技术复杂，使用的气源、金属有机化合物等都有剧毒，有一定危险性。近年来 MOCVD 设备经改进已实现一炉多片生长，扩大了规模，降低了成本，成为生产 GaAs 基系太阳能电池的主干设备。目前，规模化量产的 MOCVD 设备主要由德国 Aixtron 公司（英国 Thomas Swan 公司已被其收购）和美国 Veeco 公司制造。

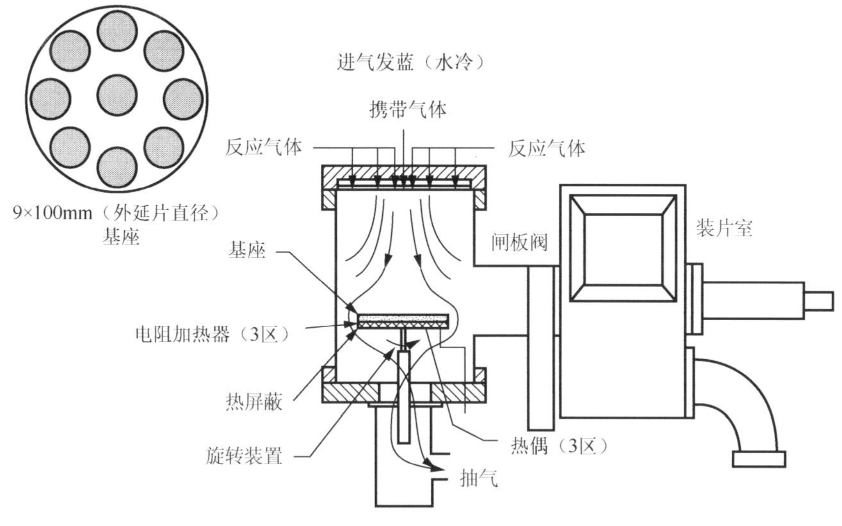

图 3-37　MOCVD 设备示意图

（3）分子束外延（molecular beam epitaxy，MBE）技术。MBE 技术的工作原理与真空蒸发镀膜技术相似（图 3-38）。在超高真空室中［$<10^{-10}$托（Torr），1 托（真空单位）=1 毫米汞柱］，分别加热各个源材料，如 Ga 和 As，蒸发的分子到达 GaAs 或 Ge 衬底并沉积、生长形成 GaAs 外延层。MBE 技术的特点是：①生长温度低，生长速度慢，可生长极薄的单原子层单晶；②容易在异质衬底上生长异质结构外延层；③可严格控制外延层的层厚、组分和掺杂浓度；④生长的外延片表面平整光洁。MBE 技术在量子阱激光器材料、超晶格材料等领域获得巨大成功，但在光伏领域应用较少。

（4）离子束辅助的电子束蒸发技术。通过改变氧分压、基板温度、离子枪功率以及蒸镀速率等参数，获得高质量、化学稳定性较好的薄膜，同时实现折射率的匹配。

2. 电池性能表征

电池性能表征包括进行单电池特性测试、量子效率测试、光致发光谱测试等。

（1）单电池特性测试。测试设备主要由太阳光模拟器、*I-V* 工作站、探针台组成。中、低倍聚光太阳能电池的测试步骤与晶体硅太阳能电池相仿。对于高倍聚光太阳能电池，因其能产生极高的热量，易损害半导体器件，故通常使用脉冲光源，无须昂贵的配套散热系统，测量简单方便。

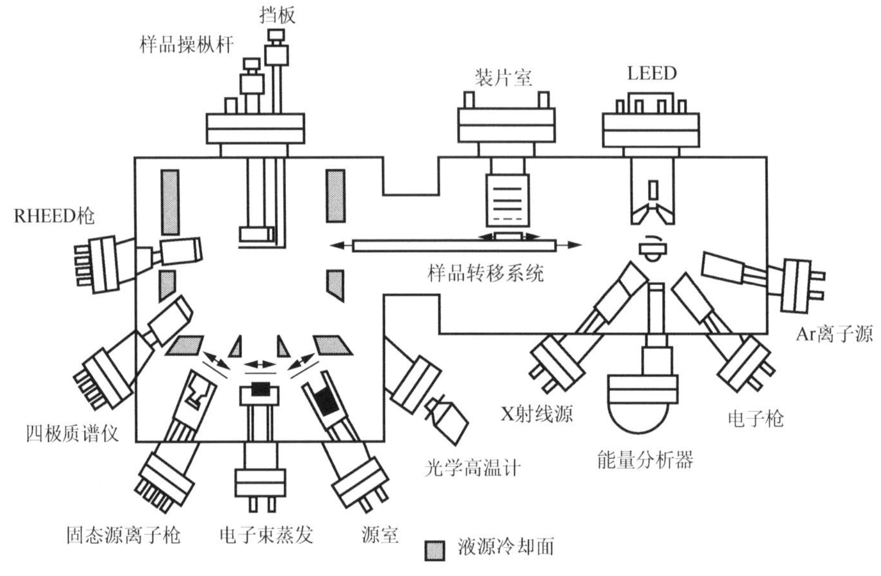

图 3-38　MBE 设备示意图

（2）量子效率测试。是表征太阳能电池光谱响应大小的测试，它展现了电池对单个波长光的响应程度。量子效率分为内量子效率和外量子效率两部分。由于电池表面具有一定的反射，因此内量子效率为电池输出电子与其吸收的光子数之比，外量子效率为电池输出电子与入射光子数之比。

（3）光致发光光谱（photo-luminescence spectroscopy，简称 PL 谱）测试。其基本原理是：半导体材料受到光的激发时，电子由低能级向高能级跃迁，产生电子-空穴对，形成非平衡载流子。在电子和空穴的复合过程中，以光的形式释放出多余的能量就称为光致发光。PL 谱可以快速、便捷地表征半导体材料的缺陷、杂质及材料的发光性能。

（4）电化学微分电容电压（electrochemical differential capacitance-voltage，ECV）测试。利用电解液形成势垒加以正向偏压（P 型）或反向偏压（N 型）并加以光照，进行表面腐蚀去除已电解的材料，通过自动装置重复“腐蚀-测量”循环得到测量曲线，再利用法拉第定律，对腐蚀电流积分就可得到腐蚀深度。

（5）薄膜测试。利用膜厚仪测试蒸镀薄膜的反射率，同时拟合其折射率和消光系数，为蒸镀工艺改进提供数据反馈。

3.3.2.4　制备 GaInP/InGaAs/Ge 三结太阳能电池的关键工艺

高效聚光 GaInP/InGaAs/Ge 三结太阳能电池的制备工艺主要包括电池结构的

外延生长和电池器件的工艺制备两大部分。

选择单晶 Ge 作衬底，利用 MOCVD 技术完成电池结构的外延生长，使用多种技术手段如 X 射线衍射（XRD）、PL、ECV、原子力显微镜等，对外延层晶格质量、外延层组分、掺杂浓度、界面特性进行表征分析，相应的测试数据将反馈于外延生长工艺，用于其优化设计。

电池器件的工艺制备是通过清洗、光刻、蒸镀、切割等多道工序完成，最终形成电池芯片。通过各种测试手段对电池芯片进行表征分析，其数据将反映电池外延芯片工艺的实际水平，也将为工艺改进提供重要支持。高效聚光 GaInP/InGaAs/Ge 三结太阳能电池开发所涉及的关键技术工艺主要包括：电池结构中各外延层的外延生长、超薄隧穿结的制备、电极图形的优化设计、减反射膜的优化设计和制备等[44]。

1. 单结 Ge 底电池的外延生长与表征

（1）选择 Ge 衬底。选择高质量的 Ge 材料作为衬底。

（2）MOCVD 外延生长单结 Ge 底电池。Ge 底电池通常由 P 型 Ge 衬底（基区）、N 型 Ge 发射层和 N 型 GaInP 或 GaAs 等窗口层组成。为抑制 Ge 衬底反相畴，选用大偏角 Ge 衬底。如采用（100）面偏（111）面 9°的 P 型 Ge 作为衬底，首先在高温下通入 H_2 和 PH_3 对衬底进行表面预处理，以利于成核和抑制反相畴，10 分钟后降温慢速生长 N 型 GaInP 窗口层，然后生长 GaAs 接触层，完成单结 Ge 底电池的外延生长，结构示意图如图 3-39 所示。

N-GaAs	接触层
N-GaInP	窗口层
N-Ge	发射层
P-Ge	衬底(基区)

图 3-39　单结 Ge 底电池结构示意图

（3）PL 谱、光学显微镜及 ECV 测试。如图 3-40 所示，峰半高宽为 35nm，表明单结 Ge 底电池窗口层 GaInP 晶体质量较高。使用光学显微镜观察形貌，单结 Ge 底电池表面粗糙度为 0.38nm（原子级平整）。单结 Ge 底电池结的掺杂浓度分布通过 ECV 测试获得（图 3-41）。

（4）*I-V* 性能测试。图 3-42 为单结 Ge 底电池在单倍光照和 1000 倍聚光、AM1.5 条件下的 *I-V* 特性曲线。结果显示：单倍光照下，单结 Ge 底电池的转换效率为 4.01%；1000 倍聚光下，单结 Ge 底电池的转换效率为 12.89%，提高了 2.2 倍。

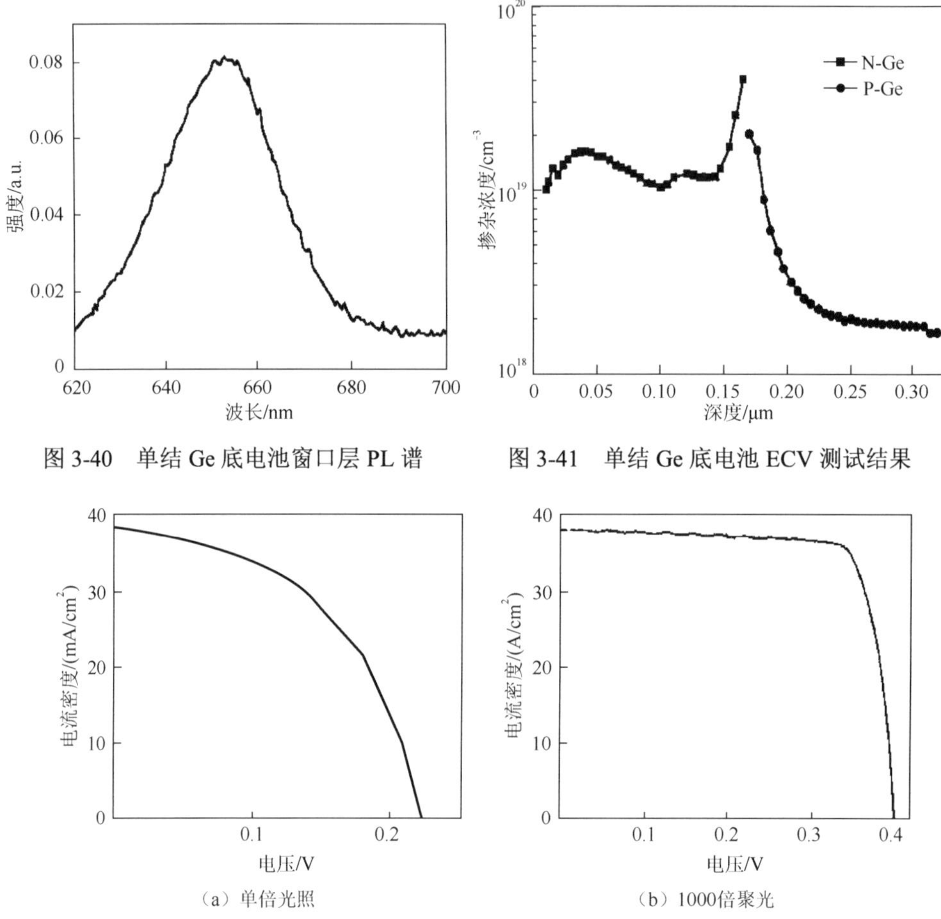

图 3-40　单结 Ge 底电池窗口层 PL 谱

图 3-41　单结 Ge 底电池 ECV 测试结果

图 3-42　单结 Ge 底电池在 AM1.5 条件下的 *I-V* 特性曲线

2. 单结 GaInP 顶电池的外延生长与表征

单结 GaInP 顶电池的外延生长利用 MOCVD 技术完成。GaInP 顶电池直接影响到三结太阳能电池的电流匹配，其窗口层 AlInP 影响后续减反射膜结构和太阳光的透射率，GaInP 材料生长的有序化影响带隙、吸收谱及电流匹配。GaInP/InGaAs/Ge 结构的有序度与具体生长条件，如衬底晶向、外延生长温度、V/III比、掺杂浓度、掺杂类型以及生长速率等有关。考虑到顶电池需要与中、底电池间晶格匹配，在（100）面偏（111）面 9°的 N 型 Ge 衬底上首先使用 650℃生长、厚度 1μm 的 N-$In_{0.01}Ga_{0.99}As$ 缓冲层，之后保持温度不变，V/III比为 180，生长速率为 0.35nm/s，生长 In 组分为 0.49 的 $Ga_{0.51}In_{0.49}P$ 材料。图 3-43 为顶、中电池间双异质隧穿结结构示意图。

P-$Al_{0.5}In_{0.5}P$	背场层
P^{++}-GaAs	隧穿结
N^{++}-GaAs	隧穿结
N-$Ga_{0.51}In_{0.49}P$	窗口层

图 3-43　顶、中电池间双异质隧穿结结构示意图

图 3-44 为 Ge 衬底上顶电池外延层 $Ga_{0.51}In_{0.49}P$ 的 XRD 曲线和 PL 谱，从中看到外延峰（L）与衬底衍射峰（S）完全重合，表明晶格匹配很好；$Ga_{0.51}In_{0.49}P$ 带隙宽度约为 1.85eV，而 PL 谱峰半高宽为 16.5meV，表明 $Ga_{0.51}In_{0.49}P$ 的晶体质量较高。

顶电池的背场层和窗口层选用宽带隙 $Al_{0.5}In_{0.5}P$（2.3eV），为间接带隙半导体，入射能量损失较小，并能有效发挥光生载流子的反射作用，提高其收集效率与晶格匹配，是制备顶电池较理想的材料。在基区与背场间形成 P^+-$Ga_{0.51}In_{0.49}P$/P-$Al_{0.5}In_{0.5}P$ 双背场，可使开路电压和短路电流均得到明显提升。生长温度均定为 650℃，Ⅴ/Ⅲ比为 220，在（100）面偏（111）面 9°的 N 型 Ge 衬底上完成了单结 $Ga_{0.51}In_{0.49}P$ 顶电池的外延生长，其结构如图 3-45 所示。

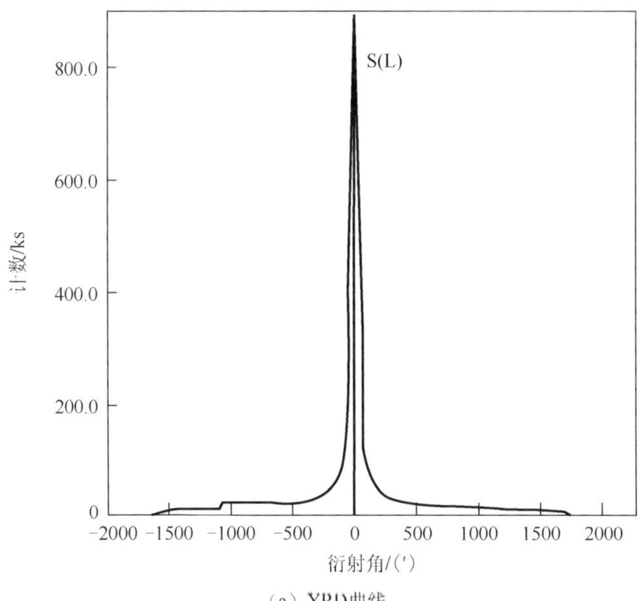

（a）XRD曲线

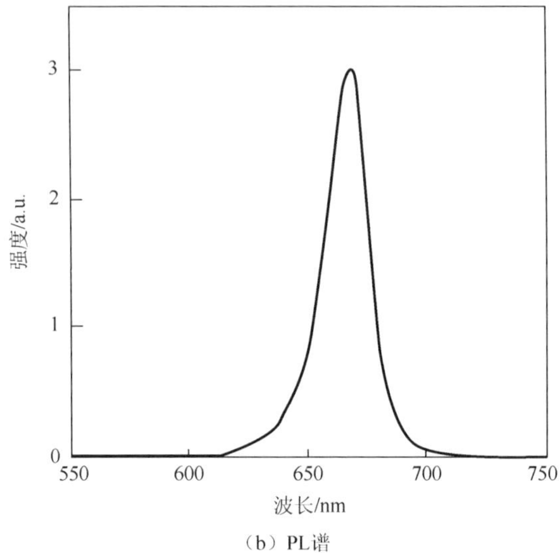

（b）PL谱

图 3-44　Ge 衬底上顶电池外延层 $Ga_{0.51}In_{0.49}P$ 的 XRD 曲线和 PL 谱

N-GaAS	接触层
N-$Al_{0.5}In_{0.5}P$	窗口层
N-$Ga_{0.51}In_{0.49}P$	发射层
P-$Ga_{0.51}In_{0.49}P$	基区
P^{+}-$Ga_{0.51}In_{0.49}P$	背场层
P-$Al_{0.5}In_{0.5}P$	背场层
P^{++}-GaAs	隧穿结
N^{++}-GaAs	隧穿结
N-$In_{0.01}Ga_{0.99}As$	缓冲层
N-Ge	衬底

图 3-45　Ge 衬底上单结 $Ga_{0.51}In_{0.49}P$ 顶电池外延结构示意图

3. GaInP/InGaAs/Ge 三结太阳能电池的外延生长与表征

考虑衬底与外延层晶格的完美匹配，中电池和三结太阳能电池的缓冲层选用 $In_{0.01}Ga_{0.99}As$，如图 3-45 所示。图 3-46 为 Ge 衬底上中电池材料 $In_{0.01}Ga_{0.99}As$ 的 XRD 曲线和 PL 谱，从中看到外延峰与衬底衍射峰间重合良好，表明晶格匹配良好；带隙宽度约为 1.40eV，PL 谱峰半高宽表明生长层的晶体质量较高。图 3-47 为 GaInP/InGaAs/Ge 三结太阳能电池的结构示意图。图 3-48 为 GaInP/InGaAs/Ge 三结太阳能电池外延全结构的 XRD 曲线。

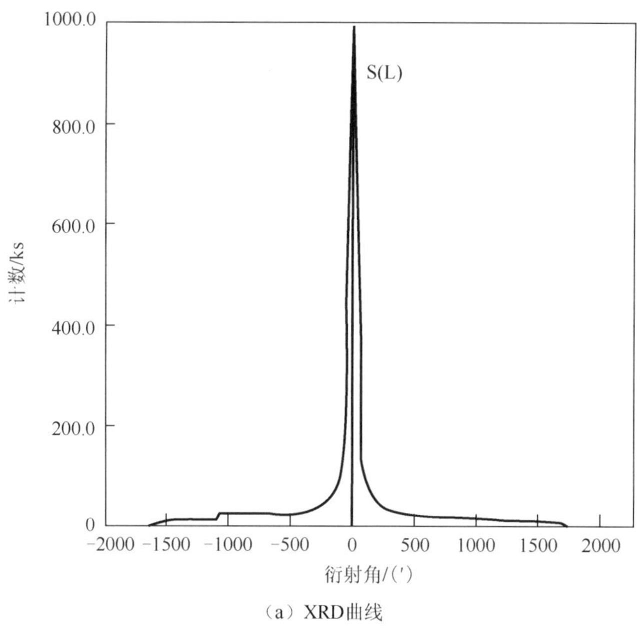

（a）XRD曲线

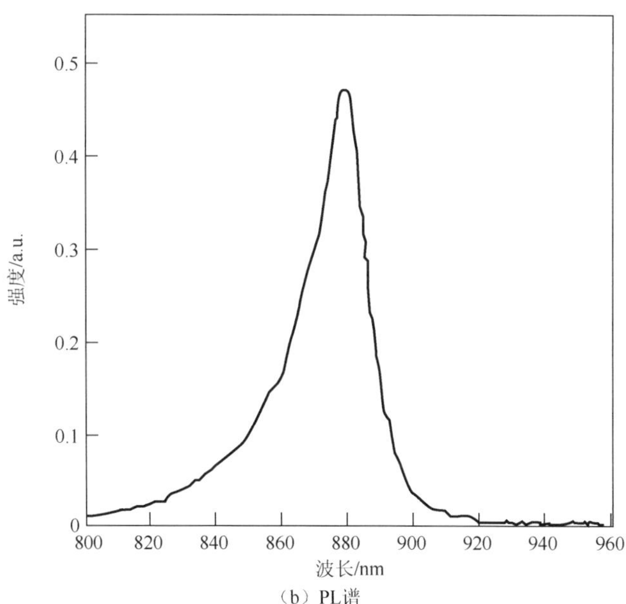

（b）PL谱

图 3-46　Ge 衬底上中电池材料 $In_{0.01}Ga_{0.99}As$ 的 XRD 曲线和 PL 谱

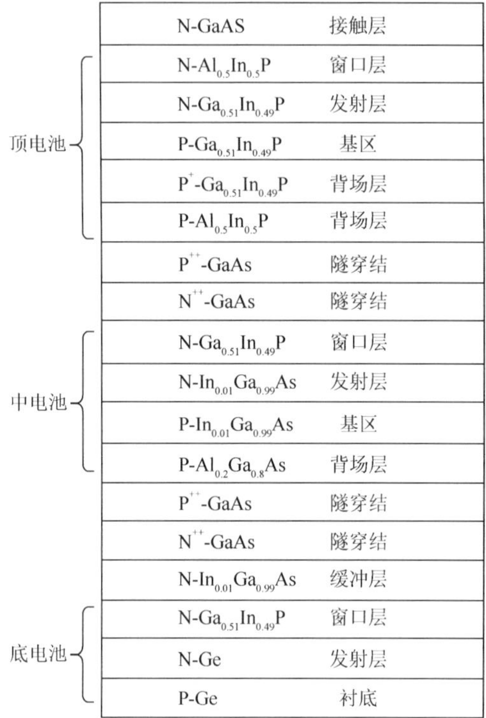

图 3-47　GaInP/InGaAs/Ge 三结太阳能电池结构示意图

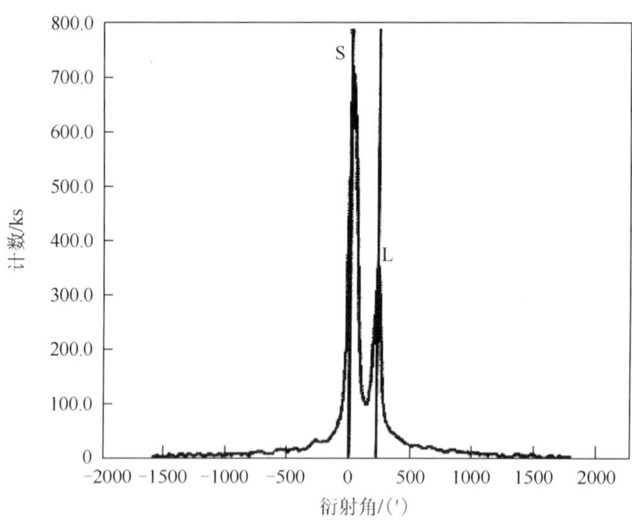

图 3-48　GaInP/InGaAs/Ge 三结太阳能电池外延全结构的 XRD 曲线

GaInP/InGaAs/Ge 三结太阳能电池的减反射膜选用国际通用的 Al_2O_3/TiO_2。Al_2O_3 折射率为 1.62，TiO_2 折射率为 2.4，与 AlInP/GaInP 结合可实现良好光学匹配，且由于 Al_2O_3/TiO_2 稳定的化学和光学性质、良好的耐久性和黏附牢固度，使其在长期户外应用中有明显优势。

实验者使用 Filmetrics 公司生产的 F10-RT-UV 型膜厚仪测试蒸镀薄膜的反射率，同时拟合其折射率和消光系数，为蒸镀工艺改进提供数据反馈；使用离子束辅助的电子束蒸发设备，通过改变氧分压、基板温度、离子枪功率以及蒸镀速率等参数，获得了高质量、化学稳定性较好的薄膜，同时实现了折射率上的匹配。

以上利用 MOCVD 技术生长 GaInP/InGaAs/Ge 三结太阳能电池外延层，并利用 XRD、PL 和 ECV 等手段对晶体质量和掺杂水平等进行表征和分析，通过外延工艺的不断改进和优化，获得了高质量的 GaInP/InGaAs/Ge 三结太阳能电池外延层，之后利用电池芯片工艺，制备了完整的聚光三结太阳能电池芯片。

最后进行电池性能表征分析。通过高倍聚光特性测试获得电池的主要参数，通过电池外量子效率测试表征单一波长下的电池性能，图 3-49 为 GaInP/InGaAs/Ge 三结太阳能电池在 AM1.5、1000 倍聚光条件下的 *I-V* 特性曲线和外量子效率。顶、中电池外量子效率最高为 85%左右，底电池外量子效率最高为 78%左右。*I-V* 特性曲线表明在 1000 倍聚光条件下电池转换效率为 39.3%，开路电压为 3.23V，短路电流密度为 13.8A/cm^2，填充因子为 88%。

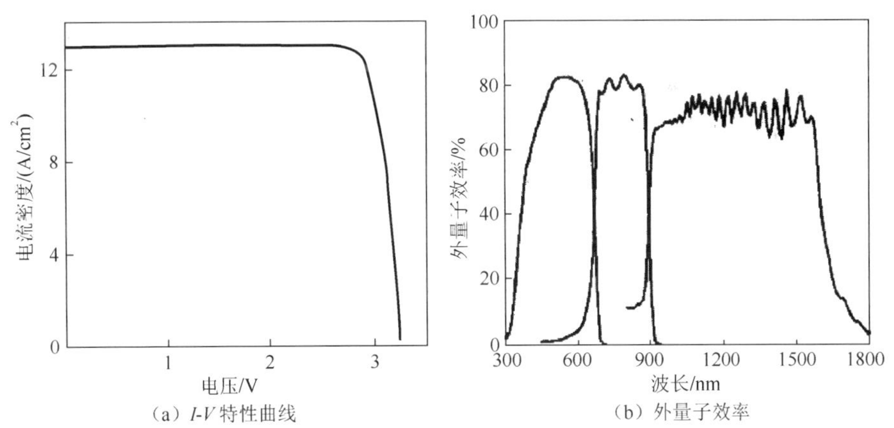

(a) *I-V* 特性曲线　　(b) 外量子效率

图 3-49　GaInP/InGaAs/Ge 三结太阳能电池在 AM1.5、1000 倍聚光条件下 *I-V* 特性曲线和外量子效率

3.4　聚光型太阳能光伏系统的发展

聚光的概念已有很长的历史。据说在公元前 212 年阿基米德就用了阳光聚焦的办法赶走了入侵的罗马马塞勒斯舰队。17 世纪时聚光器的主要形式是透镜；18 世纪和 19 世纪流行的是圆锥形或抛物柱面的反射镜。现代聚光型太阳能光伏发电技术的研发始于 20 世纪 70 年代的石油危机，近几年取得了较大发展。目前

全球已开展了很多研究项目，并建成了许多示范工程。图 3-50 所示为聚光太阳能电池与普通太阳能电池转换效率的发展历程[46-48]。

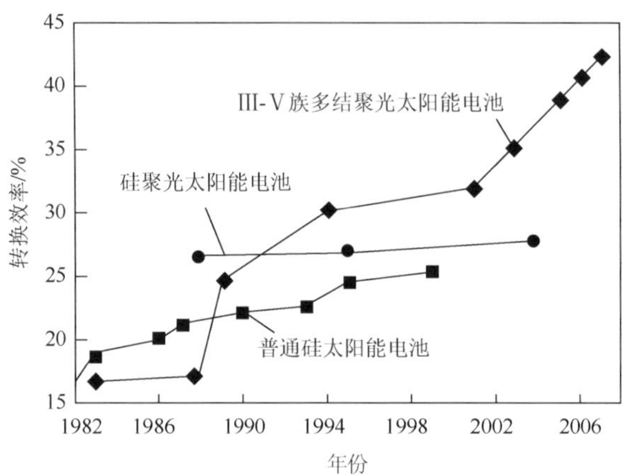

图 3-50　聚光太阳能电池与普通太阳能电池转换效率的发展历程

3.4.1　世界各国聚光型太阳能光伏系统的发展

1976 年美国 Sandia 国家实验室建造了 SANDIA-Ⅰ和 SANDIA-Ⅱ两个聚光型太阳能光伏系统，由菲涅耳透镜和硅聚光太阳能电池组成。1991 年 PV-EYE 装置的转换效率达到 29.7%，创欧洲记录，20 世纪 90 年代美国 Entech 公司安装了几百千瓦的聚光光伏电站，采用了 20 倍聚光的拱形菲涅耳透镜。1995 年 IES-UMP 公司和 BP Solar 公司联合开发了 EUCLIDES 系统，具备 14%的发电效率以及 10%的年能量转换效率。

近 30 年来，世界各国涌现出一些致力于聚光型太阳能光伏系统生产和研发的单位。

美国 Amonix 公司是一家专门研究、开发和生产集成高效率透射式晶体硅聚光太阳能电池发电系统的公司。该公司采用菲涅耳透镜（250×），太阳光经透镜照射到小面积的太阳能电池上发电，使 $10mm^2$ 点接触背栅晶体硅太阳能电池的转换效率高达 25%～27%，居世界领先水平。美国 Amonix 公司成功建造了输出功率高达 $5kW_p$ 的晶体硅聚光太阳能电池组件单元和单机功率为 $25kW_p$ 的集成光伏发电系统单元。内华达州立大学太阳能试验场装有一套美国 Amonix 公司研制的新一代 $25kW_p$ 的高倍率聚光型太阳能光伏（high-concentrating photovoltaic，HCPV）系统，在外观、性能上与之前的产品相比都有较大提高，运行十分稳定，能经受时速 56km/h 的大风。Arizona 电力公司安装了 6 套 $25kW_p$ 的系统，联上电网后平均功率达 $18kW_p$。2012 年 5 月，Arizona 电力公司推出全球首个转换效率高达 33%的聚光太阳能电池组件。2013 年美国 Amonix 公司研制的聚光太阳能电池组件转换效率创造了 35.9%的世界纪录。美国 Amonix 公司已于 2004 年同北京先腾科技有限公司携手开发中国市场，图 3-51 所示为该公司产品[18,49]。

（a）30MW聚光型太阳能光伏电站　　（b）单个菲涅耳聚光太阳能电池组件

图 3-51　美国阿拉莫萨县的聚光型太阳能光伏系统实例

1．菲涅耳透镜；2．GaAs 三结太阳能电池；3．散热装置；4．太阳跟踪机构

美国 Spectrolab 公司多年来一直保持着Ⅲ-Ⅴ族多结太阳能电池转换效率的最高纪录，2007 年其研制的 GaInP/GaInAs/Ge 三结太阳能电池在 240 倍聚光下测得转换效率为 40.7%。2012 年，新成立的 Semprius 公司制作了包含几百个微型 GaAs 太阳能电池的聚光太阳能电池组件，能捕捉聚焦的阳光，无须冷却，每个电池的宽度相当于圆珠笔画出的一条线，排列在透镜下，可聚集阳光 1100 倍，转换效率达到 33.9%；美国宾夕法尼亚州立大学（The Pennsylvania State University，PSU）宣布，开发出了厚度仅 1cm、无须外置太阳追踪装置的户用聚光太阳能电池板（图 3-52）[26,50]。

（a）Semprius公司制作的聚光太阳能电池组件

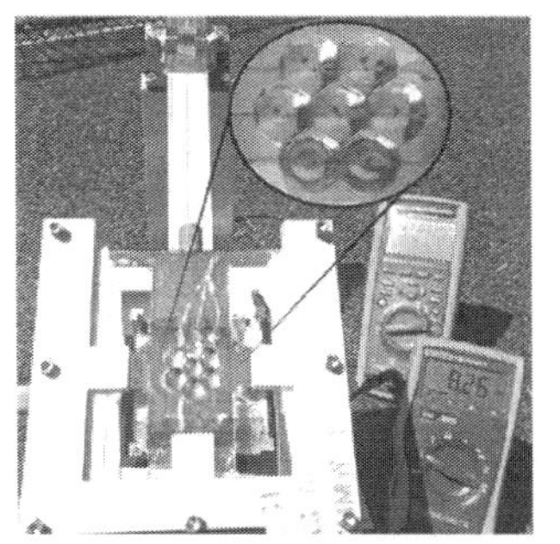

（b）宾夕法尼亚州立大学开发的聚光太阳能电池板

图 3-52　微型聚光太阳能电池组件

2006 年德国 Fraunhofer ISE 成立了 Concentrix 公司，推广 Flatcon 聚光太阳

能电池组件，其使用的菲涅耳透镜由超白玻璃制成，具有机械强度高、抗腐蚀、耐老化等特点，转换效率大于85%。Flatcon聚光太阳能电池组件采用“全玻璃”结构，除透镜用超白玻璃制作外，框架和底板也使用玻璃材料制作，采用被动散热方式。2014年Fraunhofer ISE、法国Soitec公司及其研究机构CEA-Leti，创造了聚光太阳能电池组件转换效率46%的当时最高纪录[51]。

澳大利亚国立大学从1995年开始对槽式聚光型太阳能光伏系统进行研究，建成了数个聚光型太阳能光伏发电项目。图3-53（a）所示为位于澳大利亚南部的Anangu Pitjantjatjara太阳能示范电站，该电站由10个独立蝶式抛物面反射镜组成，太阳能电池位于抛物面反射镜焦点；图3-53（b）所示为欧盟在1996年兴建的一槽式线聚焦太阳能示范电站[33,49]。

（a）Anangu Pitjantjatjara太阳能示范电站

（b）槽式线聚焦太阳能示范电站

图3-53　点聚光和线聚光型太阳能光伏系统

意大利费拉拉大学（Università degli Studi di Ferrara）研制的蝶式聚光型太阳能光伏系统包括30个由平面镜组成的蝶式聚光器（115倍）。2008年夏，意大利安装了319kW和418kW的Rondin系统，该系统采用一种新的中倍聚光非成像聚光器（25倍），具有较大的接收角，并采用了晶体硅聚光太阳能电池。2012年6月全球领先的微电子晶圆供应商法国Soitec公司表示，位于西西里岛的意大利国内规模最大的聚光型太阳能光伏发电站正在与电网进行连接[52]。

西班牙著名的太阳能电池及组件制造商Isofoton公司（欧洲排名第一、世界排名第七）从2001年开始进军聚光型太阳能光伏产业。Isofoton公司生产的聚光太阳能电池组件使用了独特的全内反射-反射（total internal reflection-reflection，TIR-R）二次聚光器系统，其特点是：接收角大，即使阳光倾斜5°射入，通过两个透镜的折射后光线仍能照到电池上；有高聚光倍数(>1000)；组件深度仅18mm。但也存在着光学效率低（仅71%）、散热不佳、装配困难等问题。另外，西班牙的研发机构IES已建成一个217MW的聚光型太阳能光伏电站示范项目。西班牙的Martin和Ruiz对V型槽式聚光器的光学性能进行分析，其研究表明槽式聚光器光学损失取决于槽腔的角度、镜子反色号光谱、角度反射和表面污垢。聚光器的有效聚光比和相对成本应考虑所有这些分析因素，这将有助于在各种情况下寻求最有效的解决方案[49,53]。

其他各国中，以色列本-古里安大学研制的蝶式聚光型太阳能光伏系统中的聚光器面积为 400m^2、焦距接近 13m，并在 2006 年利用此系统对 GaAs 密排电池组件进行了户外测试。此蝶式聚光型太阳能光伏系统的发电投资成本约 1 美元/W_p，发电的价格低于每度 10 美分。日本 Sharp 公司与大岛钢铁公司自 2001 年起合作开发聚光太阳能电池组件，研制的 GaAs 三结太阳能电池转换效率达 39.2%（200 倍）和 38.9%（400 倍）；其开发的 400 倍和 550 倍两种聚光太阳能电池组件，均采用小圆顶式有机玻璃菲涅耳透镜，在标准状态下 400 倍组件转换效率为 27.6%，550 倍组件转换效率为 31.5%。日本三菱丽阳株式会社与长冈技术科学大学山田研究室合作，试制出透视棱镜型聚光太阳能电池，单位面积的发电量是未用棱镜前的 1.8 倍左右，还可用作窗玻璃（图 3-54）[52,54]。

图 3-54　透视棱镜型聚光太阳能电池

3.4.2　国内聚光型太阳能光伏系统的发展

国内聚光型太阳能光伏系统发展相对国外较晚，但随着光伏发电的迅速发展，国内聚光型太阳能光伏发电已成为研究热点和国家支持重点。“十一五”国家高技术研究发展计划（863 计划）先进能源技术领域“兆瓦级并网光伏电站系统”重点项目课题承担单位评审结果的公告中，南京春辉科技实业有限公司和成都钟顺科技发展有限公司均承担了两个兆瓦级聚光项目[55-57]。

由内蒙古伊泰集团与中国科学院理论物理研究所陈应天合作建设的伊泰聚光型太阳能光伏电站（投资 2100 万元），采用数倍聚光型太阳能光伏系统，总装机容量 205kW，安装了 200kW 的聚光太阳能电池和 5kW 常规平板太阳能电池（对比试验），其年发电量不少于 59.86 万 kW·h。张耀明院士 2007 年研制了一种自动跟踪太阳的蝶式聚光型太阳能光伏系统，聚光倍数可达 2～12，平面镜利用率高达 85%以上，此聚光系统正向产业化推进。成都钟顺科技发展有限公司承担的 863 计划“高倍兆瓦级并网光伏电站”项目，2007 年在西昌顺利完成。

西安交通大学的肖遵林等提出了一种低倍聚光的抛物面槽式聚光型太阳能光伏发电方式[54]。合肥工业大学研制的聚光型太阳能光伏系统采用 9 个平面镜构成抛物面聚光器，太阳能电池接收光源的光强约达到额定光强的 5 倍，在标准配置下提高了输出功率[49]。天津大学的王一平等设计开发了一套 $72m^2$ 条形平面镜聚光型太阳能光伏系统（20 倍），可用于大规模发电，在城镇内应用可实现电热联用[31,46]。

天津蓝天太阳科技有限公司承担的 863 计划“兆瓦级高倍聚光化合物太阳能电池产业化关键技术”项目于 2011 年底完成合同签订，并于 2012 年进入正式执行阶段。在 41 届日内瓦国际新技术新产品发明博览会上，凹伟能源科技有限公司与湖北工业大学合作研发的聚光太阳能屋顶系统获展会特别金奖[58]。

三安光电在青海格尔木建设的 3MW 聚光型太阳能光伏电站示范项目，其中 1MW 于 2010 年 9 月并网发电，使用的是双轴跟踪系统和 500 倍透镜，平均转换效率可达 25%，发电效果优于多晶硅太阳能电池，平均每天发电 4500kW·h 左右[59]。

2012 年中国科学院苏州纳米技术与纳米仿生研究所设计开发了一种新的基于高效电池的聚光型太阳能光伏系统（500 倍），其模组转换效率达到了 25%，解决了风沙、尘埃、水汽渗透等难题，克服了局部高温制约转换效率问题；实现了在日照、全天候、全方位的条件下始终跟踪太阳，精度达到±0.1°；攻克了高分子聚光器在日照下易老化、黄化、下沉、破裂的弊端，摸索出了具有针对性的 GaAs 电池封装工艺，并引入二次聚光器系统，增大了接收角，提高了实用性能[60]。

上海太阳能工程技术研究中心[8]研制出转换效率为 19%的 50 倍单晶硅聚光太阳能电池和转换效率为 33%的 200 倍 GaAs 三结太阳能电池。该所研制的聚光太阳能电池组件采用平板菲涅耳透镜、聚光太阳能电池、铜片热沉、铝散热板结构，外框用不锈钢，保证组件良好的散热性和可靠性。上海聚恒太阳能有限公司[8]开发的 500 倍聚光型太阳能光伏系统已用于大型光伏电站，组件转换效率稳定并达到 28%。2010 年山东建成首个 10kW 高倍率聚光型太阳能光伏电站。此外，青岛 200kW、云南石林 20kW、嘉峪关 10kW、河北尚义 10.8kW、德州 10.8kW、河北张北 54kW、酒泉 108kW 等多个聚光型太阳能光伏电站亦相继建成。

附录 B 的两个表格总结出最近国内 20 家著名聚光型太阳能光伏公司的简况。

台湾核能研究所于 2007 年建成了一套 100kW 的高倍率聚光型太阳能光伏系统（476 倍），在 $850W/m^2$ 辐照度、被动式冷却条件下，最大模组转换效率约 26.1%。系统包括 14 套 5kW 立柱系统（40 个模块）和 21 套 1.5kW 屋顶系统（12 个模块）。每个模块是由 40 个 Spectrolab 公司生产的转换效率为 35%的太阳能电池组成[21]。台湾亿芳能源科技公司研制的高倍率聚光太阳能光伏系统的模组转换效率达到 32.02%，该公司于 2009 年在高雄建置台湾第一座 1MW 高倍聚光型太阳能电厂[49,61,62]。

关于聚光型太阳能光伏发电技术的标准化，截至 21 世纪初，国际标准化组织和国际电工委员会发布的国际标准已近 2 万项，但我国参与制定的仅 20 余项。2011 年上海聚恒太阳能有限公司首席技术官王士涛通过国际电工委员会的资格审核，成为光伏能源委员会聚光光伏标准工作组（IEC TC82/WG7）成员。这意味着中国在产品标准制定上有望打破欧美垄断，对我国推动和参与国际市场竞争具有一定意义[63]。

参 考 文 献

[1] 陈于平. 聚光太阳能发电技术应用与前景[J]. 电网与清洁能源, 2010, 26(7):29-34.

[2] 肖遵林, 施钰川. 槽式太阳能聚光器的研究[J]. 可再生能源, 2007, 2:4-25.

[3] 周改改, 薛钰芝, 刘帅. 曲面聚光太阳能电池组件研究[J]. 太阳能, 2010, (8):15-18.

[4] 田玮, 王一平, 韩立君, 等. 聚光光伏系统的技术进展[J]. 太阳能学报, 2005, 26(4):597-604.

[5] 全球首个大规模塔式熔盐电站 Gemasolar(图)[EB/OL]. (2016-07-15)[2017-11-02]. http://solar.ofweek.com/2016-07/ART-260009-8130-30010247.html.

[6] 吴玉庭, 朱宏晔, 任建勋, 等. 聚光与冷却条件下常规太阳能电池的特性[J]. 清华大学学报, 2003, (43):1052-1055.

[7] 帅鸥. 碟式太阳能聚光系统的聚光与传热特性的研究[D]. 杭州: 浙江大学, 2012.

[8] 袁爱谊, 王亮兴. 聚光光伏发电技术研究与展望[J]. 上海电力, 2009, (1):13-18.

[9] 国金证券股份有限公司. 聚光光伏(CPV)太阳能专题研究报告[EB/OL]. (2010-07-08)[2017-11-02]. http://wenku.ofweek.com/show-34258.html.

[10] 程颖. 聚光系统聚光器的初步研究[D]. 天津: 天津大学, 2009.

[11] 周改改. 聚光光伏系统的研究[D]. 大连: 大连交通大学, 2010.

[12] 林海浩, 张雪梅, 钟英杰. 太阳能光伏聚光器技术进展[J]. 太阳能, 2008, (8):34-39.

[13] 陈创业. 聚光光伏系统平板型 CPC 聚光器光学性能研究与分析[D]. 昆明: 云南师范大学, 2015.

[14] 姜磊. 菲涅尔透镜及复合抛物面聚光器的设计与研究[D]. 长春: 吉林大学, 2011.

[15] Ludman J, Riccobono J, Reinhand N, et al. Holographic solar concentrator for terrestrial photovoltaics[C]. First World Conference on Photovoltaic Energy Conversion. Waikoloa, Hawaii, USA, 1994: 1208-1215.

[16] Andreev V M, Grilikhes V A, Khvostikov V P, et al. Concentrator PV modules and solar cells for TPV systems[J]. Solar Energy Materials and Solar Cells, 2004, (1-4):3-17.

[17] 任飞. 高效聚光太阳能接收器的研发[D]. 广州: 华南理工大学, 2012.

[18] 陈志明. 菲涅尔透镜聚光性能研究[D]. 杭州: 中国计量学院, 2013.

[19] 张丽. 高匀光性菲涅尔聚光光学系统的设计[D]. 杭州: 中国计量学院, 2013.

[20] 金骥, 余桂英, 林敏. 基于非成像光学的 LED 高收光率的抛物反射器研究[J]. 中国激光, 2010, 39(3):681-684.

[21] 刘华, 卢振武. 可横向分光的大接收角非成像式聚光系统[J]. 光学精密工程, 2009, 17(12):2882-2886.

[22] 朱瑞, 卢振武, 刘华, 等. 基于非成像原理设计的太阳能聚光镜[J]. 光子学报, 2009, 38 (9):2252-2255.

[23] 沈默. LED 投影显示照明系统研究[D]. 杭州: 浙江大学, 2006.

[24] Jacobso B A, Gengelbach R D, Stewart C N, et al. Metal halide lighting systems and optics for high efficiency compact LCD projuectors[J].Photonics West 98 Electronic Imaging, 1998, 3296:38-45.

[25] 威尔福德, 韦恩斯顿. 非成像聚光器光学: 光和太阳能[M]. 北京: 科学出版社, 1987.

[26] 聚光太阳能转换效率创新纪录[EB/OL]. (2012-02-10)[2017-11-04]. http://solar.ofweek.com/2012-02/ART-260018-8300-28597078.html.

[27] 帅麒, 朱华. 太阳能聚光应用聚光倍数上限探讨[J]. 技术与市场, 2009, 16(7):42-43.

[28] Benitez P, Minano J C, Zamora P, et al. High performance Fresnel-based photovoltaic concentrator[J]. Optics Express, 2010, 18(S1):A26-A40.

[29] 何谓“第三代”光伏发电技术？[EB/OL]. (2012-05-30)[2017-11-04]. http://solar.ofweek.com/2012-05/ART-260006-8500-28615059.html.

[30] 我国第三代光伏发电技术获重大突破[EB/OL]. (2011-11-30)[2017-11-04]. http://www.ca800.com/news/d_1nrusj6oaq180.html.

[31] 许志龙, 刘菊东, 冯培峰, 等. 蝶式光伏发电聚光器的研制[J]. 太阳能学报, 2007, 28(2):174-177.

[32] 张胜柱, 崔文学. CPC 设计原理[J]. 太阳能, 2004, (5):37-38.

[33] 荆雷. 新型 Frensnel 光伏聚光镜的设计研究[D]. 长春: 中国科学院长春光学精密机械与物理研究所, 2012.

[34] 吴贺利. 菲涅尔太阳能聚光器研究[D]. 武汉: 武汉理工大学, 2010.

[35] 车亮. 涿州聚烨光能技术公司获得 CSPV 核心技术[EB/OL]. (2015-09-21)[2017-11-04]. http://solar.cheaa.com/2015/0921/456476.shtml.

[36] 天合光能 IBC 电池助力 UNSW 创造光伏电池效率 34.5%惊人记录[EB/OL]. (2016-06-04)[2017-11-04]. http://solar.ofweek.com/2016-06/ART-260001-8140-29104329.html.

[37] Barker M F. Advanced high efficiency cell technology [EB/OL]. (2014-05-21)[2017-11-06]. http://wenku.ofweek.com/show-36023.html.

[38] 冯志强. 高效 IBC 光伏电池技术何时“飞入寻常百姓家”？[EB/OL]. (2016-02-23)[2017-11-04]. http://solar.ofweek.com/2016-02/ART-260018-11001-29067521.html.

[39] 贾锐, 张巍, 刑钊, 等. 衬底质量及厚度变化对背接触电池(IBC)及异质结背接触(HJ-IBC)性能影响研究[C]. 2014 第十届中国太阳级硅及光伏发电研讨会, 南通, 2014: 116-118.

[40] 李友杰. 高效三结 GaInP/GaAs/Ge 太阳能电池的研究[D]. 上海: 上海交通大学, 2008.

[41] 王巍. 美国能源实验室实现 45.7%的太阳能电池转换效率[EB/OL]. (2014-12-18)[2017-11-04]. http://www.dsti.net/Information/News/92024.

[42] 李永富. 光伏物理与光伏材料课件第四章高效 III-V 族化合物太阳能电池.[EB/OL]. 山东大学课件(序号 0123312910-100).(2014-04-10)[2017-11-04]. http://www.docin.com/p-1402590358.html.

[43] Friedman D J. Progress and challenges for next-generation high-efficiency multijunction, solar cells[J]. Current Opinion in Solid State and Materials Science, 2010, 14(6):131-138.

[44] 宋明辉. 聚光多结太阳能电池的设计制备及可靠性研究[D]. 哈尔滨: 哈尔滨科技大学, 2012.

[45] 阿特斯阳光电力集团. ECV 测试原理及相关分[EB/OL]. (2012-05-25). [2017-11-04]. http://www.doc88.com/p-3177132834052.html.

[46] 张辉, 王一平, 朱丽, 等. 条形平面镜聚光器设计参数的分析及优化[J]. 太阳能学报, 2013, 34(11):1882-1887.

[47] Luque A, Sala G, Miñano J C, et al. The photovoltaic eye: A high efficiency converter based on light Trapping and spectrum splitting[C]. Tenth E.C. Photovoltaic Solar Energy Conference, Lisbon Portugal, 1991: 627-630.

[48] Luque A, Sala G, Arboiro J C, et al. Some results of the EUCLIDES photovoltaic concentrator prototype[J]. Progress in Photovoltaics Research & Applications, 1997, 5(3): 195-212.

[49] 王一平, 李文波, 朱丽, 等. 聚光光伏电池及系统的研究现状[J]. 太阳能学报, 2011, 32(3):433-438.

[50] 美国宾州州立大学开发“户用聚光式太阳能光伏电池”光伏电池组件[EB/OL]. (2015-02-25) [2017-11-04]. http://guangfu.bjx.com.cn/news/20150225/592107.shtml.

[51] 弗劳恩霍夫聚光光伏组件效率创新高 43.3%！[EB/OL]. (2016-02-25)[2017-11-04]. http://solar.ofweek.com/2016-02/ART-260018-8140-29068917.html.

[52] 全球最大的高聚光光伏电站投产[EB/OL]. (2012-08-07)[2017-11-04]. http://solar.ofweek.com/2012-08/ART-260006-8300-28628270.html.

[53] Martin N, Ruiz J M. Optical performance analysis of V-trough PV concentrators[J]. Prostate, 2010, 16(4): 339-348.

[54] 日本三菱丽阳试制出棱镜聚光太阳能电池[EB/OL]. (2012-02-21)[2017-11-04]. http://solar.ofweek.com/2012-02/ART-260018-8220-28595981.html.

[55] 科技部高新技术发展及产业化司. 关于“十一五”国家高技术研究发展计划(863 计划)先进能源技术领域“MW 级并网光伏电站系统”重点项目课题承担单位评审结果的公告[EB/OL]. (2006-11-27)[2017-11-6]. http://www.chinalawedu.com/falvfagui/fg22016/227888.shtml.

[56] 黄忠. 太阳能聚光光伏发电[EB/OL].(2013-01-02)[2017-11-04].http://www.docin.com/p-570127895.html.

[57] 金融投资报. 成都钟顺承担两项国家“863”计划课题通过验收[EB/OL]. (2012-10-22)[2017-11-4]. http://www.solarzoom.com/article-19296-1.html.

[58] 光谷企业太阳能发电系统获国际大奖[EB/OL]. (2013-04-18)[2017-11-04]. http://news.ifeng.com/gundong/detail_2013_04/18/24377790_0.shtml.

[59] 李斌. 聚光光伏能否颠覆太阳能[J]. 新财经, 2011, (2):78-81.

[60] 中科院：聚光光伏系统走向实际应用[EB/OL]. (2012-04-06)[2017-11-04]. http://solar.ofweek.com/2012-04/ART-260006-8300-28606028.html

[61] Kuo C T, Shin H Y, Hong H F, et al. Development of the high concentration III-V photovoltaic system at INER[J]. Renewable Energy, 2009, 34(8):1931-1933.

[62] 徐睦钧. 亿芳高聚光太阳能模组转换效率写世界纪录[EB/OL]. (2011-09-21)[2017-11-04]. http://www.ne21.com/news/show-20587.html.

[63] 我国聚光光伏企业将参与国际标准制定[EB/OL]. (2011-08-22)[2017-11-04]. http://solar.ofweek.com/2011-08/ART-260009-8120-28478931.html.

第 4 章　聚光型太阳能光伏系统实验

多年来，本课题组对几种聚光光伏组件，即菲涅耳透镜聚光光伏组件进行了实验研究。本章将介绍本课题组开展的有关聚光型太阳能光伏系统的实验，包括聚光光伏组件的研制情况。

4.1　实 验 原 理

4.1.1　关于聚光型太阳能光伏发电技术原理

聚光型太阳能光伏发电技术将光学技术与太阳能电池结合，通过使用聚光器将大面积的阳光汇聚到较小的面积上，再利用具有高转化效率的太阳能电池直接将光能转换为电能，提高了转换效率，增加了太阳能电池的发电量，是一项有效降低光伏发电成本的技术。

由于太阳能具有分散性，要想提高转换率，就要增大太阳辐射的功率密度。聚光型太阳能光伏系统由聚光器系统、聚光太阳能电池、冷却装置、太阳跟踪机构组成。其中聚光器系统是关键，如一次聚光、二次聚光和多次聚光的聚光器系统等。图 4-1 为聚光型太阳能光伏系统的基本原理图[1]。

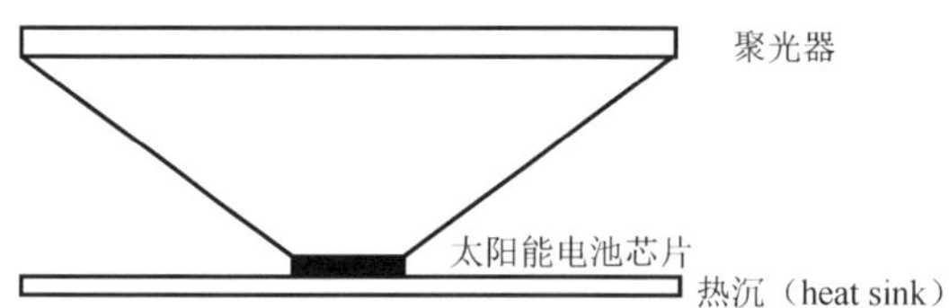

图 4-1　聚光型太阳能光伏系统的基本原理图

聚光型太阳能光伏系统按聚光强度类型可分为低倍率、中倍率和高倍率聚光型太阳能光伏系统（如表 3-1）。固定低倍聚光器的聚光倍数限制在 10 以下。低倍率聚光型太阳能光伏系统虽然聚光倍数不高，但它不需要跟踪太阳，适用于直接辐射较差的地区，并可利用散射辐射。

几何聚光比与聚光元件及聚光形式有关，由于光的散射，透镜的几何聚光比一般小于 500，线聚光系统的几何聚光比一般在 15～60。

聚光器是聚光太阳能电池的主要组成部分，依据光学原理，聚光器可分为折射式、反射式、二次、混合、荧光、热光伏和全息聚光器等（详见 3.2 节）。以下仅就本书实验所涉及的聚光器进行说明。

4.1.1.1　折射式聚光器

折射式聚光器包括凸透镜和菲涅耳透镜。

1. 凸透镜

凸透镜的聚光原理如图 4-2 所示，是成像型聚光器。凸透镜聚光效果集中，大大增强了太阳光的强度，从而增加了太阳能电池的发电量，但也容易使太阳能电池表面温度过高，而烧坏太阳能电池。

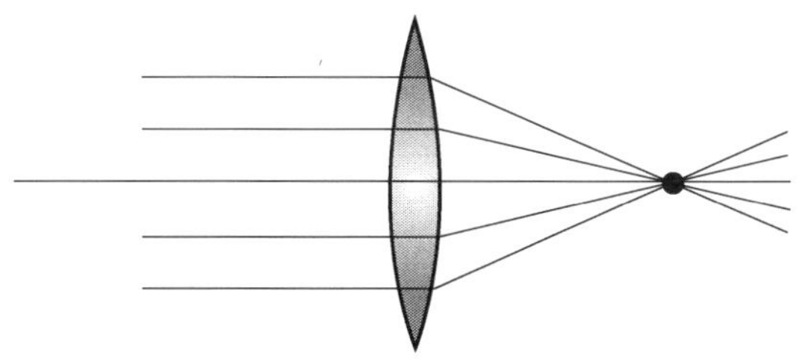

图 4-2　凸透镜聚光原理示意图

2. 菲涅耳透镜

菲涅耳透镜这部分在 3.2.3 节中已经介绍，在此不再重复。

4.1.1.2　反射式聚光器

反射式聚光器包括平面镜、抛物面槽型聚光器、平板型聚光器、组合抛物面聚光器等，通常采用镀银玻璃或镀铝面的反射镜。依据聚光形式，聚光器可分为线聚光器和点聚光器。线聚光器包括条形透镜、抛物面槽型聚光器、线聚光组合抛物面聚光器等。点聚光器也叫轴向聚光器，用以聚光的透镜或反射镜与太阳能电池处于同一条光学轴线上。二次聚光器（见 3.2.1 节）的作用是：增加接收角或聚光率，使聚光太阳能电池上的光线均匀，以及改变聚光形式。

本章实验涉及以下聚光器：平面镜、凸透镜、二次曲面反射型聚光器、菲涅耳透镜。

4.1.2　LED 装置及控制器

发光二极管（light-emitting diode，LED）的核心部分是 PN 结，在 PN 结中注入的少子，当与多子复合时会把多余的能量以光的形式释放出来，把电能转换为光能（见第 6 章）。LED 被称为第四代照明光源或绿色光源，具有光效高、耗电少、寿命长、免维护、低损耗、体积小、低热量、环保、坚固耐用等优点，被应用于显示屏、交通信号、广告业多媒体、城市亮化等领域。2011 年国家发展和改革委员会已启动了淘汰白炽灯行动，以省电的 LED 灯替代白炽灯。应用 LED 的小型消费电子产品更是琳琅满目。LED 抗震、耐冲击、光响应速度快，广泛应用于各种室内、户外显示屏；LED 组合可制造各种灯具、灯饰、手电筒、玩具、店铺名牌、商标、路牌、交通指示牌、交通信号牌、大屏幕广告显示牌等。LED 已经成为城市亮化的重要组成部分。

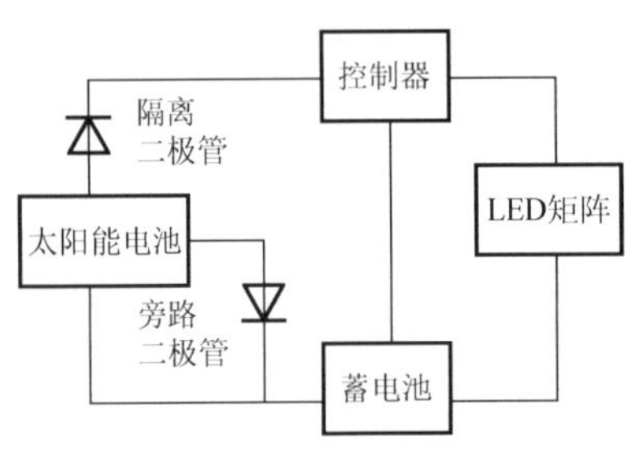

图 4-3　光伏 LED 系统的结构框图

本书研究的小型光伏 LED 系统的结构框图如图 4-3 所示。本书在系统设计方面的主要工作有：进行系统的优化计算、LED 驱动电路的设计和外围电路的设计等（见第 6 章）。

4.1.3　跟踪装置原理

图 4-4 为地平坐标系的高度角-方位角式全跟踪示意图。图中以地面观察者固定点为坐标原点，南北向为 N 轴，东西向为 E 轴，构成水平面，指向天顶的 Z 轴与水平面垂直，Z、N、E 三轴构成地平坐标系；θ_i 为太阳直射到太阳能电池板表面的入射角，向量 $\boldsymbol{S}$ 是太阳的位置矢量，α为太阳高度角，A 为太阳能电池板安装方位角[2]。

本书第 5 章 XFJG-1 小型菲涅耳聚光光伏系统的支撑及双轴跟踪支架系统采用的控制原理：方位角的控制采用匀速跟踪法；俯仰角的控制采用光强比较法，利用传感器进行控制。

1. 匀速跟踪法

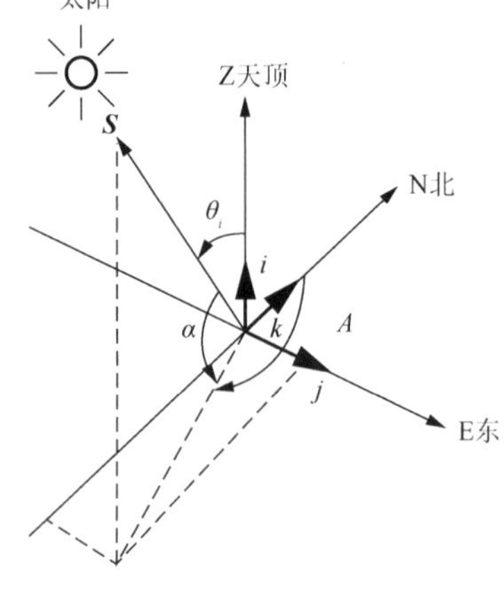

图 4-4　高度角-方位角式全跟踪示意图

地球的自转速度固定，早上太阳从东方升起经正南方向向西运动直至落山，太阳在方位角上匀速运动，24 小时转动一周。太阳能电池板的倾角约等于当地的纬度值（需查当地的磁偏角进行修正，如大连的磁偏角为 6°，偏西）。匀速跟踪法是将固定在极轴上的太阳能电池板以地球自转角速度 15°/h 的速度转动，即每 4 分钟转动 1°，保持太阳能电池板所在平面与太阳光线垂直。该方法控制简单，受天气变化的影响小，不受传感器的调节滞后性制约。

2. 光强比较法

光敏电阻的特性：当入射光强变化时，光敏电阻的阻值会相应变化，并将光信号转换为电信号。如图 4-5 所示，将 3 个（或 2 个）完全相同的光敏电阻置于一个平面上，他们之间用遮光板分别隔开在 3 个（或 2 个）区域中，遮光板高度可调。若太阳光完全垂直照射到 3 个（或 2 个）光敏电阻上，则它们所得电压完全相等，控制电机不动作；若太阳光不是完全垂直照射，则光敏电阻所得电压不等，微处理器会控制相应电机转动，使太阳光再次垂直照射到平面上。该方法的特点是测量精度高、电路简单、易于实现全天候跟踪，但受天气的影响大，如在稍长时间段里出现乌云遮住太阳的情况，太阳光线往往不能照射到硅光电管上，导致跟踪装置无法对准太阳方位，甚至会引起执行误差。

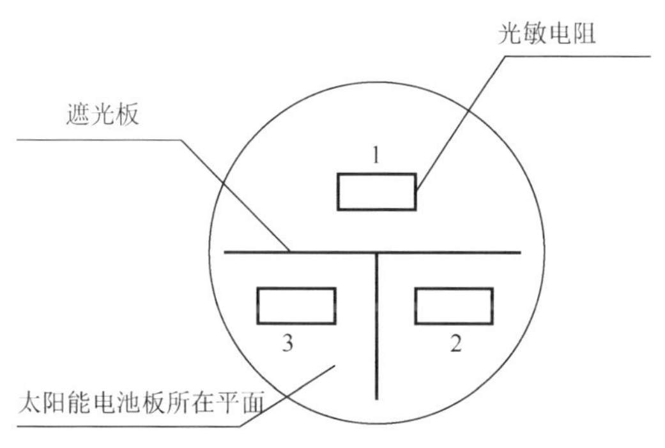

图 4-5　光强比较法示意图

4.2　实验所用的仪器以及测试电路

图 4-6 为测试太阳能电池 I-V 特性曲线的原理图。利用该方法可以测得电池 I-V 特性曲线、开路电压、短路电流、最大功率点电流、最大功率点电压，利用 $P_m = I_m V_m$ 和 $FF = P_m / (V_{OC} \times I_{SC})$ 分别计算最大输出功率和填充因子。实验所用的仪器如下。

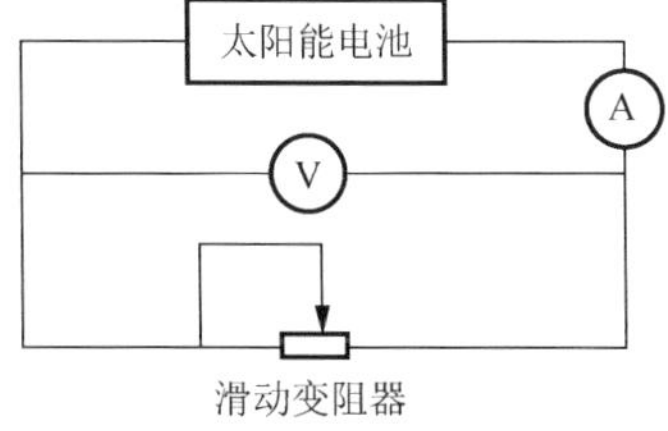

图 4-6　I-V 特性曲线测试原理图

1. 氙灯太阳模拟器

现用太阳模拟器有两种，第一种为氙灯太阳模拟器，第二种为直流球形氙灯模拟器。本书实验所用太阳模拟器是本课题组自行组装的氙灯太阳模拟器（以下简称氙灯）。

2. 光功率计

实验使用的光功率计为 JG-2 型光功率计（北京大学物理系工厂），主要由光电测试探头、电流电压变换器、电压放大器、数显表和电压表组成，可以进行光功率、功率密度（照度）的测量。

3. 电位器组、电流表及电压表

实验用电位器（或滑动变阻器）作为太阳能电池的负载。电流表及电压表可采用万用表。

4.3　聚光器的实验研究

本节主要阐述平面镜、凸透镜及两种二次曲面反射型聚光器的研究。两种二次曲面反射型聚光器分别为双球面反射型聚光器和抛物-双曲面反射型聚光器。二次曲面反射型聚光器的研究运用数学建模和 Java 编程进行模拟计算，运用 CAD 和 Pro-E 软件设计透镜部件和相关模具。在此基础上，进行了以下工作：①使用有机玻璃材料制成聚光器，研制成双球面反射型聚光器；②加工铸铁模具 2 套，热加工吹制成玻璃材料的抛物-双曲面反射型聚光器等；③进行相关检测。

4.3.1　平面镜、凸透镜的实验研究

1. 平面镜聚光系统的设计、加工与性能测试

将普通的平面镜切割成 8 块，按照一定的角度装配成两种平面镜聚光系统：小型（SM-1 型）平面镜聚光系统和大型（LM-1 型）平面镜聚光系统[3]。

（1）图 4-7（a）是 SM-1 型平面镜聚光系统装置的结构示意图。此系统由矩形底面、周围 4 个长方形镜面和 4 个三角形镜面黏合而成，底面嵌入尺寸合适的非晶硅薄膜太阳能电池。实物如图 4-7（b）所示。

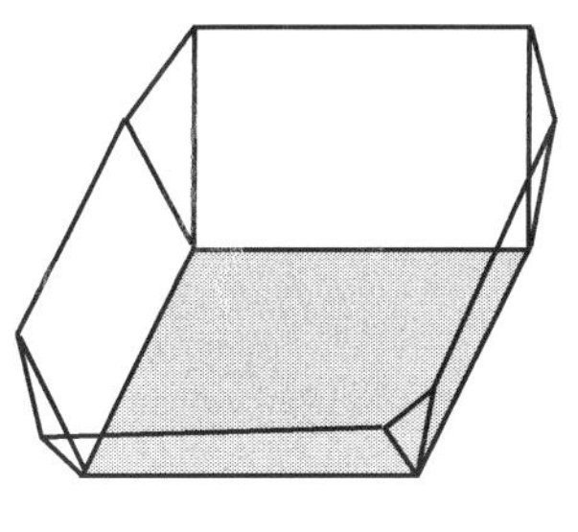
（a）结构图

（b）实物图

图 4-7　SM-1 型平面镜聚光系统图

（2）LM-1 型平面镜聚光系统（图 4-8）的结构与 SM-1 型平面镜聚光系统相仿，只是尺寸放大了，底面采用 10W 多晶硅太阳能电池，规格为 S-10D，型号为 10（17）P/ G301×356（上海太阳能科技有限公司）。

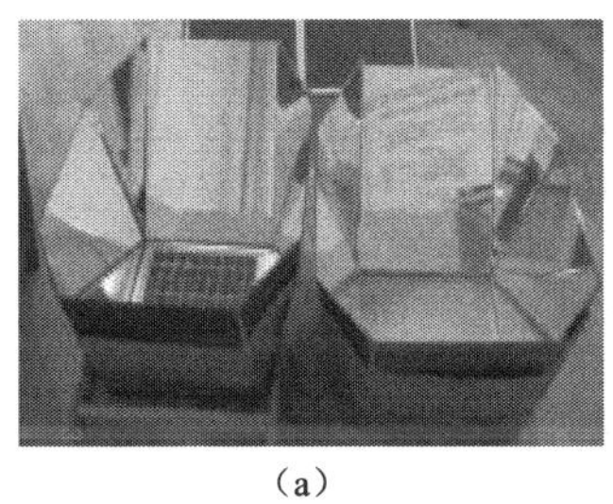
（a）

（b）

图 4-8　LM-1 型平面镜聚光系统实物图

实验所用光源为自行组装的氙灯（氙灯电流为 20A），其光谱接近于太阳光，氙灯发出的光通过一个凹透镜产生平行光束，入射到 SM-1 型平面镜聚光系统，经测试电路测试 I-V 特性曲线。实验装置包括：测试电路、SM-1 型平面镜聚光系统、凹透镜、氙灯及其电源。图 4-9 为实验原理示意图，图 4-10 为其实物图。

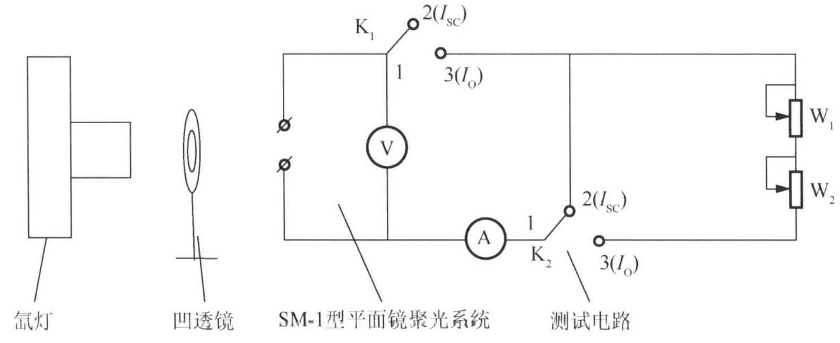

图 4-9　SM-1 型平面镜聚光系统实验原理示意图

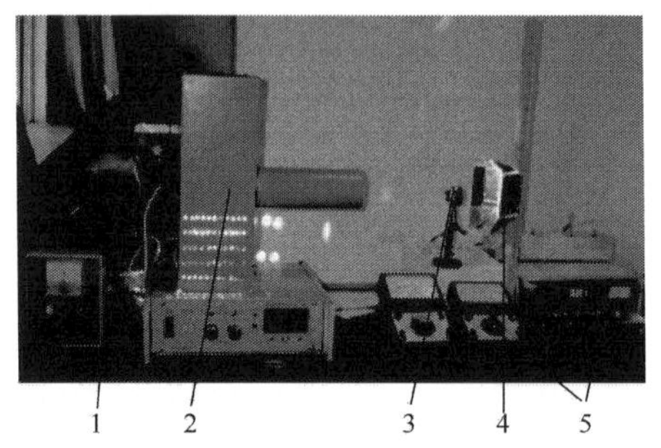

图 4-10　SM-1 型平面镜聚光系统实验装置图

1．氙灯电源；2．氙灯；3．凹透镜；4．SM-1 型平面镜聚光系统；5．*I-V* 特性测试电路

SM-1 型平面镜聚光系统的测试结果如图 4-11 和表 4-1 所示。对于 LM-1 型平面镜聚光系统的测试，采用太阳光作为光源，测试结果如图 4-12 和表 4-2 所示。图 4-11 和图 4-12 中分别将未使用聚光器的太阳能电池的 *I-V* 特性曲线和使用聚光器后的平面镜聚光系统的 *I-V* 特性曲线进行了比较。

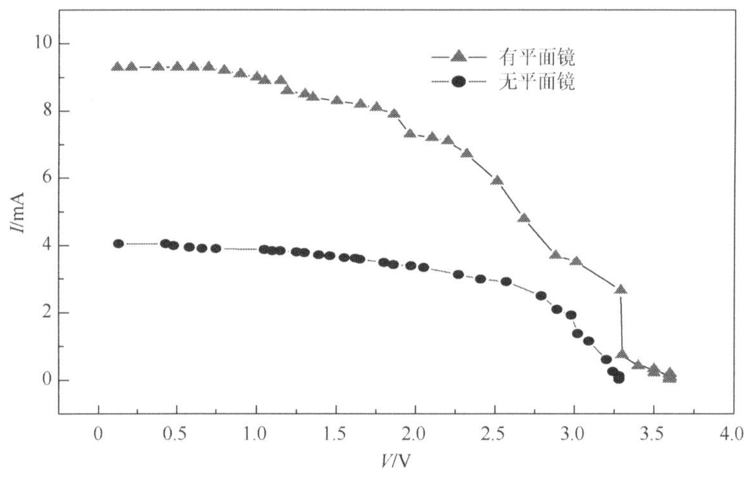

图 4-11　氙灯照射下加 SM-1 型平面镜及不加时系统的 *I-V* 特性曲线

表 4-1　氙灯照射下加 SM-1 型平面镜及不加时系统的性能测试结果

	I_{SC}	V_{OC}	I_m	V_m	P_m	FF
无平面镜	4.10mA	3.28V	2.96mA	2.20V	6.51mW	48.42%
有平面镜	9.20mA	3.60V	6.50mA	2.30V	14.95mW	45.13%
比值	2.24	1.10	2.20	1.05	2.30	0.93

注：I_{SC} 为太阳能电池的短路电流，V_{OC} 为开路电压，I_m 为最大功率点电流，V_m 为最大功率点电压，P_m 为最大输出功率，FF 为填充因子

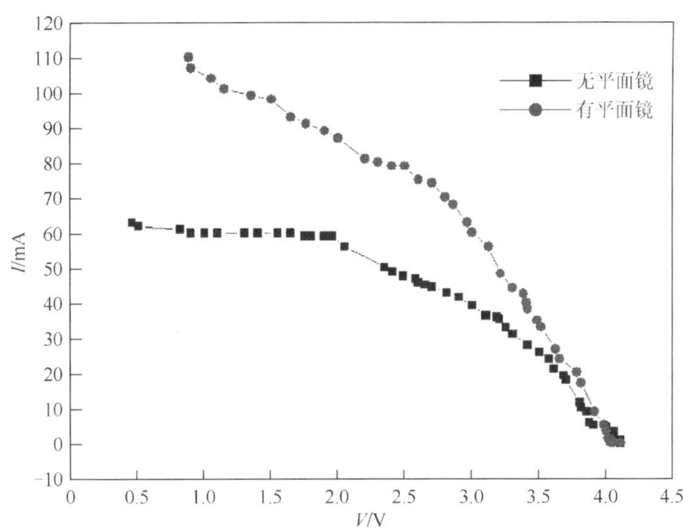

图 4-12　太阳光照射下加 LM-1 型平面镜及不加时系统的 I-V 特性曲线

表 4-2　太阳光照射下加 LM-1 型平面镜及不加时系统的性能测试结果

	I_{SC}	V_{OC}	I_m	V_m	P_m	FF
无平面镜	65mA	4.1V	50mA	2.25V	112.5mW	42.22%
有平面镜	90mA	4.19V	75mA	2.61V	195.7mW	51.91%
比值	1.38	1.02	1.50	1.16	1.74	1.23

结果表明：在氙灯照射下，SM-1 型平面镜聚光系统的最大输出功率与原有的非晶硅薄膜太阳能电池的最大输出功率相比，提高到 2.30 倍。在太阳光照射下，LM-1 型平面镜聚光系统的最大输出功率与原有的多晶硅太阳能电池的最大输出功率相比，提高到 1.74 倍。

2. 单凸透镜聚光系统的性能测试

实验装置主要由单凸透镜、20mm×20mm 方形太阳能电池片及氙灯（氙灯电流为 20A）组成。将测试结果与无透镜时太阳能电池的 I-V 特性曲线进行对比，从而对聚光系统进行研究。实验装置如图 4-13 所示。透镜与氙灯口的距离为 18cm，太阳能电池与透镜的距离为 17cm，光斑直径为 30mm，且透镜直径为 60mm，具有 4 倍聚光效果。测试电路如图 4-9 所示，实验所得 I-V 特性曲线如图 4-14 中上曲线所示。

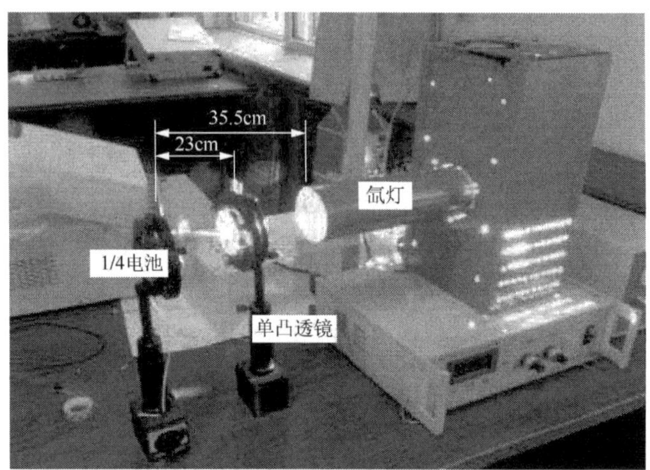

图 4-13　单凸透镜聚光系统实验装置图

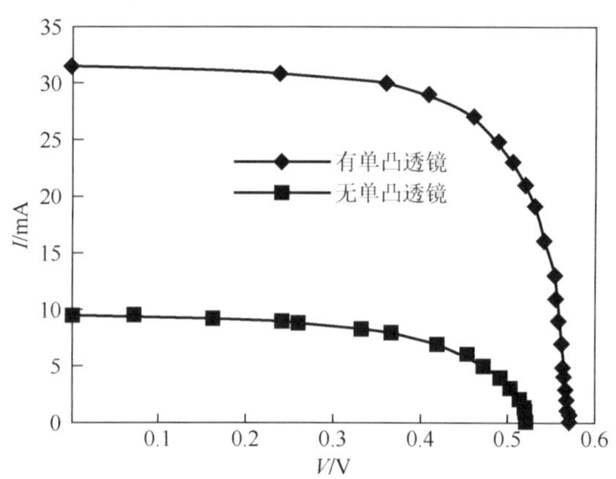

图 4-14　氙灯照射下加单凸透镜前后太阳能电池的 *I-V* 特性曲线

为了说明单凸透镜的聚光效果，将透镜去掉，电池片与氙灯口的距离保持不变，测量太阳能电池片的 *I-V* 特性曲线，如图 4-14 中的下曲线所示，实验所得参数如表 4-3 所示，实验时室温为 20℃。

表 4-3　在氙灯照射下加单凸透镜前后太阳能电池的性能测试结果

	I_{SC}	V_{OC}	I_m	V_m	P_m	FF
无单凸透镜	9.6mA	0.523V	7mA	0.42V	2.94mW	58.6%
有单凸透镜	31.5mA	0.57V	27mA	0.46V	12.42mW	69.2%
比值	3.28	1.09	3.86	1.1	4.22	1.18

测试结果表明，通过单凸透镜聚光后，输出电流变化明显，输出电压变化不明显。太阳能电池产生的最大输出功率提高到 4.22 倍，填充因子也提高了，数据

没有体现出电池表面温度对 *I-V* 特性的影响，原因是我们所取用的聚光器比较小，氙灯光源的发热不明显。然后，我们又进行在太阳光照射下的 4 倍聚光实验和无透镜的对比实验，实验测试电路同图 4-9 所示，只是用太阳光作为光源。图 4-15 所示为太阳光照射下加单凸透镜前后太阳能电池的 *I-V* 特性曲线。表 4-4 为太阳光照射下加单凸透镜前后太阳能电池的性能测试结果。

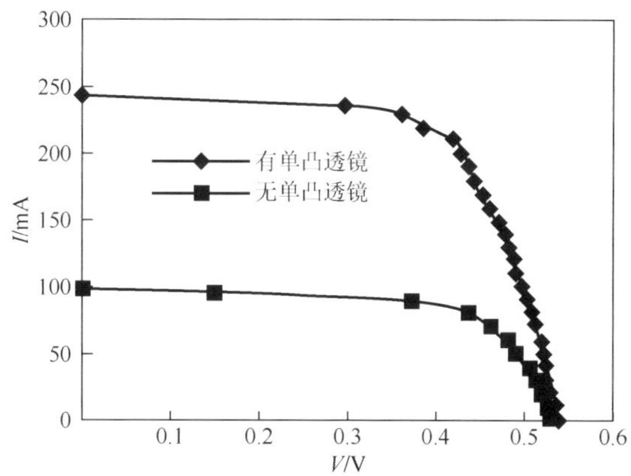

图 4-15　太阳光照射下加单凸透镜前后太阳能电池的 *I-V* 特性曲线

表 4-4　太阳光照射下加单凸透镜前后太阳能电池的性能测试结果

	I_{SC}	V_{OC}	I_m	V_m	P_m	FF
无单凸透镜	97mA	0.53V	80mA	0.432V	34.8mW	67.7%
有单凸透镜	245mA	0.538V	210mA	0.418V	87.78mW	66.6%
比值	2.526	1.02	2.625	0.97	2.52	0.98

在太阳光照射、有单凸透镜条件下，太阳能电池的表面温度为 60～62℃，而无单凸透镜时，太阳能电池表面温度为 50～52℃。表 4-4 中所有比值的数据与表 4-3 相比有所下降。表 4-4 中填充因子，聚光后要低于聚光前。通过将氙灯照射下和太阳光照射下聚光实验的结果进行对比，可以发现电池表面温度对聚光系统具有重要影响[3-5]。

4.3.2　双球面和抛物面-双曲面反射型聚光器的实验研究

本节阐述双球面和抛物面-双曲面反射型聚光器的实验研究[5,6]，介绍这两种二次曲面反射型聚光器的原理、建模、计算、设计、加工制作与检测。在二次曲面反射型聚光器的建模、计算和设计中，运用 CAD 软件和 Java 编程进行聚光器模型的辅助设计。加工过程中完成了有机玻璃透镜、成型模具以及玻璃透镜的设计和加工[4-7]。

4.3.2.1　双球面反射型聚光器的设计及加工

双球面反射型聚光器的主反射镜面和第二反射镜面均使用球面镜，是一种非成像型的二次聚光器。本节利用其球面及旋转对称的特征，根据非成像原理、边缘光线原理和光线追迹方法建立数学模型，并做出模拟光路图，通过软件模拟计算获得聚光器参数，进而采用高透光有机玻璃镀膜制作成α、β两种聚光器。

1. 双球面反射型聚光器的设计

双球面反射型聚光器的模型为：主反射镜面（一次聚光器）和第二反射镜面（二次聚光器）均使用球面镜，属于非成像型的二次聚光器。其几何模型见图 4-16。主反射镜面（1）的球心为 $E(R, 0)$，开口半径为 T_1，球面半径为 R，球冠高度为 H_1；第二反射镜面（2）的球心为 $F(R\text{-}a, 0)$，开口半径为 T_2（图上未标），球面半径为 r，球冠高度为 H_2（图上未标）；太阳能电池的半径为 L（图上未标），几何聚光比为 C，两球面球心距为 a。

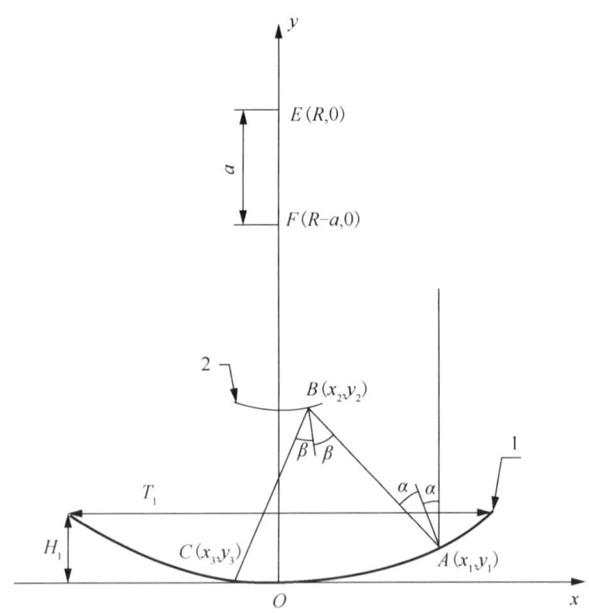

图 4-16　双球面反射型聚光器几何模型示意图

以主反射镜面的圆弧顶点为原点 O，以圆弧顶点与球心的连线为 y 轴建立直角坐标系，如图 4-16 所示。其中，A 点为光线入射后第一次反射点，坐标为(x_1, y_1)；B 点为光线的第二次反射点，坐标为(x_2, y_2)；光线经过两次反射之后，射向 C 点(x_3, y_3)，即太阳能电池放置的位置。式（4-1）～式（4-7）为建模方程式。

主反射镜面的方程为

$$x^2+(y-R)^2=R^2 \tag{4-1}$$

第二反射镜面的方程为

$$x^2+(y-R+a)^2=r^2 \tag{4-2}$$

入射光线的方程为

$$x=x_1 \tag{4-3}$$

一次反射光线的方程为

$$\frac{y-y_1}{x-x_1}=\frac{y-y_2}{x-x_2} \tag{4-4}$$

二次反射光线的方程为

$$\frac{y-y_2}{x-x_2}=\frac{y-y_3}{x-x_3} \tag{4-5}$$

由光路的可逆性可知，C 点的 x 轴坐标位置，决定了入射到 A 点的光线的 x 轴坐标位置，即 x_3 的取值范围决定 x_1 的取值范围；由几何聚光比的定义可得此双球面聚光器的几何聚光比 C：

$$C=\frac{|x_1|_{\max}^2-|x_2|_{\max}^2}{|x_3|_{\max}^2} \tag{4-6}$$

$|x_1|_{\max}$ 为主反射镜面的开口半径 T_1；$|x_2|_{\max}$ 为第二反射镜面的开口半径 T_2；$|x_3|_{\max}$ 为太阳能电池半径 L，$x_3\in[-L,L]$；所以

$$C=\frac{|x_1|_{\max}^2-|x_2|_{\max}^2}{|x_3|_{\max}^2}=\frac{T_1^2-T_2^2}{L^2} \tag{4-7}$$

运用边缘光线理论及反射定律，通过上述方程可以求解出入射光线的最大入射位置坐标，即 A 点坐标、B 点坐标，以及两球面球心距 a 值等。上述方程的解析过程比较烦琐，所以运用 Java 编程求解（程序略）。主反射镜面的焦斑区域在距球心(2/3)R 附近。当 R 确定后，第二反射镜面的焦斑位置由 a 和 r 决定，a 的取值范围为(1/4)R～(1/2)R。光线经双球面反射型聚光器后汇聚于一个很小的焦斑区域，此区域为太阳能电池放置的位置。

根据以上计算，建立双球面反射型聚光器的结构模型，即聚光器光线模拟图，如图 4-17 所示。图中主反射镜面、第二反射镜面都为球面，a 为两球面的球心距离，R 为主反射镜面的半径，r 为第二反射镜面的半径。其中 a、r、R 之间是复杂的四次函数关系，并且都没有固定值，所以只能通过求解最佳数据组合的方式来确定聚光器的尺寸大小。在图 4-17 中，太阳光近似为平行光线，当直射聚光器时光线（以几条有代表性的光线为例）经主反射镜面第一次反射后聚集到第二反射镜面上，第二反射镜面将光线第二次反射聚集后，提高了光能密度，聚光器的聚光比增大。聚光器的主反射镜面和第二反射镜面利用同一块材料制作，可节省

许多材料，降低成本，也便于维护。

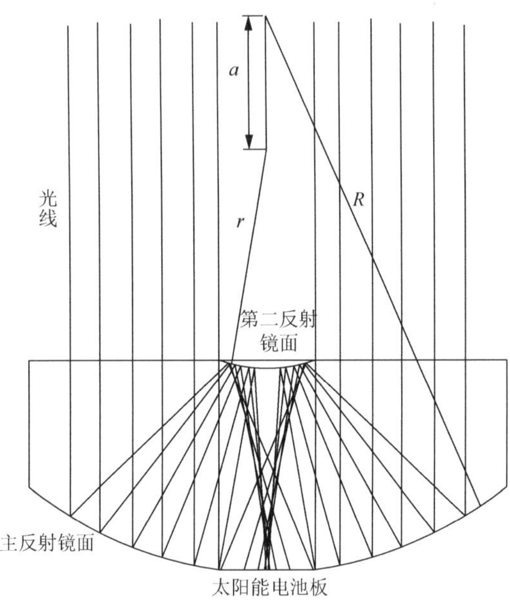

图 4-17　双球面反射型聚光器光线模拟图（CAD 作图）

R、*r*、*a* 的大小都对聚光比有影响，当 *R*、*r* 发生变化时，*a* 也会变化，一定条件下聚光器接收的光线会全部反射到太阳能电池板上。因计算量大，所以利用 Java 编写的程序来计算 *a*、*R*、*r* 的最佳值，程序从略，只给出计算数据，见表 4-5。

表 4-5　双球面反射型聚光器规格　（单位：mm）

聚光器	小球面半径（*r*）	大球面半径（*R*）	两球面圆心距（*a*）	小弧面弦长（*n*）	大弧面弦长（*N*）	底面圆直径（*f*）	厚度（*d*）	正六边形边长（*g*）	六边形外接圆直径（*h*）
α	23.8	60.6	13.8	12	64.6	12	22.8	37.3	74.6
β	40.3	102.6	22.3	22	109	22	38.6	63	126

由于聚光器的底部是球体，计算双球面反射型聚光器的参数时可将三维空间图形简化成二维平面图形，即截面图（图 4-18）。根据 *R*、*r* 和某一条光线与圆心的距离 *m*，判断 *a* 取值为多少时，接收面内的所有光线都能聚焦到太阳能电池板上，进而获得双球面反射型聚光器参数。设计、加工、制作时，首先将受光面设计并加工成正六边形，这样易于组装；然后，采用易加工成型、透光率较大的高透光有机玻璃制作聚光器，其反射面采用球面，制作成球半径不同的α、β两种聚光器。

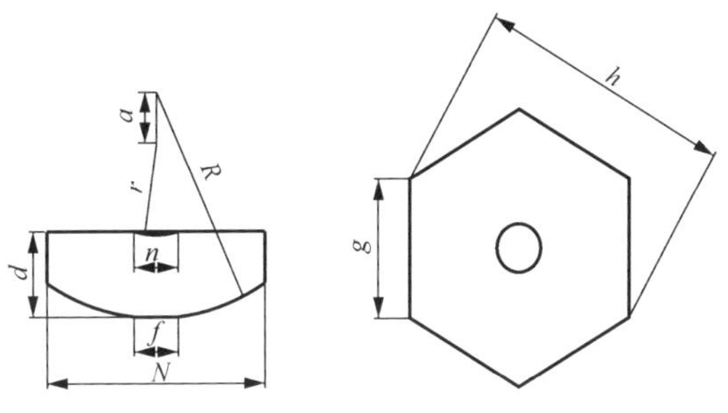

图 4-18　双球面反射型聚光器截面示意图

由式（4-7）计算，聚光器α的几何聚光比 C_α=21.6，聚光器β的几何聚光比 C_β=18.4。

2. 双球面反射型聚光器的加工

聚光器的具体制作过程如下：首先将有机玻璃用车床加工成球冠型后，再切割成六边形，并打磨抛光（此过程在大连金星石英玻璃仪器厂完成）；然后在其两个球面上用真空镀膜机蒸发镀铝（镀铝在中国科学院大连化学物理研究所进行），形成反射层。初加工未镀膜的聚光器如图 4-19 所示，镀膜后的聚光器如图 4-20 和图 4-21 所示[4-7]。

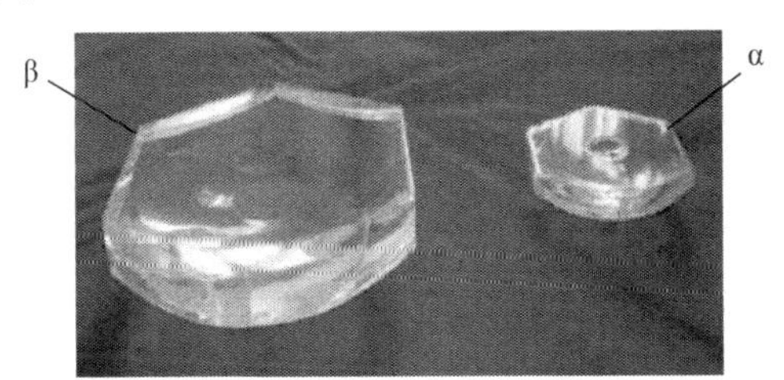

图 4-19　初加工未镀膜的聚光器实物图

图 4-20　镀膜后聚光器α实物图

图 4-21　镀膜后聚光器β实物图

4.3.2.2　抛物面-双曲面反射型聚光器的设计及加工

1. 抛物面-双曲面反射型聚光器的设计

通过对双球面反射型聚光器的研究与分析，本节改进二次曲面反射型聚光器的光路系统，以旋转抛物面反射镜和旋转双曲面反射镜构成新的二次曲面反射型聚光器；经建模、软件计算，确定几何参数，制作旋转抛物面和旋转双曲面反射镜的模具和聚光器[4,5]。

将旋转抛物面反射镜（*A* 面）的焦点与旋转双曲面反射镜（*B* 面）的焦点 F_1 重合，*B* 面放置在 *A* 面之前。若无 *B* 面，光线经 *A* 面反射聚焦后，将焦点 F_1；加 *B* 面后，光线在到达焦点之前被 *B* 面再次反射聚焦，汇聚到 *A* 面的 *D* 处，构成抛物面-双曲面反射型聚光器的光路，光路示意图见图 4-22。

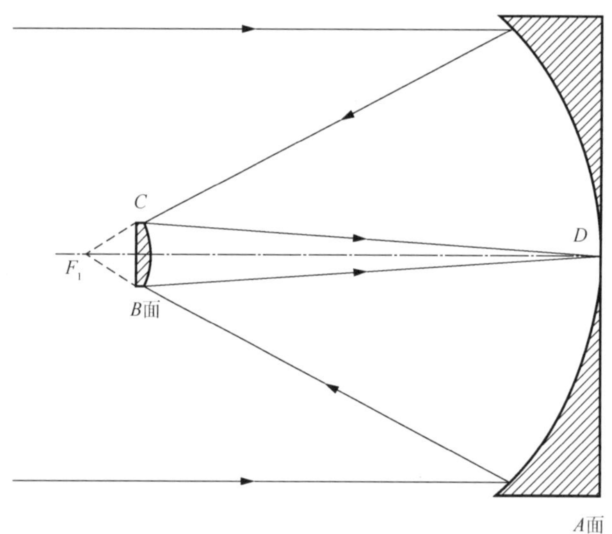

图 4-22　双曲面-抛物面反射型聚光器光路示意图

在以 *A* 面的顶点为原点，以 *A* 面顶点和其焦点 F_1 的连线为 y 轴的直角坐标系中，抛物面-双曲面反射型聚光器的几何模型见图 4-23。式（4-8）～式（4-21）为建模方程式。

图 4-23 中“1”为旋转抛物面反射镜对应的抛物线，其焦点为 F_1；“2”为旋转双曲面反射镜对应的双曲线（上支），其上支的焦点为 F_1（与抛物线的焦点重合），下支焦点为 F_2。抛物线 1 方程为

$$x^2 = 2py(p > 0) \tag{4-8}$$

则其焦点坐标为 $F_1(0, p/2)$。抛物线的光学性质为：平行于抛物线对称轴入射的

光线经抛物线反射后必汇聚于抛物线的焦点。

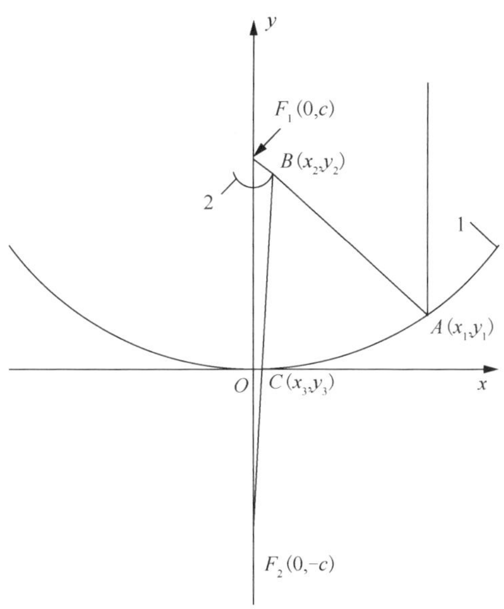

图 4-23　抛物面-双曲面反射型聚光器几何模型示意图

双曲线 2 方程为

$$\frac{y^2}{a^2}-\frac{x^2}{b^2}=1 \tag{4-9}$$

$$c=\sqrt{a^2+b^2} \tag{4-10}$$

则其焦点坐标为 $F_1(0,c)$ 和 $F_2(0,-c)$，由双曲线的光学性质可知，射向双曲线一支焦点的光线，经此支双曲线反射后必交汇于双曲线另一支的焦点。

根据边缘光线理论和反射定律，在此几何模型下，设入射到 A 点的光线为边缘入射光线，入射光线方程为

$$x=n \tag{4-11}$$

通过式（4-8）可得 A 点的坐标为$(n,\dfrac{n^2}{2p})$。A 点(x_1, y_1)、B 点(x_2, y_2)与焦点 $F_1(0,c)$ 共线，所以

$$\frac{\dfrac{n^2}{2p}-y_2}{n-x_2}=\frac{\dfrac{n^2}{2p}-c}{n} \tag{4-12}$$

又因为 B 点在双曲线 2 上，则

$$\frac{y_2^2}{a^2}-\frac{x_2^2}{b^2}=1 \tag{4-13}$$

同理，B 点(x_2, y_2)、C 点(x_3, y_3)、F_2 点$(0,-c)$共线，则

$$\frac{y_2-y_3}{x_2-x_3}=\frac{y_2+c}{x_2} \tag{4-14}$$

又因为 C 点在抛物线 1 上，则

$$x_3^2=2py_3 \tag{4-15}$$

为了增大聚光器受光面积且减小聚光器总体高度，设在此直角坐标系中抛物线 1 与双曲线 2 的边界点的纵坐标同为 c，则

$$x_1=\sqrt{2pc} \tag{4-16}$$

$$x_2=\frac{b^2}{a} \tag{4-17}$$

$$x_3=\frac{b^2}{2a} \tag{4-18}$$

又因抛物线与双曲线同焦点，则

$$\frac{p}{2}=c \tag{4-19}$$

所以二次聚光器的几何聚光比：

$$C=\frac{|x_1|_{\max}^2-|x_2|_{\max}^2}{|x_3|_{\max}^2}=\frac{16a^2(a^2+b^2)}{b^4}-4 \tag{4-20}$$

旋转抛物面反射镜的一次聚光比：

$$C_1=\frac{|x_1|_{\max}^2}{|x_2|_{\max}^2}=\frac{4a^2(a^2+b^2)}{b^4}-1 \tag{4-21}$$

本节中抛物面-曲面反射型聚光器的几何数据如下。

旋转抛物面反射镜对应的方程：

$$y=\frac{x^2}{200} \tag{4-22}$$

旋转双曲面反射镜对应的方程：

$$y=45\sqrt{1+\frac{x^2}{475}} \tag{4-23}$$

根据以上计算确定抛物面-双曲面反射型聚光器的尺寸。

（1）对于旋转抛物面反射镜，取 y=50mm，由式（4-22）得 x=100，即旋转抛物面反射镜开口直径为 200mm，高度为 50mm。

（2）对于旋转双曲面反射镜，选开口直径为 30.6mm，即 x=15.3mm，由式（4-23）得 y=55mm；由式（4-23）得双曲线顶点坐标为(0,45)，可得到旋转双曲面反射镜的高度为 55−45=10mm。

2. 抛物面-双曲面反射型聚光器的加工

不同于双球面反射型聚光器，抛物面-双曲面反射型聚光器的加工难以在车床上进行，故采用以下工艺步骤：

第一步，设计制作旋转抛物面反射镜。利用球墨铸铁件（QT700-2A）精密加工成模具后，以硼硅白玻璃为材料，用人工吹制的方法加工成型并镀膜。

第二步，设计制作旋转双曲面反射镜。选择 Q235 钢制作旋转双曲面反射镜的凹模模具，以硼硅白玻璃为材料，人工吹制为旋转双曲面反射镜。

1）制作旋转抛物面反射镜

由方程（4-22）确定旋转抛物面反射镜的几何参数，制作反射镜模具。旋转抛物面反射镜的模具设计制作和聚光器玻璃成型分为以下几步：

第一步，选择旋转抛物面反射镜的模具材料。为了高温下将熔融玻璃在模具上吹制成型，模具材料要求高温变形小、不与玻璃粘连；旋转抛物面反射镜的直径为 200mm、高度为 50mm，体积较大，考虑经济性，选择牌号为 QT700-2A 的球墨铸铁作为旋转抛物面反射镜的模具材料。

第二步，选择旋转抛物面反射镜的材料。旋转抛物面反射镜的材料要求透光性好、高温吹制冷却成型后收缩小。选择硼硅白玻璃作为旋转抛物面反射镜的制作材料。

第三步，设计并制作模具。旋转抛物面反射镜的有效反射面是在其内表面，为保证反射镜的内表面尺寸精确，将球墨铸铁模具加工成凸型模具以保证精度。图 4-24 为模具设计图，图 4-25 为加工后实物图。模具的直径为 200mm、高度为 60mm，旋转抛物面反射镜的直径为 199.5mm、高度为 50mm。为了确定主光轴与曲面的交点位置，在模具顶端设计了底部直径为 4mm 的球冠面凸起（图 4-24 中 R2 为曲率半径），作为定位标记。为使成型后的旋转抛物面反射镜与模具顺利分离，在模具底部设计了高度为 10mm、角度为 3°的拔模倒角。为了保证旋转抛物面反射镜的有效反射面光洁度，模具曲面部分粗糙度必须达到 3.2。

第四步，旋转抛物面反射镜的成型与反射膜蒸镀。为保证加工精度和反射镜壁厚，旋转抛物面反射镜的成型需先预热玻璃模具，然后人工吹制成型，冷却后经由玻璃机床去毛边，再通过玻璃磨床加工成所设计的尺寸。

旋转抛物面反射镜具体尺寸为：开口半径为 100mm、高度为 50mm。旋转抛物面反射镜在真空镀膜机上镀铝形成反射膜，反射膜厚度在 370nm 左右，其反射率可达 90%以上。镀膜工艺是在中国科学院大连化学物理研究所 503 组完成的，参数见表 4-6。

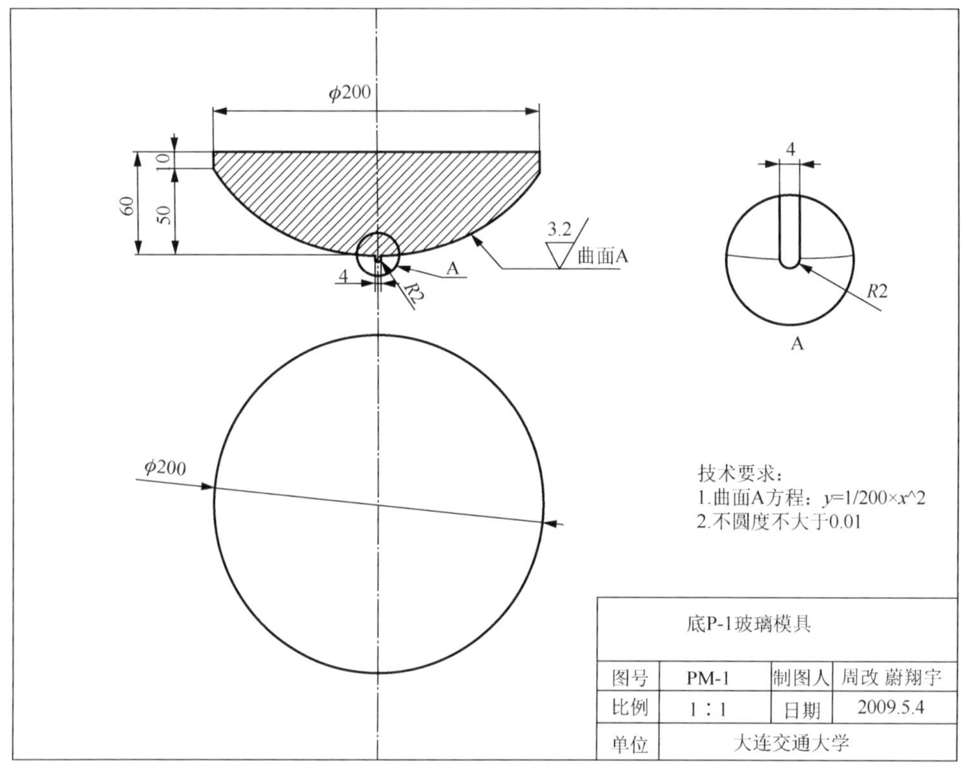

图 4-24　旋转抛物面反射镜模具设计图

图 4-25　旋转抛物面反射镜模具实物图

表 4-6　镀膜参数

反射镜编号	蒸发舟材料	蒸发电流/A	蒸发速率/（nm/s）	膜厚/nm
1	钼	140	16.1	380
2	钼	135	14.6	370
3	钼	138	15.3	378
4	钼	153	17.8	385

反射膜对光线起到汇聚聚焦作用。通过对镀膜工艺的研究，发现在低蒸发速率下制成的铝反射膜反射率高，而在高蒸发速率下制成的铝反射膜反射率相对较低。旋转抛物面反射镜实物见图 4-26。

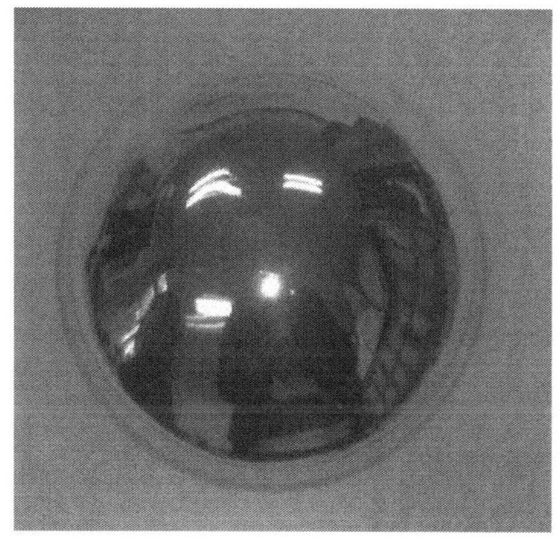

图 4-26　旋转抛物面反射镜实物图

2）制作旋转双曲面反射镜

旋转双曲面反射镜的凹模设计制作和玻璃成型分为以下几步：

第一步，选择模具材料。旋转双曲面反射镜是在高温下成型，模具材料要求膨胀系数小、高温下不与玻璃发生粘连；旋转双曲面反射镜的加工精度要求更高，其直径为 30.6mm、高度为 10mm，体积很小，所以选择 Q235 钢作为旋转双曲面反射镜的模具材料。

第二步，选择反射镜的材料。反射镜材料要求致密度好、高温吹制冷却成型后收缩很小，所以选择掺入石英砂的硼硅玻璃材料制作旋转双曲面反射镜。

第三步，确定模具类型。旋转双曲面反射镜的有效反射面是在其外表面，加工成型时必须保证旋转双曲面反射镜的外表面尺寸精确，所以 Q235 钢模具设计为凹模，以保证反射面的精度。旋转双曲面反射镜模具设计见图 4-27，模具实物见图 4-28。旋转双曲面反射镜模具的直径为 50mm、高度为 60mm，旋转双曲面反射镜的直径为 30.6mm、内高度为 10mm，拔模倒角的斜度为 3°、高度为 5mm。

为了确定旋转双曲面反射镜的主光轴位置，在曲面底部设计了底部直径为 3mm 的球冠面定位凸起（图 4-27 中的 *R*2 为曲率半径），作为定位标记。模具曲面部分的光洁度要求高，所以需要进行抛光处理，使其表面粗糙度达到 3.2。

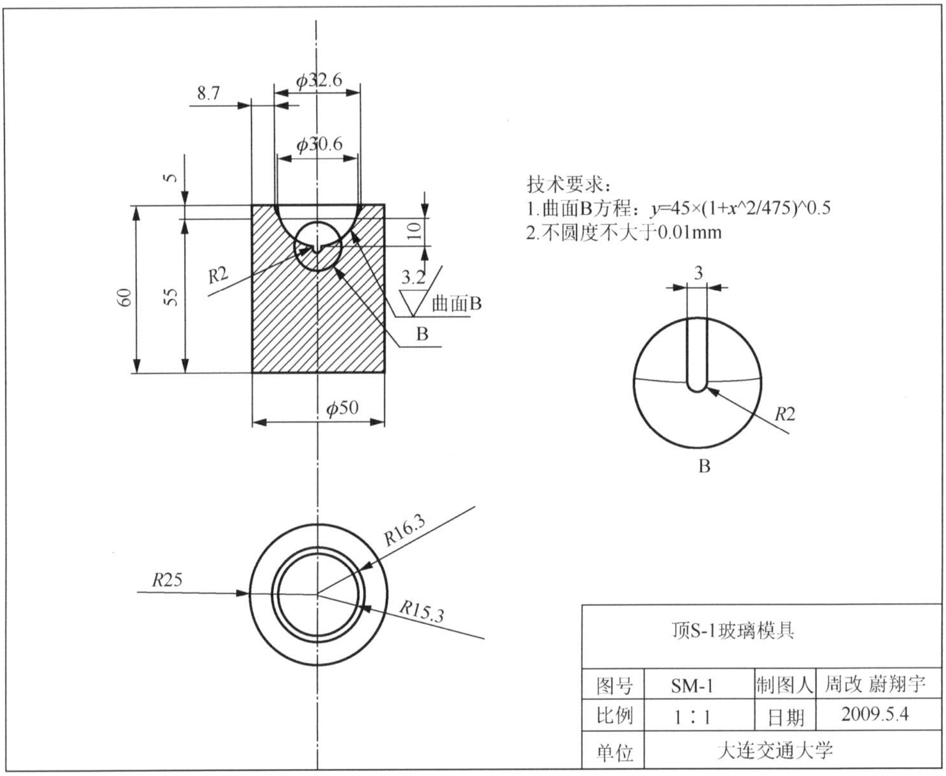

8.7
ϕ32.6
ϕ30.6
5
10
R2
3.2
曲面B
B
60
55
ϕ50

技术要求：
1.曲面B方程：y=45×(1+x^2/475)^0.5
2.不圆度不大于0.01mm

3
*R*2
B

*R*16.3
*R*25
*R*15.3

顶S-1玻璃模具			
图号	SM-1	制图人	周改 蔚翔宇
比例	1：1	日期	2009.5.4
单位	大连交通大学		

图 4-27　旋转双曲面反射镜模具设计图

图 4-28　旋转双曲面反射镜模具实物图

第四步，加工旋转双曲面反射镜。为了保证加工精度和反射镜壁厚，旋转双曲面反射镜的成型需要先预热玻璃模具，然后通过人工吹制的方法加工成型，待反射镜冷却后经玻璃机床去掉毛边，再通过玻璃磨床加工成所设计的尺寸，旋转双曲面反射镜具体尺寸为：开口半径为 15.3mm，高度为 10mm。旋转双曲面反射镜实物见图 4-29。

图 4-29　旋转双曲面反射镜实物图

4.3.2.3　双球面和抛物面-双曲面反射型聚光系统的性能测试

实验目的：检验两种二次曲面反射型聚光器的聚光效果，测量经聚光器作用后多晶硅太阳能电池的最大输出功率。

1. 双球面反射型聚光系统的性能测试

实验设备包括：氙灯、变阻箱、万用表、多晶硅太阳能电池和聚光器。实验用到的聚光器为双球面反射型聚光器，其一次反射几何聚光比为 48，二次反射几何聚光比为 96。

1）一次反射聚光实验及结果分析

实验条件：聚光器β、氙灯（氙灯电流 20A）、多晶硅太阳能电池（15mm×15mm）、实验室室温 23℃。实验过程中多晶硅太阳能电池表面温度为 27℃。图 4-30 是聚光器β一次反射聚光实验原理及装置图。此时多晶硅太阳能电池放置在聚光器β朝向光源一侧。图 4-31 为聚光器β一次反射聚光实验测试的 *I-V* 特性曲线。由表 4-7 可知，加聚光器β后，多晶硅太阳能电池的短路电流增大到 2.67 倍，开路电压增大到 1.11 倍，最大功率点电压增大到 1.22 倍，最大功率点电流增大到 2.54 倍，最大输出功率增大到 3.11 倍，填充因子增大到 1.04 倍。实验验证了聚光器提高了入射光强，并使太阳能电池输出功率得到提升。

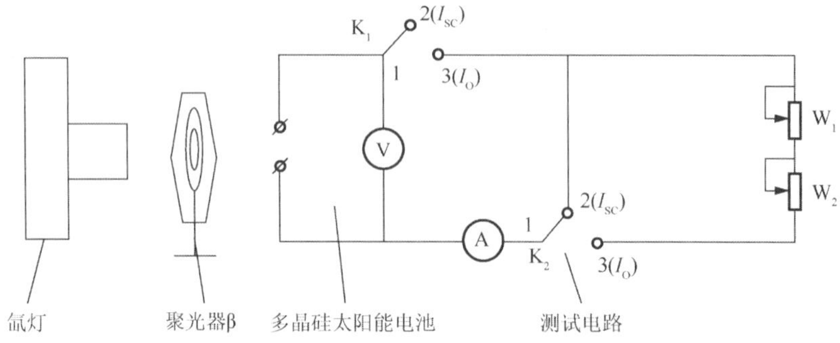

(a) 实验原理示意图

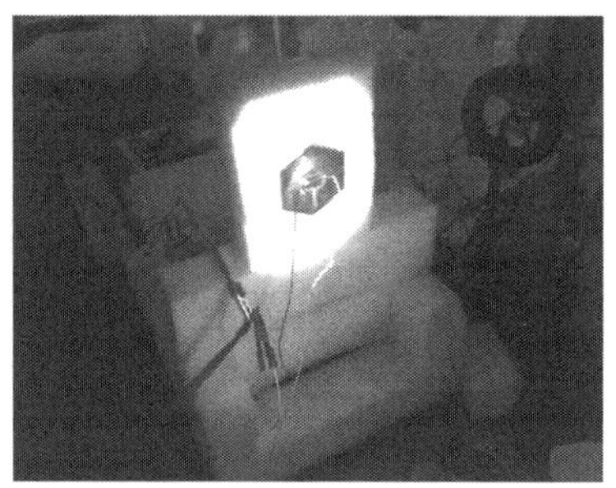

(b) 实验装置图

图 4-30　聚光器β一次反射聚光实验原理及装置图

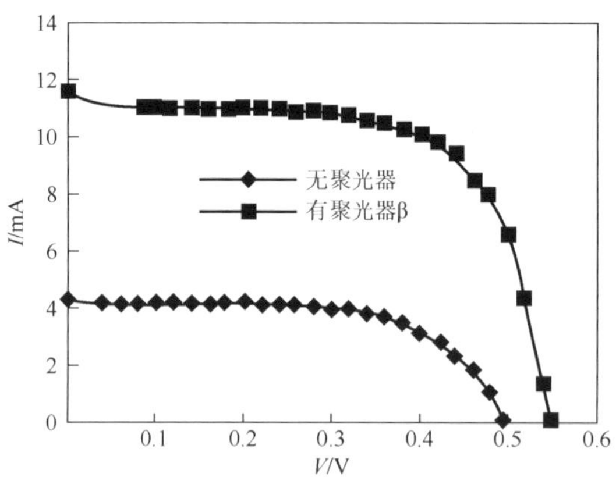

图 4-31　聚光器β一次反射聚光实验测试的 *I-V* 特性曲线

表 4-7　聚光器β一次反射聚光实验结果

	I_{SC}	V_{OC}	I_m	V_m	P_m	FF	T
无聚光器	4.3mA	0.495V	3.7mA	0.36V	1.332mW	62.58%	23℃
有聚光器β	11.5mA	0.55V	9.4mA	0.44V	4.136mW	65.39%	27℃
比值	2.67	1.11	2.54	1.22	3.11	1.04	—

2）二次反射聚光实验及结果分析

此实验的目的是检验聚光器α的二次聚光效果是否达到设计要求。实验装置由二次反射聚光器α、规格为 15mm×15mm 的多晶硅太阳能电池、变阻箱、万用表、氙灯（氙灯电流为 20A）组成。多晶硅太阳能电池放置在聚光器α背向光源一侧。为了使氙灯光束直射聚光器，制作聚光器支架使聚光器垂直于氙灯光源光线出射孔。实验装置如图 4-32 所示。

图 4-32　聚光器α二次反射聚光实验装置

实验中调整聚光器与氙灯的距离，当氙灯光源光线的出射孔距聚光太阳能电池 20cm 时聚光效果最佳。通过调整滑动变阻器测得多晶硅太阳能电池的 *I-V* 特性曲线，如图 4-33 所示。图中上曲线代表经聚光器α作用后的多晶硅太阳能电池的 *I-V* 特性曲线，下曲线代表无聚光器的多晶硅太阳能电池的 *I-V* 特性曲线。从图中可以看出，上曲线与横轴、纵轴围成的面积比下曲线与横轴、纵轴围成的面积稍大。这说明聚光器α提高了多晶硅太阳能电池的最大输出功率，但是提升的幅度比较小。实验数据见表 4-8，使用聚光器α后最大输出功率提高到 1.39 倍。

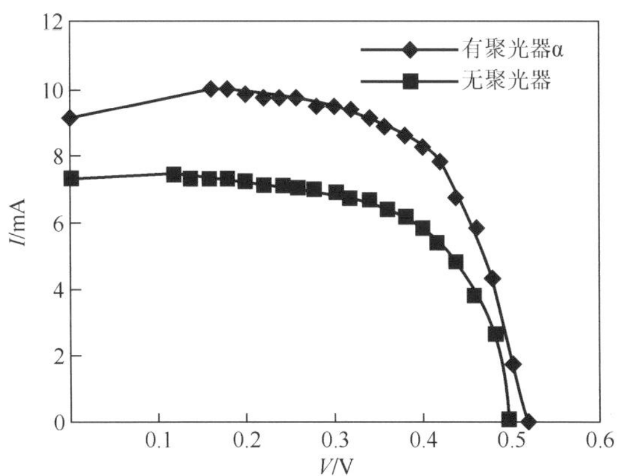

图 4-33　聚光器α二次反射聚光实验测试的 *I-V* 特性曲线

表 4-8　聚光器α二次反射聚光实验结果

	I_{SC}	V_{OC}	I_m	V_m	P_m	F	C
无聚光器	7.3mA	0.503V	6.2mA	0.38V	2.356mW	69.07%	1
有聚光器α	9.2mA	0.52V	8.2mA	0.4V	3.28mW	68.56%	16
比值	1.26	1.03	1.32	1.05	1.39	0.99	16

注：C 为几何聚光比

二次反射聚光光伏组件的实验结果与理论计算有一定的差距。二次反射聚光光伏组件示意图见图 4-34。由于多晶硅太阳能电池与入射光垂直，第二反射面在多晶硅太阳能电池的正前方。因为第二反射面的铝膜将多晶硅太阳能电池完全遮挡，正面目视聚光器看不到多晶硅太阳能电池，氙灯射来的光线被部分遮挡（忽略少数的散射光线）。

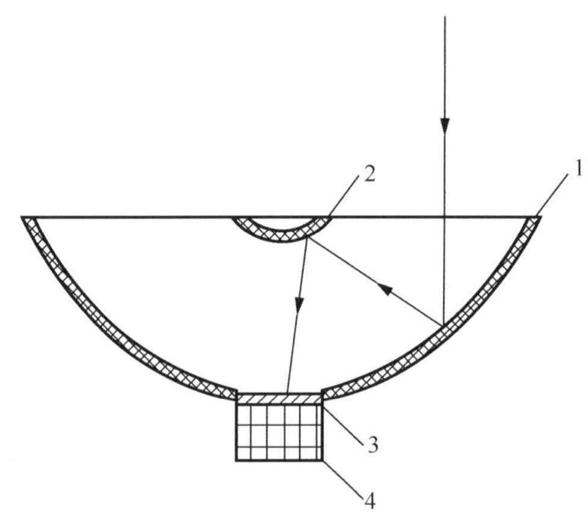

图 4-34　二次反射聚光光伏组件示意图

1．主反射面；2．第二反射面；3．多晶硅太阳能电池；4．散热器

多晶硅太阳能电池有功率输出则说明电池吸收的光线来自两个球面的反射汇聚光线。经二次反射聚光后，多晶硅太阳能电池的最大输出功率小幅度提高，说明聚光效果没有达到理论计算值。原因有：①第二反射面尺寸有误差，加工精度不够高；②第二反射面反射膜有些发黑，使反射膜反射率下降，可能是在镀制过程中真空系统有污染所致。解决方法：提高加工精度，真空镀膜时，反复清洁系统对反射膜进行保护，防止反射膜与其他物质反应。

2. 抛物面-双曲面反射型聚光系统的性能测试

实验设备同上节，原理如图 4-30 所示。聚光器为抛物面-双曲面反射型聚光器，其一次反射几何聚光比为 88，二次反射几何聚光比为 196。

1）一次反射聚光实验及结果分析

旋转抛物面反射镜一次反射聚光实验装置见图 4-35。实验条件：旋转抛物面反射镜、氙灯、多晶硅太阳能电池（10mm×10mm）、实验室室温 21℃。实验过程中多晶硅太阳能电池表面温度维持在 31℃。

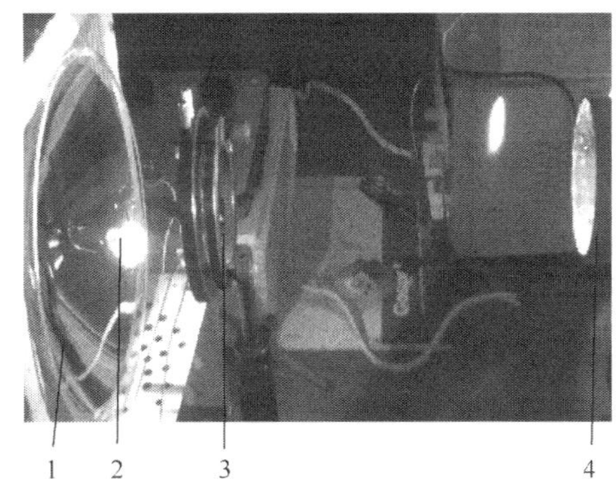

图 4-35　旋转抛物面反射镜一次反射聚光实验装置图

1．旋转抛物面反射镜；2．多晶硅太阳能电池；3．凹透镜；4．氙灯

旋转抛物面反射镜一次反射聚光实验测试的 *I-V* 特性曲线如图 4-36 所示，曲线上的点与横轴、纵轴的垂线所包围的面积表示太阳能电池的输出功率。从图中可以看出加聚光器后的输出功率明显比未加聚光器时大。故所设计的抛物面-双曲面反射型聚光器的性能得到了初步的验证，基本达到了设计要求。

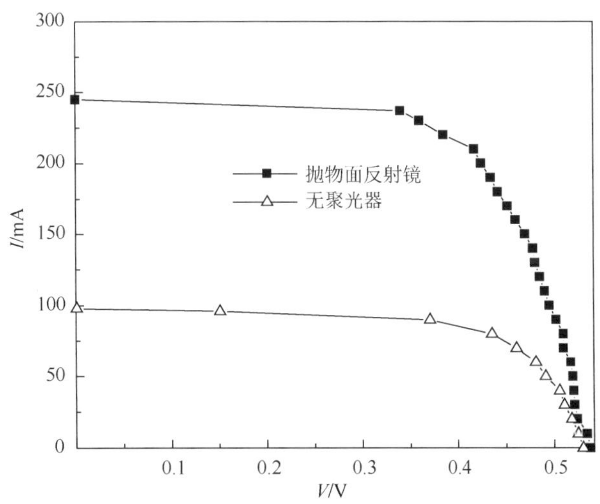

图 4-36　旋转抛物面反射镜一次反射聚光实验测试的 *I-V* 特性曲线

由表 4-9 可看出，经旋转抛物面反射镜作用后短路电流增大到 2.3 倍，开路电压增大到 1.04 倍，最大功率点电流增大到 2.63 倍，最大功率点电压降低到 0.96 倍，最大输出功率增大到 2.52 倍，填充因子增大到 1.05 倍。光强的变化与输出电流成正比关系。聚光实验过程中多晶硅太阳能电池表面温度每升高 1℃，输出功率下降 0.35%～0.45%，验证了旋转抛物面反射镜的聚光性能比较可靠。

表 4-9　旋转抛物面反射镜一次反射聚光实验结果

	I_{SC}	V_{OC}	I_m	V_m	P_m	FF	T
无聚光器	100mA	0.51V	80mA	0.435V	34.8mW	68.23%	21℃
有旋转抛物面反射镜	230mA	0.53V	210mA	0.418V	87.78mW	72%	31℃
比值	2.3	1.04	2.63	0.96	2.52	1.05	—

2）二次反射聚光实验及结果分析

在现有实验条件下，对旋转抛物面反射镜进行了聚光实验，而对旋转双曲面反射镜只验证了其光学性能。图 4-37 是旋转双曲面反射镜光路测试实验装置图。氙灯发出的光线经凸透镜聚焦到旋转双曲面反射镜的焦点处，光线再经旋转双曲面反射镜反射汇聚于凸透镜与旋转双曲面反射镜之间的区域，在此区域放置一个直径 10mm 的遮光板，可在遮光板上看见一个光斑，由此可确定旋转双曲面反射镜光路初步达到了设计要求。但是以下原因使二次反射聚光实验出现了问题：①由于加工误差和工艺条件的影响，旋转抛物面反射镜主光轴与旋转双曲面反射镜主光轴之间的重合有误差；②由于旋转双曲面反射镜表面有瑕疵，而且玻璃的手工吹制成型过程中无法保证精度，表面有细纹，使得光的散射严重。

图 4-37　旋转双曲面反射镜光路测试实验装置图

可以从两方面入手解决上述问题：一是提高聚光器加工成型工艺精度，使旋转抛物面反射镜和旋转双曲面反射镜主光轴能完全重合；二是在聚光器成型后对其表面进行精细抛光处理，消除表面瑕疵对光线的散射。实验表明，抛物面-双曲面反射型聚光器的加工必须包含一系列精密的透镜加工工序，磨制过程和模具的制作精度要控制在微米量级。

3. 实验小结

本节实验的目的是检验两种二次曲面反射型聚光器的聚光效果，测量多晶硅太阳能电池在聚光器作用下输出功率的变化。测试结果表明多晶硅太阳能电池加装聚光器后，输出功率明显提高。

（1）双球面反射型聚光器的实验。经聚光器β作用后多晶硅太阳能电池的最大输出功率增大到 3.11 倍，验证了聚光器提高了入射光强及输出功率。但是在二次反射聚光实验中发现，因第二反射面尺寸、加工精度和镀膜工艺的问题，二次聚光的效果未能与计算相符。因此必须在材料、加工及工艺方面改进。

（2）抛物面-双曲面反射型聚光器的实验。经旋转抛物面反射镜作用后，多晶硅太阳能电池的最大输出功率增大到 2.52 倍，电池的表面温度维持在 31℃左右，温度每升高 1℃输出功率下降 0.35%～0.45%。实验验证了旋转抛物面反射镜的聚光性能。

将旋转抛物面反射镜和旋转双曲面反射镜组合成二次曲面反射型聚光器，在测试其聚光性能时，虽然设计合理，但是由于旋转双曲面反射镜的尺寸、加工精度、表面瑕疵等原因，二次反射聚光实验的效果不佳。如果进一步进行透镜的研磨和精密加工，聚光效果会大大提高[4-6]。

以上的研究说明，两种二次曲面反射型聚光器的设计合理，一次聚光后最大输出功率提高到未聚光时的 2.5～3.1 倍。二次聚光对于聚光器的光学精度要求更高，必须采用光学精密加工的手段，才能保证二次聚光的聚光效果。

4.4　菲涅耳透镜聚光光伏组件的实验研究

菲涅耳透镜聚光光伏组件实验是以氙灯和太阳光为光源进行性能测试。主要性能参数是电池的开路电压、短路电流、最大输出功率和填充因子。本节介绍不同聚光距离下加菲涅耳透镜后圆形硅太阳能电池或 GaAs 三结太阳能电池的性能测试实验、菲涅耳透镜的实验，以及研制的 3 种聚光光伏组件。

4.4.1　菲涅耳透镜聚光光伏组件初步实验

实验所用聚光器为F63、F72菲涅耳透镜；电池为GaAs三结太阳能电池（以下简称GaAs电池），型号为CTJ-5mm×5mm；光源为氙灯（氙灯电流为20A）。测试电路如图4-9所示。实验采用自制的木制工装，如图4-38所示，图中d为电池与透镜间距（聚光距离）。

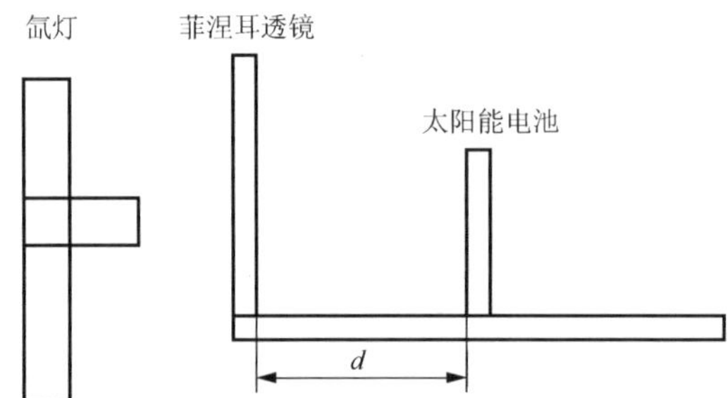

图4-38　菲涅耳透镜聚光光伏组件实验工装示意图

首先在无聚光条件下对GaAs电池进行测试，其结果如图4-39和表4-10所示。然后，将GaAs电池与菲涅耳透镜组成聚光光伏组件，以氙灯为光源，测试其I-V特性。氙灯电流选择20A，室温17℃，分别用F72和F63两种菲涅耳透镜进行测试，实验装置如图4-38所示。

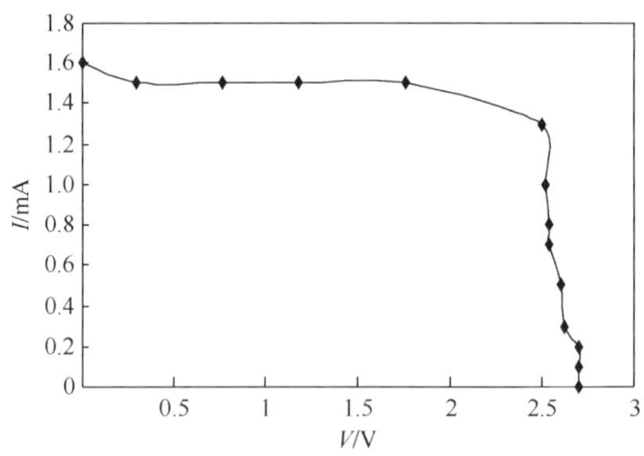

图4-39　氙灯照射下GaAs电池的I-V特性曲线

表4-10　无聚光时GaAs电池的I-V参数

I_{SC}	V_{OC}	I_m	V_m	P_m
1.6mA	2.67V	1.3mA	2.5V	3.25mW

采用 F72 透镜测试时，d =27cm，其测试结果如图 4-40 所示；采用 F63 透镜测试时，d =35cm，其测试结果如图 4-41 所示。

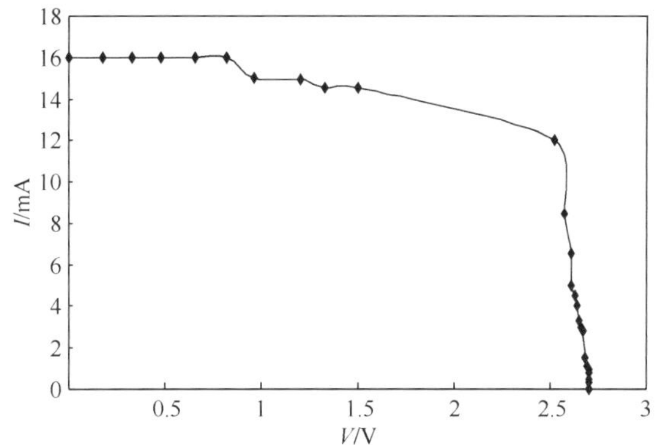

图 4-40　“F72+GaAs 电池”聚光光伏组件的 I-V 特性曲线

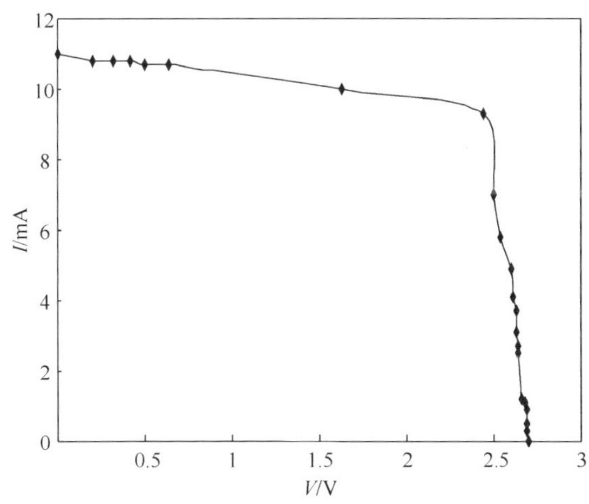

图 4-41　“F63+GaAs 电池”聚光光伏组件的 I-V 特性曲线

表 4-11 所示为菲涅耳透镜聚光光伏组件初步实验结果。以上实验说明，使用 F72 菲涅耳透镜后，开路电压变化很小，短路电流增大到 10 倍左右，最大输出功率也增大到 10 倍左右。当天的环境温度为 17℃，而实验后测量电池表面温度只有 22℃，仅提高了 5℃，在 GaAs 电池工作范围内。在此基础上进行系列菲涅耳透镜实验，并研制成 JGSi-1 型、JGGa-1 型、JGGa-2 型聚光光伏组件和带跟踪装置的 XFJG-1 小型菲涅斗聚光光伏系统。

表 4-11　菲涅耳透镜聚光光伏组件初步实验结果

	I_{SC}/mA	V_{OC}/V	I_m/mA	V_m/V	P_m/mW	FF/%
无透镜	1.6	2.67	1.3	2.5	3.25	76.08
有 F72 菲涅耳透镜	16（10）	2.7（1.01）	12（9.23）	2.5（1）	30（9.23）	70（0.92）
有 F63 菲涅耳透镜	11（6.88）	2.7（1.01）	9.3（7.16）	2.44（0.98）	22.69（6.98）	76.4（1.00）

注：括号中的数据是与无透镜时对应数据的比值，无量纲

4.4.2　菲涅耳透镜聚光光伏组件的研制

本节介绍 3 种菲涅耳透镜聚光光伏组件的研制。

4.4.2.1　JGSi-1 型聚光光伏组件

JGSi-1 型聚光光伏组件由直径为 110mm 的圆形单晶硅太阳能电池和 F310 菲涅耳透镜构成。首先对太阳能电池的性能与聚光距离的关系、太阳能电池的温度与聚光距离的关系进行实验研究，然后根据实验研究的结果设计 JGSi-1 型聚光光伏组件[8]。

1. 以氙灯为光源的圆形单晶硅太阳能电池与 F310 菲涅耳透镜组合实验

实验工装如图 4-38 所示，图 4-42 是其实物图。图 4-43 为无透镜时圆形单晶硅太阳能电池的 I-V 特性曲线，图 4-44～图 4-46 分别为不同聚光距离（d）条件下 F310 菲涅耳透镜与圆形单晶硅太阳能电池组成的聚光光伏组件的 I-V 特性曲线。

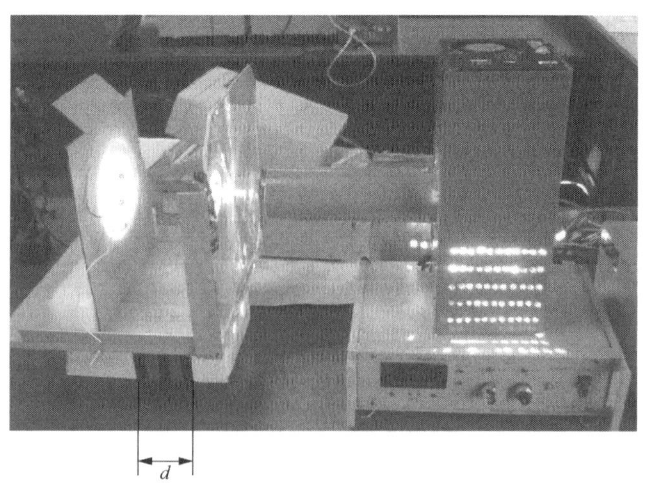

图 4-42　圆形单晶硅太阳能电池与 F310 菲涅耳透镜组合实验工装实物图

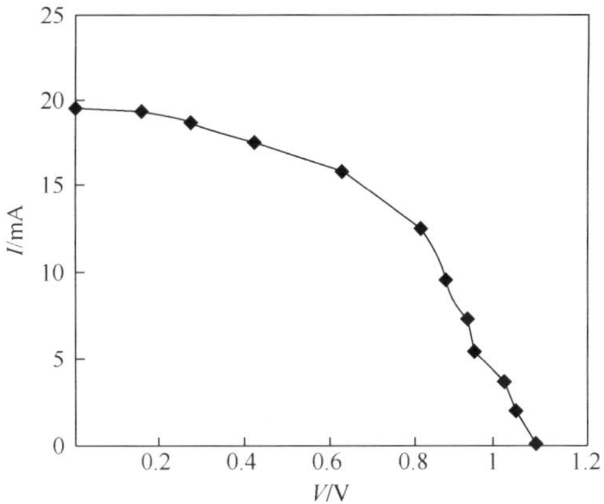

图 4-43　无透镜时圆形单晶硅太阳能电池的 *I-V* 特性曲线

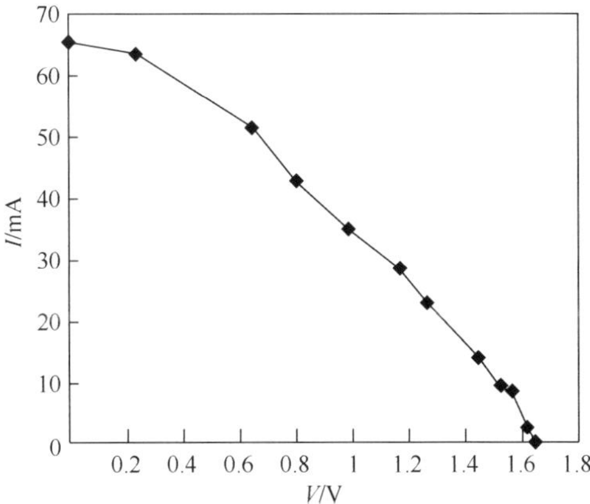

图 4-44　d=1cm 时聚光光伏组件的 *I-V* 特性曲线

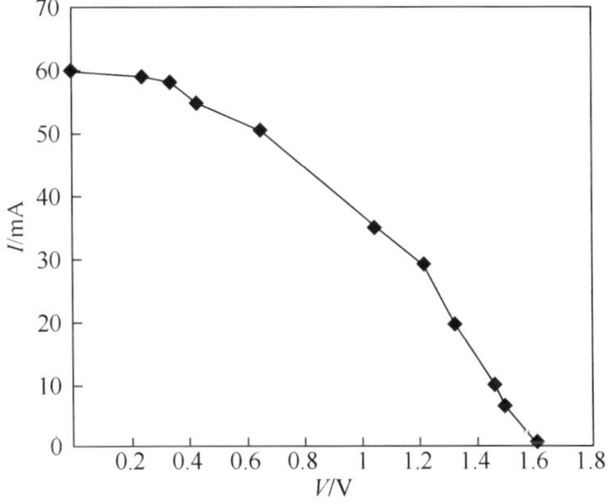

图 4-45　d=1.4cm 时聚光光伏组件的 *I-V* 特性曲线

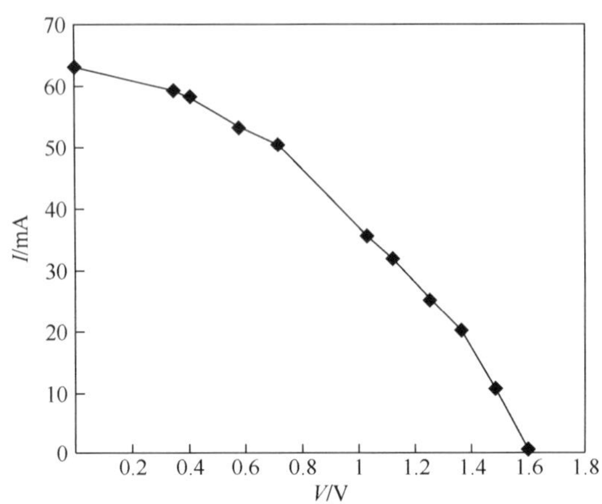

图 4-46　d=2.7cm 时聚光光伏组件的 I-V 特性曲线

表 4-12 为圆形单晶硅太阳能电池与 F310 菲涅耳透镜组合实验结果。当太阳能电池距离 F310 菲涅耳透镜 2.7cm 时，短路电流由 19.6mA 增加到 63mA，开路电压由 1.09V 增加到 1.6V，最大输出功率由 10.36mW 增加到 37.1mW；由实验结果可见，菲涅耳透镜聚光对开路电压的影响较小，而短路电流增加到 3 倍多，最大输出功率可增加到 3.58 倍，填充因子有所下降。

表 4-12　圆形单晶硅太阳能电池与 F310 菲涅耳透镜组合实验结果

	I_{SC}/mA	V_{OC}/V	I_m/mA	V_m/V	P_m/mW	FF/%
无聚光	19.6	1.09	12.85	0.82	10.36	48.4
d=1cm 聚光	65（3.3）	1.65（1.51）	34.6（2.69）	0.99	34.25（3.30）	31.0（0.64）
d=1.4cm 聚光	60（3.1）	1.62（1.48）	35.6（2.77）	1.03	36.67（3.54）	37.7（0.78）
d=2.7cm 聚光	63（3.2）	1.60（1.46）	35.0（2.72）	1.06	37.10（3.58）	36.7（0.76）

注：括号中的数据是与无聚光时对应数据的比值，无量纲

2. 不同聚光距离条件下菲涅耳透镜的温度实验

菲涅耳透镜在聚光的同时也会带来大量的热量，过高的温度会影响太阳能电池的使用寿命。我们选择 OHP 菲涅耳透镜进行实验和设计，它使用了 PMMA 材料（一种有机合成透明材料），尺寸为 310mm×310mm，焦距 f =132mm。实验装置如图 4-47 所示，太阳光为光源。表 4-13 为实验测得的不同聚光距离条件下圆形单晶硅太阳能电池的表面温度。

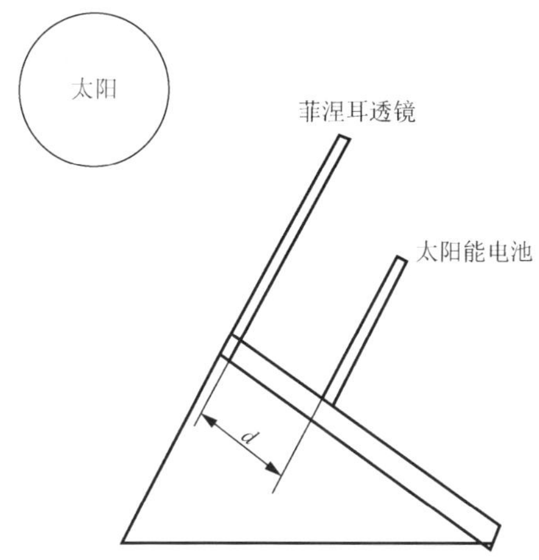

图 4-47　太阳光下实验装置图（与阳光光线垂直）

表 4-13　不同聚光距离条件下圆形单晶硅太阳能电池的表面温度

d/mm	温度/℃
14	85
27	106
41	132

注：检测时间为 4 月 27 日 14 时 55 分，天气晴

以上温度实验说明，随着 d 值增加，太阳能电池的表面温度上升，按照线性插值法计算，在 d=20mm 时，太阳能电池的表面温度为 96℃。

通过对以上实验数据的分析，以 d=20mm 作为设计参数对菲涅耳透镜聚光光伏组件进行设计。

3. JGSi-1 型聚光光伏组件的设计加工

在以上实验的基础上，进行 JGSi-1 型聚光光伏组件的设计。聚光器由 4 块 F310 菲涅耳透镜组成，F310 菲涅耳透镜的几何聚光比（菲涅耳透镜面积与电池面积比）为 3。JGSi-1 型聚光光伏组件的外壳箱是利用高度为 20mm 的铝合金边框做成的扁形箱。由于铝材料轻便、易加工，所以选择合金角铝作为整体框架。用带孔的铝板作为放置电池的底板，并将两者之间涂上导热硅脂，便于散热；用铝条做的插槽固定菲涅耳透镜，并辅以装饰条加固；用 M3 螺丝进行部件间连接。图 4-48 为 JGSi-1 型聚光光伏组件装置设计图，图 4 49 所示为 F310 菲涅耳透镜（310mm×310mm）及直径为 110mm 的圆形单晶硅太阳能电池，图 4-50 为 JGSi-1 型聚光光伏组件装置实物图。

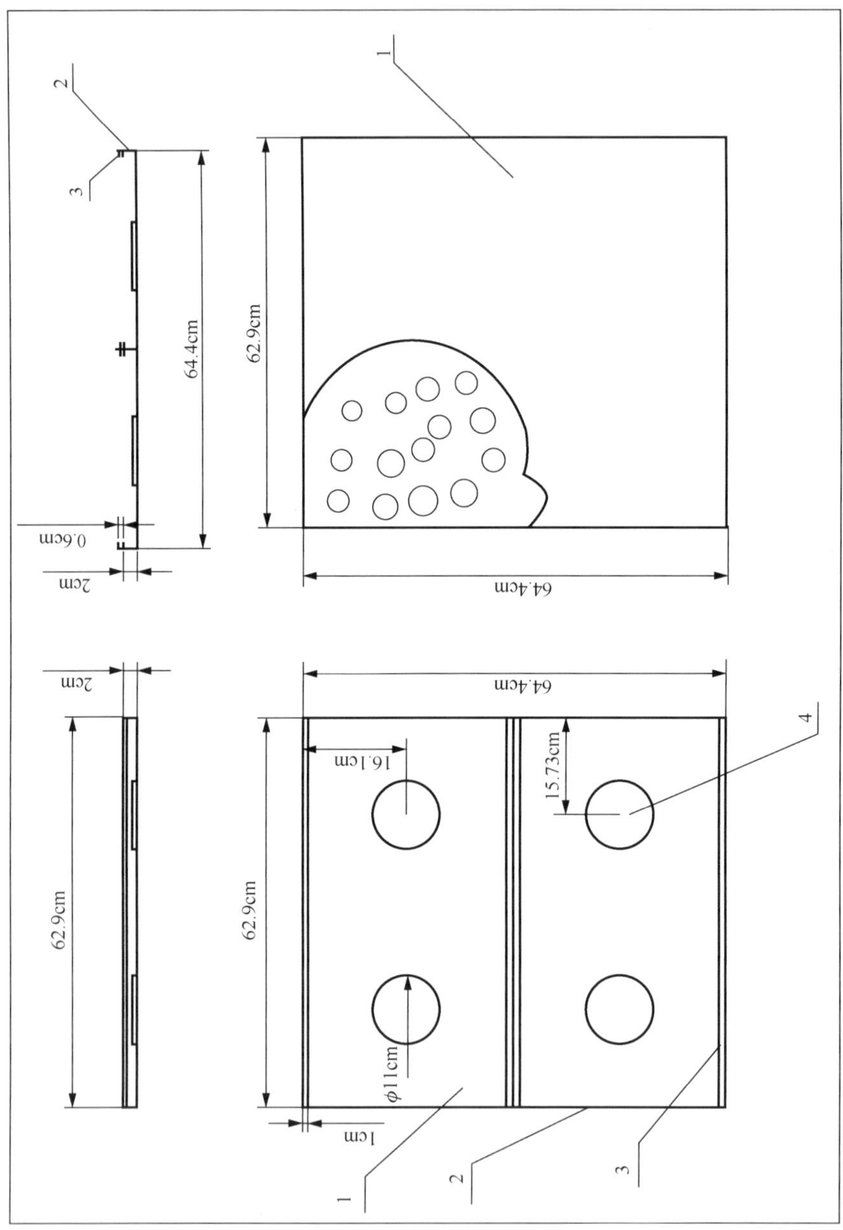

图 4-48　JGSi-1 型聚光光伏组件装置设计图

1. 外壳箱底板；2. 铝合金边框；3. 导热硅脂；4. 圆形单晶硅太阳能电池

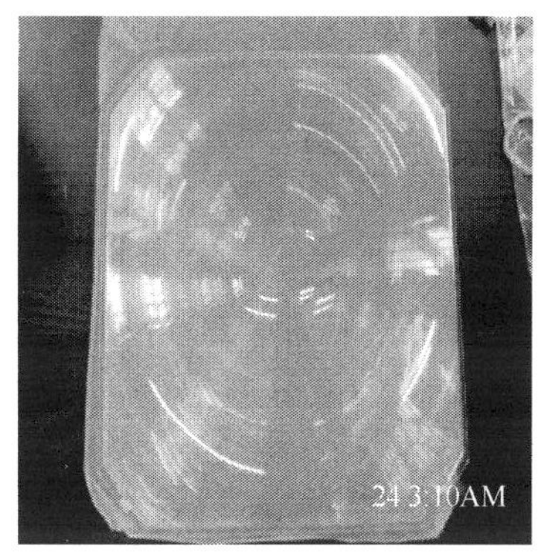

（a）F310菲涅耳透镜（310mm×310mm）

（b）直径为110mm的圆形单晶硅太阳能电池

图 4-49　F310 菲涅耳透镜及圆形单晶硅太阳能电池实物图

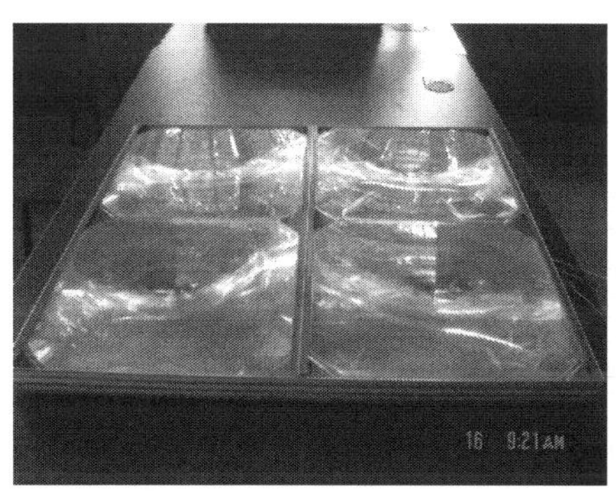

图 4-50　JGSi-1 型聚光光伏组件装置实物图

组装时，根据铝板上的孔决定角铝的打孔位置，在角铝框架的拐角处固定角铝。安装太阳能电池时，先将太阳能电池背面涂上导热硅脂，再使用 Z 型压片固定。

表 4-14 为 JGSi-1 型聚光光伏组件的测试结果。与无聚光条件下测得的结果相比，单个电池聚光条件下最大输出功率提高到 1.99 倍，4 个聚光电池串联（JGSi-1 型聚光光伏组件）条件下最大输出功率提到 6.81 倍。JGSi-1 型聚光光伏组件的最大输出功率达到 4.90W。*I-V* 特性曲线如图 4-51～图 4-53 所示。聚光时电池表面温度仅为 33℃，可见散热装置设计合理。

表 4-14　JGSi-1 型聚光光伏组件测试结果

	I_{SC}/mA	V_{OC}/V	I_m/mA	V_m/V	P_m/mW	FF/%
无聚光	0.59	2	0.47	1.54	0.72	61
单个电池聚光	1.19（2.02）	2.40（1.20）	0.81（1.72）	1.76（1.43）	1.43（1.99）	49.8（0.82）
4 个聚光电池串联	1.16（1.97）	8.51（4.26）	0.81（1.72）	6.05（3.93）	4.90（6.81）	49.6（0.81）

注：括号中的数据是与无聚光时对应数据的比值，无量纲

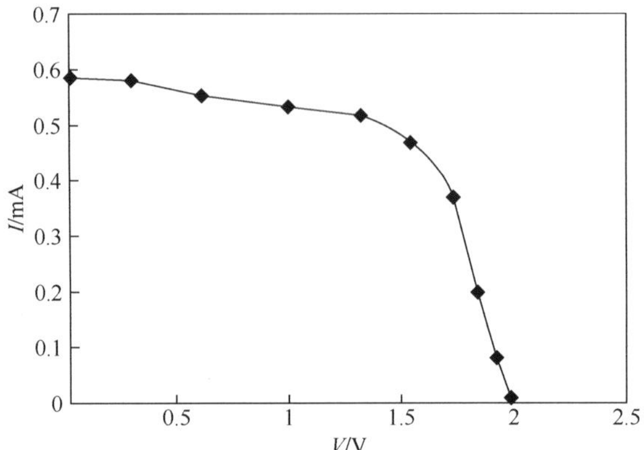

图 4-51　无聚光条件下太阳能电池的 *I-V* 特性曲线

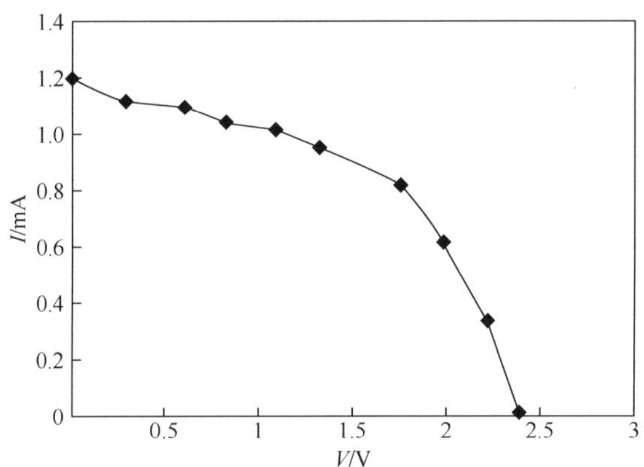

图 4-52　单个电池聚光条件下聚光光伏组件的 *I-V* 特性曲线

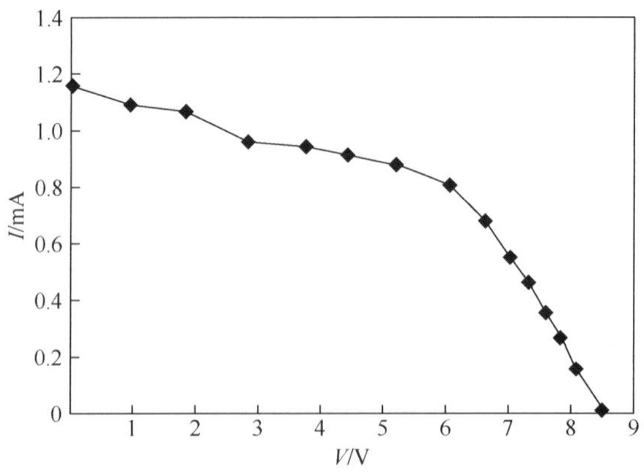

图 4-53　JGSi-1 型聚光光伏组件的 *I-V* 特性曲线

4.4.2.2　JGGa-1 型聚光光伏组件

JGGa-1 型聚光光伏组件主要由 CTJ-5mm×5mm GaAs 电池（深圳银萱盛科技有限公司产）与 F120 菲涅耳透镜（163mm×107mm）组成，该光伏组件有 4 种组合形式[9]。

JGGa-1 型聚光光伏组件的实验装置与步骤同上一节。JGGa-1 型聚光光伏组件的外壳箱，采用铝合金盒子型结构，其设计图、实物图分别如图 4-54、图 4-55 所示。加工制成 JGGa-1 型聚光光伏组件后，对其性能进行测试，测试结果如表 4-15 所示。实验结果表明：与无聚光 GaAs 电池相比，单个电池聚光后的短路电流提高到 9 倍，开路电压变化不大，最大输出功率提高到 10 倍左右。4 个聚光电池串联后最大输出功率提高到 107.2mW，是无聚光时单个 GaAs 电池的 15.49 倍；4 个聚光电池并联后最大输出功率提高到 84mW，是无聚光时单个 GaAs 电池的 12.14 倍。

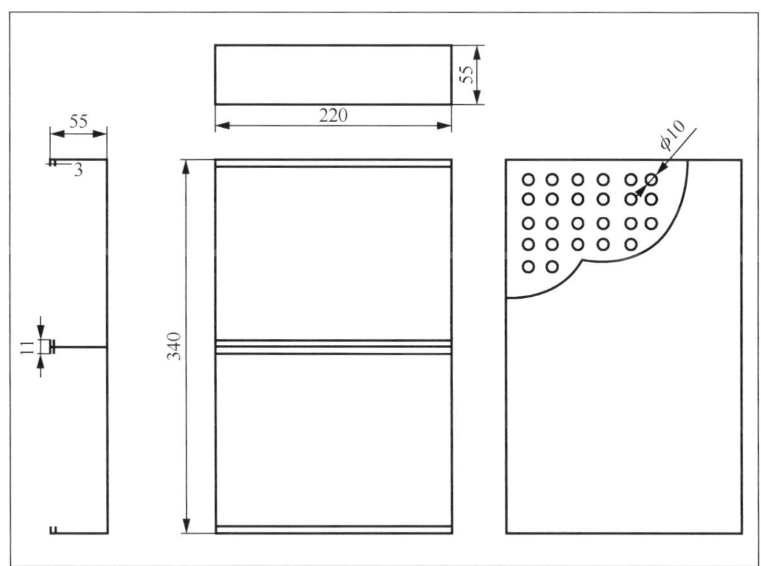

图 4-54　JGGa-1 型聚光光伏组件外壳箱底盘设计图

图 4-55　JGGa-1 型聚光光伏组件实物图

表 4-15　不同组合形式下 JGGa-1 型聚光光伏组件的性能测试结果

	I_{SC}/mA	V_{OC}/V	I_m/mA	V_m/V	P_m/mW	FF/%
单个电池无聚光	4	2.66	3.2	2.16	6.91	65
单个电池聚光	36（9）	2.7（1.01）	29.6（9.25）	2.4（1.11）	71.04（10.27）	73.09（1.12）
4 个聚光电池串联	36（9）	10.8（4.06）	26.8（8.37）	4（1.85）	107.2（15.49）	27.57（0.38）
4 个聚光电池并联	138（34.5）	2.71（1.02）	40（12.5）	2.1（0.97）	84（12.14）	22.46（0.31）

注：括号中的数据是与单个电池无聚光时对应数据的比值，无量纲

4.4.2.3　JGGa-2 型聚光光伏组件

在 JGGa-1 型聚光光伏组件的基础上，将 CTJ-5mm×5mm GaAs 电池（深圳银萱盛科技有限公司产）与尺寸更大些的 F220 菲涅耳透镜组合，设计了 JGGa-2 型聚光光伏组件[10]。

实验中，首先在不同情况下测试聚光器汇聚光斑的直径大小（p）、电池表面温度（T）与透镜到光斑距离（聚光距离 d）的关系。其次进行 GaAs 电池的性能测试实验。然后进行 JGGa-2 型聚光光伏组件外壳箱的设计、选材及加工。最后测试 JGGa-2 型聚光光伏组件的 I-V 特性。

1. 以氙灯为光源的聚光器性能测试

图 4-56 为测试装置示意图，当氙灯到透镜的距离 D 为 50mm 时，随着 d 由 120mm 增加到 195mm，p 由 30mm 减小到 5mm，而 T 由 32℃逐渐升高，最高达到 135℃。通过在氙灯下测试 F220 菲涅耳透镜的性能得到以下结果：

当 D 由 200mm 减小到 50mm 时，d 逐渐变大，由 150mm 增大到 195mm；p 变小，由 30mm 减小到 5mm；T 逐渐升高，由 81℃升高到 135℃。

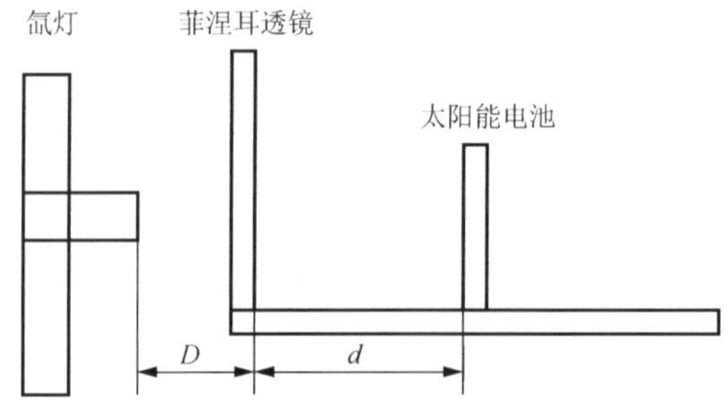

图 4-56　以氙灯为光源的聚光器性能测试装置示意图

2. 以太阳光为光源的聚光器性能测试

以太阳光为光源，主要研究在不同天气、不同光强的情况下，T、p 与 d 的关系。实验所用聚光器为 F220 菲涅耳透镜，装置如图 4-47 所示（4.4.2.1 节）。实验表明，在测试环境不同、光强不同的情况下，p、T 与 d 的关系如下：

（1）室外太阳光较弱时，随着 d 的逐渐增加（75mm 增加到 185mm），p 渐渐减小（50mm 减小到 0mm），而 T 渐渐升高，但是升高幅度不是很大（28℃升高到 57℃）。

（2）当室外阴天时，测试时出现大光斑。随着 d 由 120mm 增加到 170mm，p 由 150mm 增加到 200mm，而 T 接近室外温度 12℃，几乎无变化。

（3）室外太阳光强烈时，随着 d 的逐渐增加（60mm 增加到 95mm），p 渐渐减小（40mm 减小到 0mm），而 T 逐渐升高，并且升高幅度很大（16℃升高到 201℃），甚至可烧焦检测的硬纸板面。由此聚光面选择须考虑温度影响。

以太阳光为光源对 GaAs 电池的 I-V 特性进行测试，包括：测试无聚光器时 GaAs 电池的 I-V 特性曲线；有聚光器时 GaAs 电池的 I-V 特性曲线。

实验表明，当 d 为 100mm 时，光斑面积很小，几乎呈现为点状，T 高达 260℃；温度过高，电池无法承受。当 d 为 160mm 时，p 为 36mm，T 达到 65℃，在 GaAs 电池的承受范围之内，因此该点可以作为我们测试的最佳测量点。

首先对单个 GaAs 电池进行 I-V 特性曲线测试；再测定 d 为 160mm，p 为 36mm 时，GaAs 电池与 F220 菲涅耳透镜组合以后的 I-V 特性曲线，表 4-16 和表 4-17 所示为实验数据。实验表明，有聚光器时 GaAs 电池的最大输出功率大约是无聚光器时的 23 倍。

表 4-16　以太阳光为光源在无聚光器情况下 GaAs 电池的实验数据

I_{SC}/mA	V_{OC}/V	I_m/mA	V_m/V	P_m/mW	FF/%
1.9	2.45	1.3	2.2	2.86	61.4

表 4-17　以太阳光为光源在有聚光器情况下 GaAs 电池的实验数据

I_{SC}/mA	V_{OC}/V	I_m/mA	V_m/V	P_m/mW	FF/%
43.2	2.67	25	2.6	65	56.4

最终确定当 d 为 160mm 时，T 可达到最适合的温度点 65℃，由此决定聚光器外壳箱的几何尺寸。

3. JGGa-2 型聚光光伏组件的设计及加工

根据以上实验，聚光距离确定为 160mm，由于设计 JGGa-2 型聚光光伏组件的外壳机箱。制图采用 CAD 软件。用铝板焊接的方式制作一个 350mm×350mm、高 160mm 的封闭透镜箱，以便在阴雨大风天气也可将其放在室外实验，将 GaAs 电池安装固定在底板上，用压条将菲涅耳透镜封闭固定，底板设有通风口，起到散热作用。

图 4-57 中，1 为 F220 菲涅耳透镜；2 为固定透镜的压条；3 为由铝板焊接的透镜箱；4 为散热底板；5 为散热底板锁；6 为支撑底架。散热底板上的长方形孔起散热作用，散热底板锁的作用是便于对 GaAs 电池位置进行调整及更换。

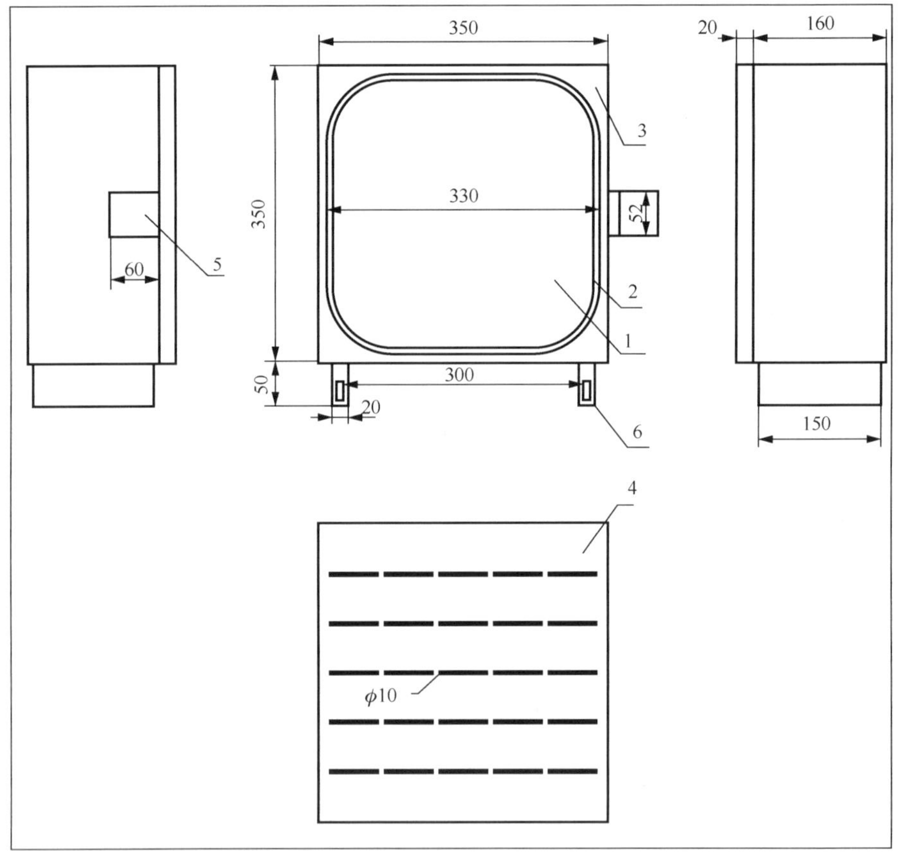

图 4-57　JGGa-2 型聚光光伏组件外壳箱设计图

JGGa-2 型聚光光伏组件外壳箱由大连双益白钢制品厂加工，其特点为：

（1）外壳箱采用很轻的铝合金板材焊接；

（2）密封采用汽车窗玻璃的密封材料和工艺，防风防雨性能较好；

（3）后盖有散热孔，便于 GaAs 电池散热，不易损坏；

（4）后盖采用折页结构，便于维修。

图 4-58（a）为 JGGa-2 型聚光光伏组件外壳箱的正面图，图中的压条起到了将菲涅耳透镜固定且密封的作用，四周都是用铝板焊接而成；图 4-58（b）为其背面图，即外壳箱的散热装置，长方形小孔起到散热作用；图 4-58（c）为其侧面图，即散热底板的内部图，侧面的锁是散热底板锁。聚光器的几何聚光比为 $290\times290/(16^2\times3.14)=104.6$。

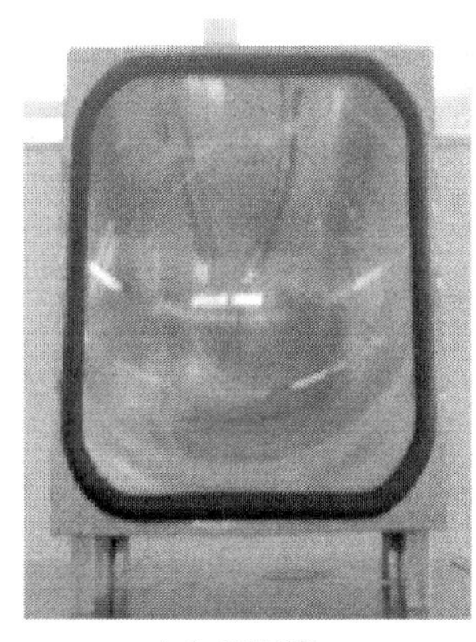

（a）正面图

（b）背面图

（c）侧面图

图 4-58　JGGa-2 型聚光光伏组件外壳箱实物图

图 4-59 所示为 JGGa-2 型聚光光伏组件成品的 *I-V* 特性曲线。表 4-18 所示为以太阳光为光源时 JGGa-2 型聚光光伏组件及无聚光器的 GaAs 电池的性能测试结果。由表 4-18 可见，与无聚光 GaAs 电池相比，JGGa-2 型聚光光伏组件的短路电流提高到 23.9 倍，开路电压提高到 1.09 倍，最大输出功率增加到 24.17 倍。GaAs 电池的表面温度为 60℃，聚光器的几何聚光比为 104.6。导致功率增大的主要因素是聚光器的作用。开路电压及最大功率点电压变化幅度较小，但短路电流提高到 23.9 倍，导致最大输出功率增大到 24.17 倍，填充因子有所减小。可见，JGGa-2 型聚光光伏组件的散热底板尚需改进，例如加风道、通风扇等。另外，可以加入二次聚光装置以提高转换效率[10]。

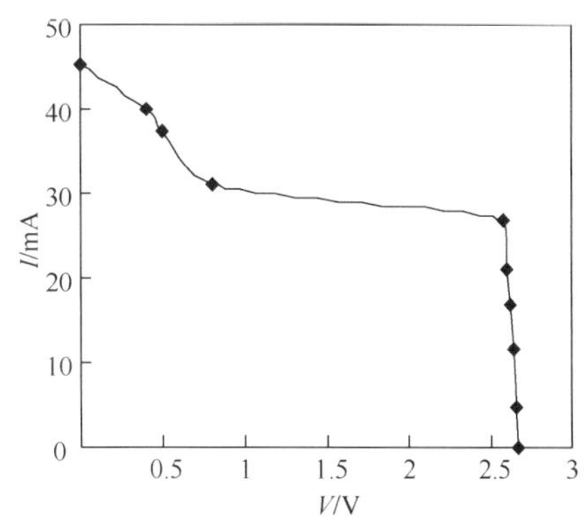

图 4-59　JGGa-2 聚光光伏组件的 *I-V* 特性曲线

表 4-18　以太阳光为光源时 JGGa-2 型聚光光伏组件及无聚光器的 GaAs 电池的性能测试结果

	I_{SC}	V_{OC}	I_m	V_m	P_m	FF
无聚光器	1.9mA	2.45V	1.3mA	2.2V	2.86mW	61.44%
JGGa-2	45.4mA	2.67V	26.8mA	2.58V	69.14mW	57.04%
比值	23.9	1.09	20.62	1.17	24.17	0.93

测试结果与初步实验的结果相似，底板上的固定通风口起到了一定的散热作用，使电池不会达到太高的温度，以免烧坏。图 4-59 中的曲线与未组装外壳箱时所测曲线相似，小有改变的原因是散热底板起到了一定散热作用[10]。

4.4.3　菲涅耳透镜聚光光伏组件实验小结

（1）圆形单晶硅太阳能电池结合 F310 菲涅耳透镜进行实验，进而研制成 JGSi-1 型聚光光伏组件，其最大输出功率达到 4.9W。

（2）GaAs 电池与 F63、F72 菲涅耳透镜结合进行实验，实验结果表明：使用 F63 和 F72 菲涅耳透镜后最大输出功率分别增加到 7 倍和 9 倍。进而采用 F120 菲涅耳透镜和 CTJ-5mm×5mm GaAs 电池结合，制成 JGGa-1 型聚光光伏组件，最大输出功率可达到 107.2mW，是无聚光器时单个 GaAs 电池的 15.49 倍。

（3）GaAs 电池结合 F220 菲涅耳透镜进行实验，分别在氙灯和阳光下测试光斑直径与电池表面温度及透镜到光斑距离的关系。进而研制成 JGGa-2 型聚光光伏组件，其几何聚光比为 104.6，并进行测试。结果表明：JGGa-2 型聚光光伏组件的最大输出功率提高到无聚光器 GaAs 电池的 24.17 倍，GaAs 电池的表面温度为 60℃。

这一系列实验结果为进一步研制 XFJG-1 小型菲涅耳聚光光伏系统打下了基础。

参 考 文 献

[1] 程颖. 聚光系统聚光器的初步研究[D]. 天津: 天津大学, 2009.

[2] 窦伟, 许洪华, 李晶. 跟踪式光伏发电系统研究[J]. 太阳能学报, 2007, 28(2): 169-173.

[3] 郭永飞. 聚光型太阳能光伏电池及特性的研究[D]. 大连: 大连交通大学, 2008.

[4] 周改改, 薛钰芝, 刘帅. 曲面聚光太阳能电池组件研究[J]. 太阳能, 2010, (8): 15-18.

[5] 周改改. 聚光型太阳能光伏系统的研究[D]. 大连: 大连交通大学, 2010.

[6] 蔚翔宇. 曲面太阳能聚光器的研究[D]. 大连: 大连交通大学, 2009.

[7] 刘帅. 聚光型太阳能光伏电池及特性的研究[D]. 大连: 大连交通大学, 2009.

[8] 张帅. 菲涅尔透镜聚光型光伏电池研制[D]. 大连: 大连交通大学, 2009.

[9] 张国芳. 小型聚光太阳能电池装置[D]. 大连: 连交通大学, 2010.

[10] 宋阳. 小型聚光光伏电池系统[D]. 大连: 大连交通大学, 2011.

第5章　XFJG-1小型菲涅耳聚光光伏系统的研制

本章介绍 XFJG-1 小型菲涅耳聚光光伏系统（已经获批发明专利）的研制过程[1,2]，首先介绍有关菲涅耳聚光光伏系统的实验，再介绍 XFJG-1 小型菲涅耳聚光光伏系统的设计、加工、装配以及性能测试。

5.1　有关菲涅耳聚光光伏系统的实验

4.4 节的实验是 XFJG-1 小型菲涅耳聚光光伏系统的基础。采用已经加工完成的 JGGa-2 型菲涅耳聚光光伏组件进行如下实验[1,2]，GaAs 电池到菲涅耳透镜的距离为 160mm（透镜箱内部高度）。

5.1.1　聚光光伏组件的 *I-V* 特性测试

1. 1 号 GaAs 电池的 *I-V* 特性测试实验

（1）无透镜时 1 号 GaAs 电池的 *I-V* 特性测试数据如表 5-1 所示。测试时间为 2012 年 6 月 16 日 9 时 35 分，天气晴，光照强度为 86910lx，温度为 25℃。

表 5-1　无透镜时 1 号 GaAs 电池的 *I-V* 特性测试数据

I/mA	*V*/V	*I*/mA	*V*/V
0	2.47	1	2.45
0.01	2.46	1.32	2.44
0.045	2.46	2.61	2.36
0.123	2.46	3.72	1.78
0.245	2.46	3.8	1.7
0.455	2.46	3.8	0

（2）有透镜（F220 菲涅耳透镜）时 1 号 GaAs 电池的 *I-V* 特性测试数据，如表 5-2 所示。测试时间为 2012 年 6 月 16 日 9 时 54 分，天气晴，光照强度为 87140lx，温度为 25℃。

表 5-2　加 F220 菲涅耳透镜后 1 号 GaAs 电池的 *I-V* 特性测试数据

I/mA	*V*/V	*I*/mA	*V*/V
0	2.61	0.91	2.6
0.012	2.61	1.42	2.6
0.043	2.6	2.43	2.59
0.126	2.6	4.88	2.5
0.258	2.6	6.2	2.5
0.475	2.6	9	0

（3）有透镜与无透镜时 1 号 GaAs 电池的 *I-V* 特性曲线如图 5-1 所示。

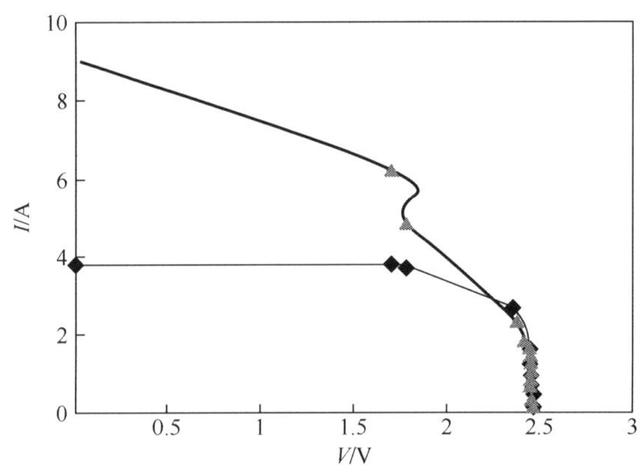

图 5-1　有透镜（上曲线）与无透镜（下曲线）时 1 号 GaAs 电池的 *I-V* 特性曲线

2. 2 号 GaAs 电池的 *I-V* 特性测试实验

（1）无透镜时 2 号 GaAs 电池的 *I-V* 特性测试数据，如表 5-3 所示。测试时间为 2012 年 6 月 16 日 10 时 20 分，天气晴，光照强度为 910201lx，温度为 26℃。

表 5-3　无透镜时 2 号 GaAs 电池的 *I-V* 特性测试数据

I/mA	*V*/V	*I*/mA	*V*/V
0	2.48	0.8	2.46
0.011	2.48	1.33	2.43
0.042	2.47	2.2	2.37
0.122	2.47	3.81	2.1
0.248	2.47	3.86	1.6
0.46	2.46	4.9	0

（2）有透镜（F220 菲涅耳透镜）时 2 号 GaAs 电池的 *I-V* 特性测试数据，如

表 5-4 所示。测试时间为 2012 年 6 月 16 日 10 时 28 分，天气晴，光照强度为 922601lx，温度为 26℃。

表 5-4　加 F220 菲涅耳透镜后 2 号 GaAs 电池的 *I-V* 特性测试数据

I/mA	*V*/V	*I*/mA	*V*/V
0	2.61	0.85	2.46
0.012	2.6	1.38	2.43
0.046	2.6	2.92	2.37
0.128	2.6	4.9	2.1
0.255	2.6	7.8	1.6
0.475	2.6	11.2	0

（3）有透镜与无透镜时 2 号 GaAs 电池的 *I-V* 特性曲线如图 5-2 所示。

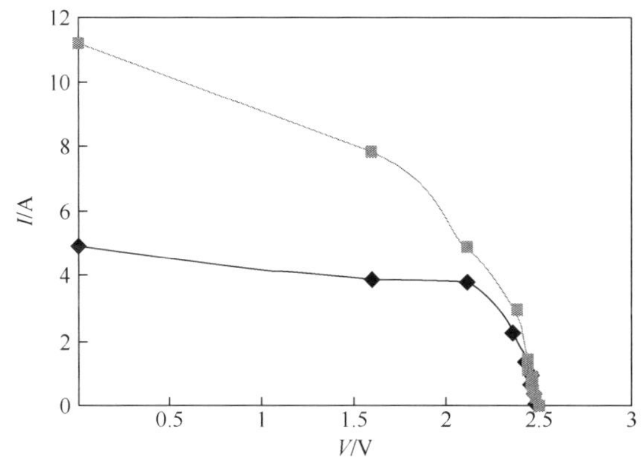

图 5-2　有透镜（上曲线）与无透镜（下曲线）时 2 号 GaAs 电池的 *I-V* 特性曲线

以上 GaAs 电池和 F220 菲涅耳透镜配合实验的结果表明，在有透镜的情况下，平行的太阳光线通过 F220 菲涅耳透镜折射聚光到 GaAs 电池上，结果使得光强增大，使组件在一定条件下输出的电流和电压都增大，组件的发电功率明显提高。

5.1.2　F220 菲涅耳透镜性能测试

F220 菲涅耳透镜主要研究的性能参数是：光斑直径（p）、电池表面温度（T）、聚光距离（d）。实验装置见图 4-56。

1. 以氙灯为光源的聚光器性能实验

以氙灯为光源进行 F220 菲涅耳透镜性能测试，测试时间为 2012 年 5 月 23 日 10 时 50 分，天气晴，光照强度为 41250lx，D=35mm。图 5-3 为 T 随 d 的变化曲线，图 5-4 为 p 随 d 的变化曲线。

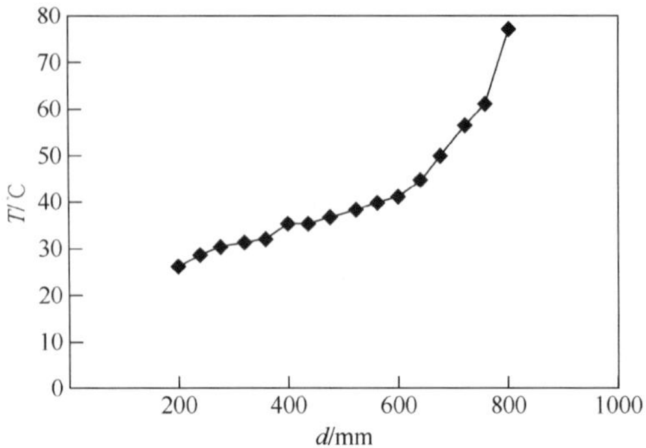

图 5-3　以氙灯为光源 T 随 d 的变化曲线

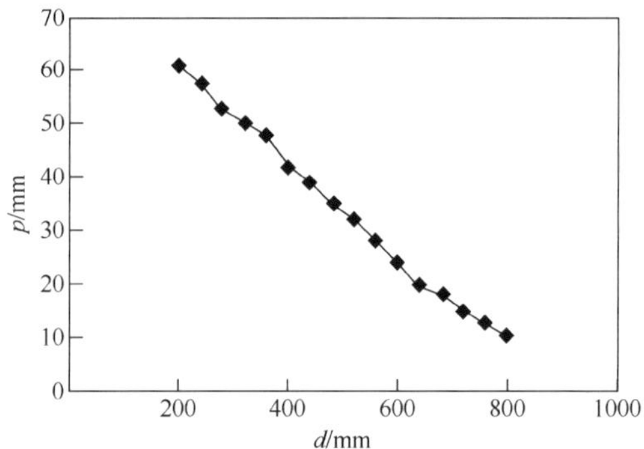

图 5-4　以氙灯为光源 p 随 d 的变化曲线

2. 以太阳光为光源的聚光器性能实验

以太阳光为光源进行 F220 菲涅耳透镜性能测试，测试时间为 2012 年 5 月 18 日 10 时 49 分，微风、阳光充足，光照强度为 88820lx，温度为 24℃。图 5-5 为 T 随 d 的变化曲线，图 5-6 为 p 随 d 的变化曲线。

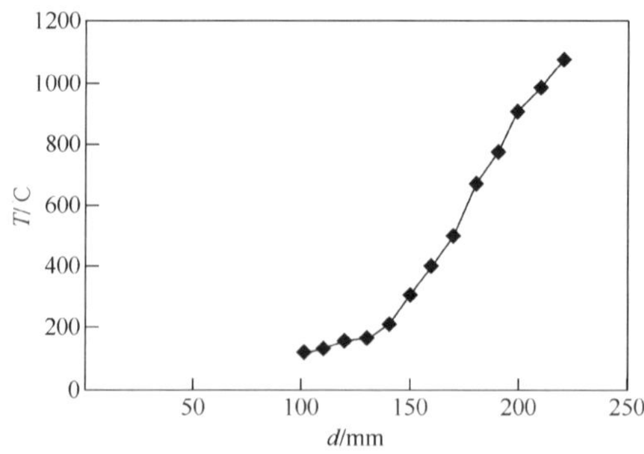

图 5-5　以太阳光为光源 T 随 d 的变化曲线

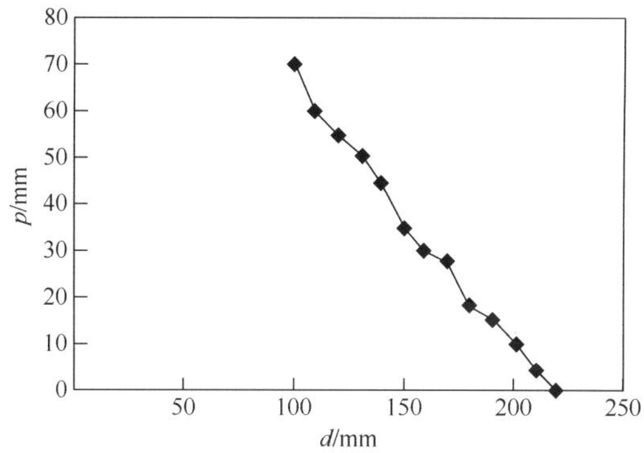

图 5-6　以太阳光为光源 p 随 d 的变化曲线

以上实验结果为确定透镜箱中菲涅耳透镜到 GaAs 电池的距离提供了实验依据。

5.2　XFJG-1 小型菲涅耳聚光光伏系统的总体设计

在以上实验的基础上，进行 XFJG-1 小型菲涅耳聚光光伏系统总体设计。该系统由菲涅耳透镜箱部件（内有 GaAs 电池）、支撑及双轴跟踪系统、双轴跟踪控制器系统等组成。图 5-7 为本设计的整体机械结构立体图。本系统各部分的设计、加工及组装详见下文所述。

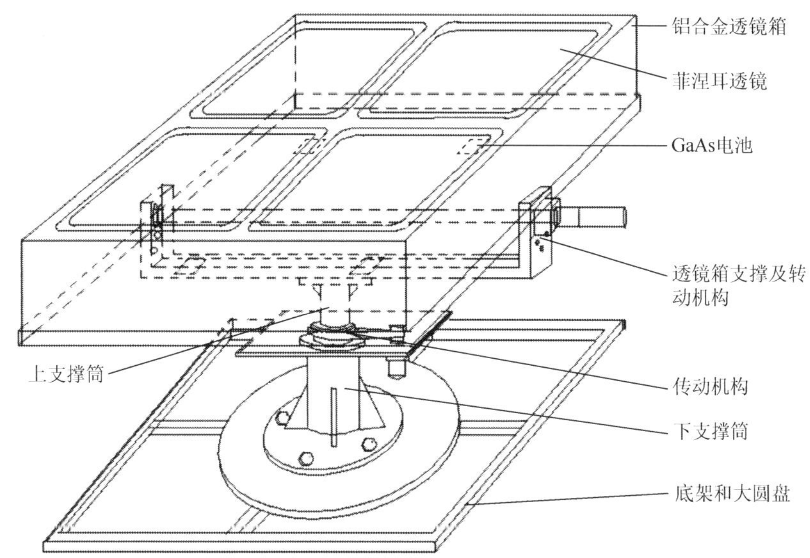

图 5-7　XFJG-1 小型菲涅耳聚光光伏系统的整体机械结构立体图

本系统的特点：

（1）本系统体积较小（800mm×800mm×750mm），占地面积只有 0.64m^2。系统体积小、占地面积小，因此可以放置在楼顶、居民院子或角落等。由于设计考虑了风力影响，安装简单、稳固。

（2）本系统采用 GaAs 电池，通过对太阳进行双轴跟踪，发电功率提高到 22 倍。

5.3　菲涅耳透镜箱部件的机械设计及加工

XFJG-1 小型菲涅耳聚光光伏系统的机械设计[1,2]分为两部分：①菲涅耳透镜箱部件；②支撑及双轴跟踪系统。本节阐明菲涅耳透镜箱部件的机械设计及加工。

5.3.1　菲涅耳透镜箱部件的机械结构

菲涅耳透镜箱部件的机械结构主视图如图 5-8 所示，其构成包括：下支架装置、角钢框架装置、铝合金透镜箱[1]。

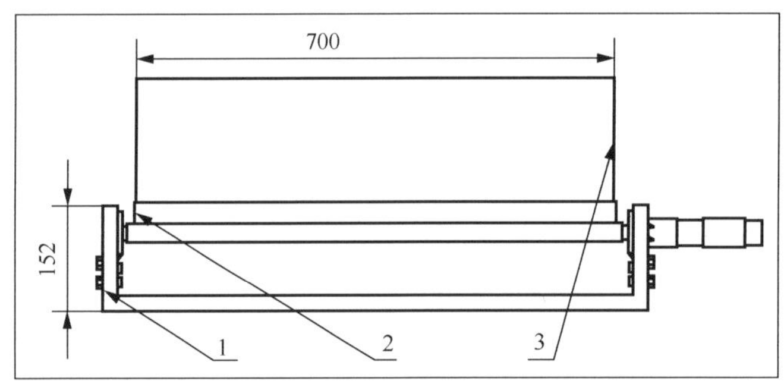

图 5-8　菲涅耳透镜箱部件的机械结构主视图

1．下支架装置；2．角钢框架装置；3．铝合金透镜箱

下支架装置的中间轴可以绕水平轴转动。当电机接通电源后，电机以很慢的转速转动，通过联轴器将转动传递给工作轴，工作轴与角钢框架焊接（TIG 焊）在一起，可带动角钢框架和其上的铝合金透镜箱一起转动，这样可以使 F220 菲涅耳透镜与太阳光线垂直，充分地利用光照强度并将其转换成电能以供 12V 的蓄电池存储。

5.3.2　铝合金透镜箱的机械设计及加工

铝合金透镜箱要求能拆装、大小能放到角钢架里、较轻便、螺栓位置不易产生翘边等。根据 GaAs 电池的承受温度在 250℃以下，确定透镜箱的厚度。根据 5.1 节的实验结果，选择 d=200mm。

铝合金透镜箱是采用铝板焊接工艺制作的一个 700mm×700mm×200mm 封闭

透镜箱，封闭的目的是在阴雨大风天气也可将其放在室外进行实验。4 个 GaAs 电池安装固定在底板上，4 块菲涅耳透镜用 4 块压条封闭固定，底板处用 M3×10 螺钉固定，2mm 厚的铝合金底板起散热作用。

铝合金透镜箱的工程图采用 Solid Works 软件制作，如图 5-9 所示。铝合金透镜箱的构成包括铝合金透镜箱围、铝合金透镜箱底板及 M3×10 螺钉等。透镜箱的焊接采用铝合金 TIG 焊。4 个 GaAs 电池安装在铝合金透镜箱的底板。铝合金透镜箱的特点有：质量轻、满足 GaAs 电池的温度要求（250℃以下）、组装之后拆装方便、便于太阳能电池的散热和密封、可耐阴雨和大风天气等[1]。

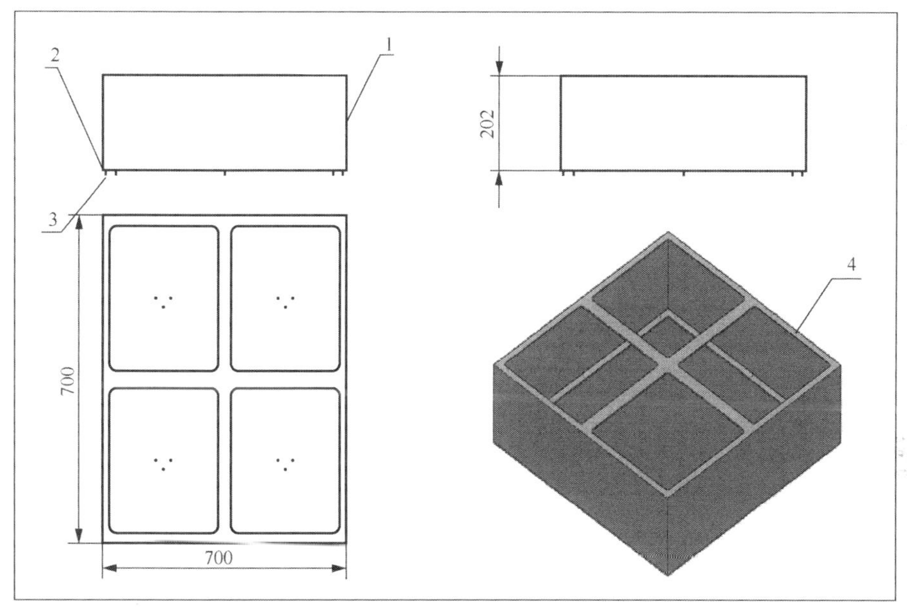

图 5-9 铝合金透镜箱的工程图

1．铝合金透镜箱围；2．铝合金透镜箱底板；3．M3×10 螺钉；4．菲涅耳透镜

铝合金透镜箱上部分的设计与加工。在铝合金透镜箱上部分采用 4 块 GaAs 电池、4 块 F220 菲涅耳透镜及 2mm 厚的铝合金板制作。铝合金透镜箱上部分俯视图如图 5-10 所示。

铝合金透镜箱下部分的设计与加工。铝合金透镜箱下部分的设计考虑了密封、方便拆卸及散热等问题。为了充分利用光能，在铝合金透镜箱下部分加散热片，GaAs 电池上的热量迅速传递给散热片，以降低其温度。在铝合金焊接过程中，残余应力与变形的调整和控制很重要。由于铝合金的焊接难度较大，焊接底板时要防止焊缝粗糙、波浪变形等问题。图 5-11 为铝合金透镜箱下部分仰视图。

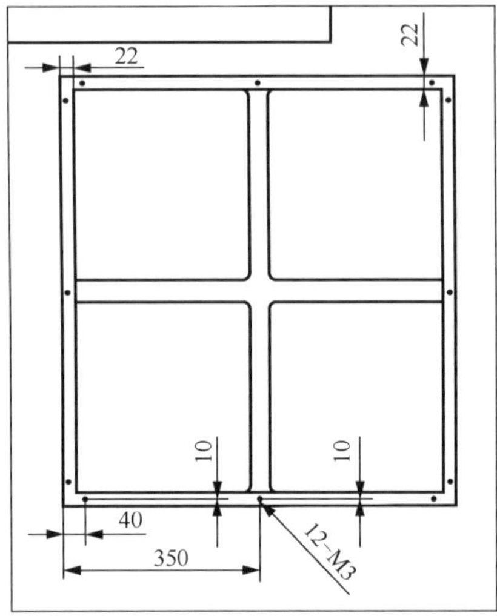

图 5-10　铝合金透镜箱上部分俯视图

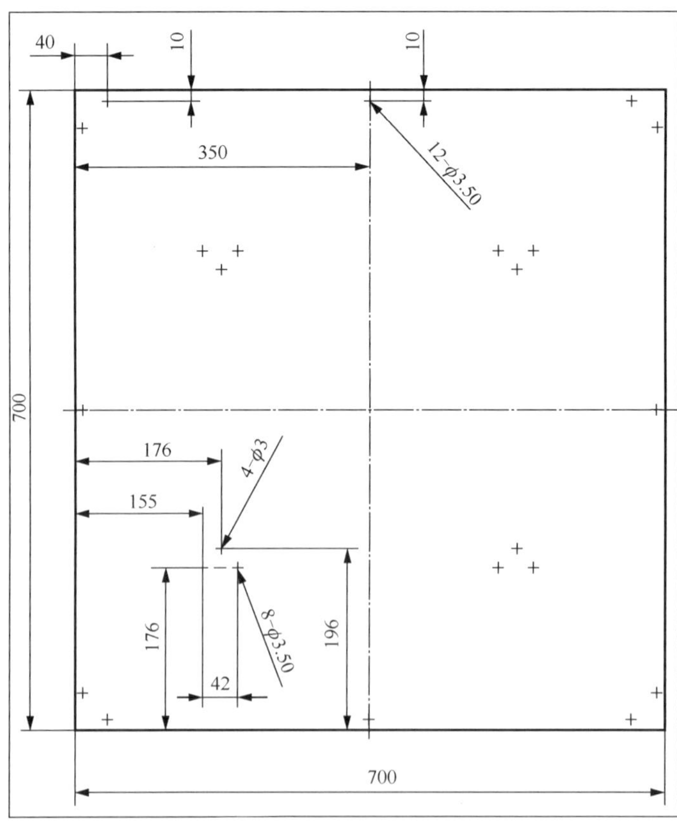

图 5-11　铝合金透镜箱下部分仰视图

5.3.3　角钢框架装置的机械设计及加工

角钢框架装置的结构如图 5-12 所示，角钢框架采用角钢制作，角钢框架装置采用的材料为 Q235 钢。Q235 钢是一种低碳钢，也是碳素结构钢，是机械结构的常用钢，常见的交货状态为热轧。Q235 钢作为母材，焊接性良好，不会因为焊接热循环的快速冷却而引起淬硬使组织脆化。在焊接厚度为 2mm 的焊件时，不需要焊前处理，焊接接头具有足够的力学性能和工艺性能。角钢框架和轴（图 5-12）的焊接采用 TIG 焊，联轴器如图 5-13 所示。轴的设计采用简单易加工的实心轴设计方案（图 5-14）。

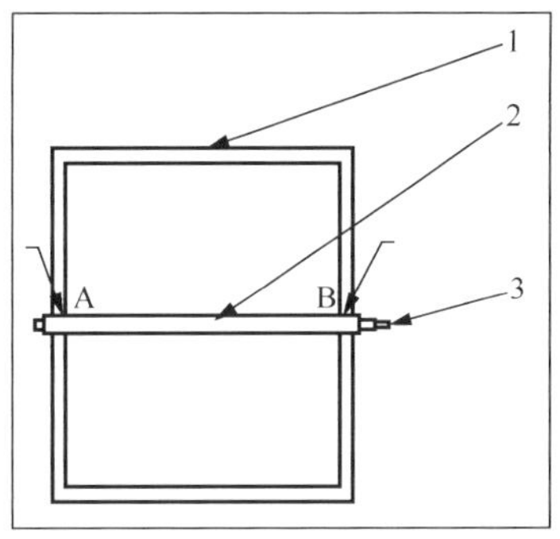

图 5-12　角钢框架装置结构图

1. 角钢框架；2. 轴；3. 联轴器

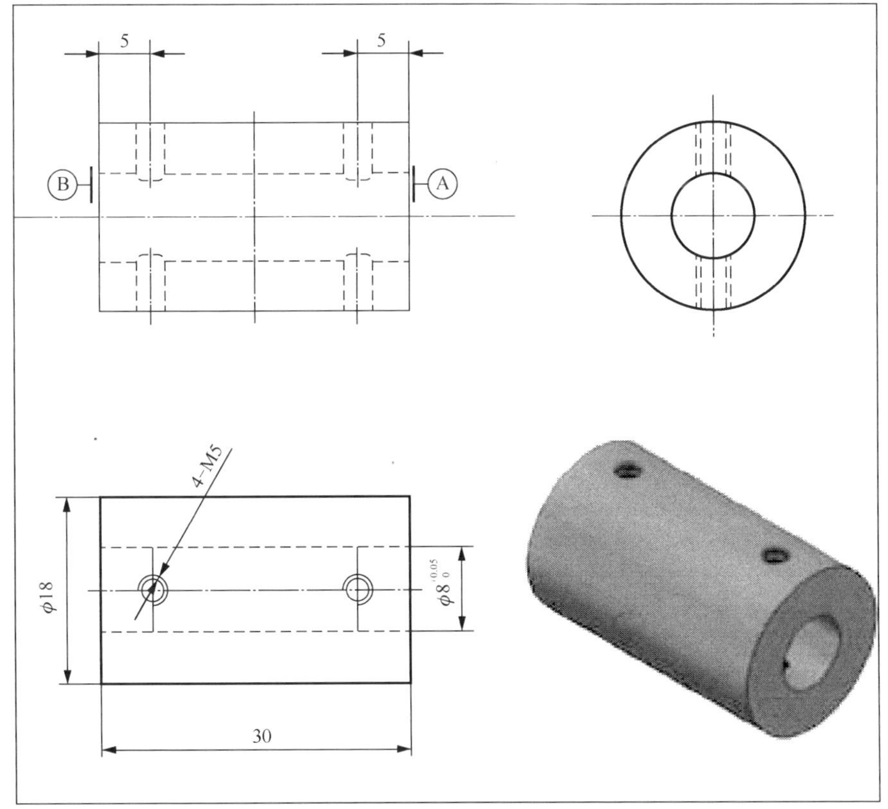

图 5-13　联轴器工程图

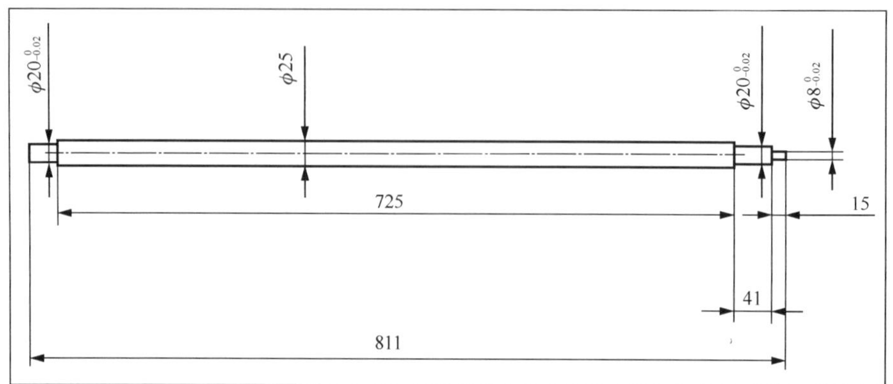

图 5-14　轴的主视图

5.3.4　下支架装置的机械设计及加工

下支架装置[1]的功能是：①支撑铝合金透镜箱；②可以使铝合金透镜箱绕平行于地面的轴缓慢转动。

下支架装置如图 5-15 所示。下支架装置采用的材料为 Q235 钢，下支架装置采用 TIG 焊，实现了高品质焊接，得到优良的焊缝[3-7]。

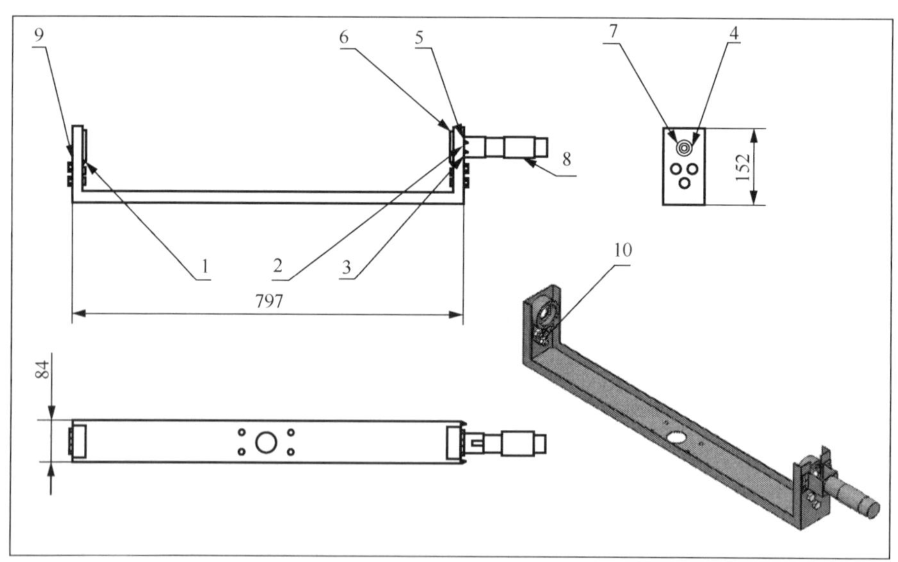

图 5-15　下支架装置工程图

1．下支架；2．电机支架；3．M4×10 螺钉；4．M3×10 螺钉；5．M4 螺母；6．轴承座；7．轴承；8．电机；9．M10×25 螺栓；10．M10×1.25 螺母

1. 轴承座的选择

最初的设计方案是选用 FL204 轴承座（图 5-16）或 FB204 轴承座（图 5-17）。因为 FL204 轴承座是两端螺栓固定，没有给下支架开 U 形口的位置，在加工后的组装与调试的过程中有可能出现安装受阻的现象，所以最终决定选用 FB204 轴承座[1]。

图 5-16　FL204 轴承座

图 5-17　FB204 轴承座

2. 下支架的机械设计及加工

下支架的机械设计[1]有多种方案：①采用角钢制作；②采用 2mm 厚的 Q345 钢板制作；③采用角铝制作。

考虑到减轻整体装置的质量、支架的最小承受强度，最开始决定选用角钢，但在金属材料装饰市场和加工厂实地调研中发现，所选用的角钢不容易找到，所以最终选择了加工更加灵活的钢板进行设计加工。由此，下支架采用 2mm 厚的 Q345 钢板制作，下支架的主视图和俯视图分别如图 5-18 和图 5-19 所示。

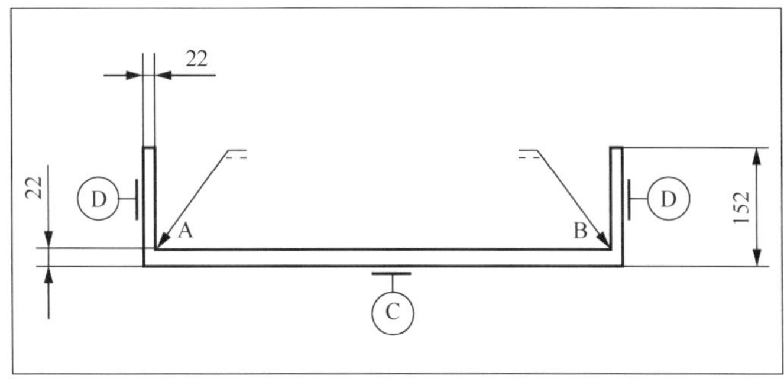

图 5-18　下支架主视图

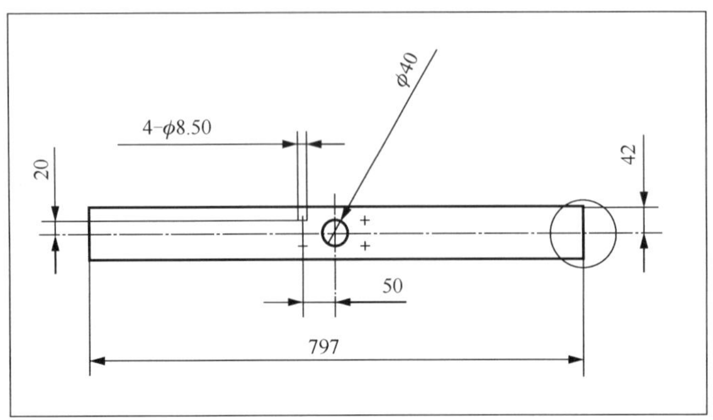

图 5-19　下支架俯视图

3. 电机支架的机械设计及加工

电机的固定采用外加支架固定法，电机支架通过螺栓连接的方式与下支架固定到一起。这种方法的优点是电机支架的质量较轻，对下支架的重心无大影响，加工设计方便且节省材料（图 5-20，图 5-21）。

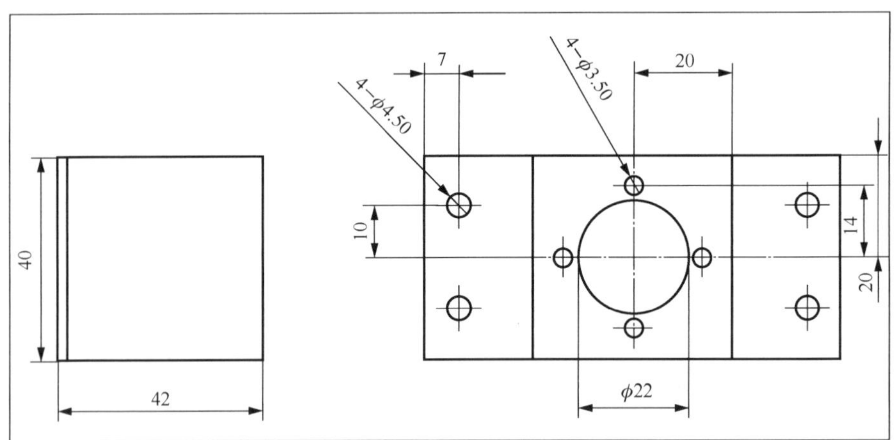

图 5-20　电机支架主视图及左视图

4. 电机的选择

电机的选择要考虑：①电机转矩；②根据蓄电池的电压为 12V 来选择电机电压；③菲涅耳透镜箱部件随着太阳的转动而转动，表面要与太阳光的光线保持垂直才能有效利用光能，由于转动非常缓慢，所以要求电机的转动速度很缓慢。下支架装置最终选用电机型号为 36ZY85-1230 的电机，其主要技术参数如表 5-5 所示。电机外形及安装尺寸如图 5-22 所示。

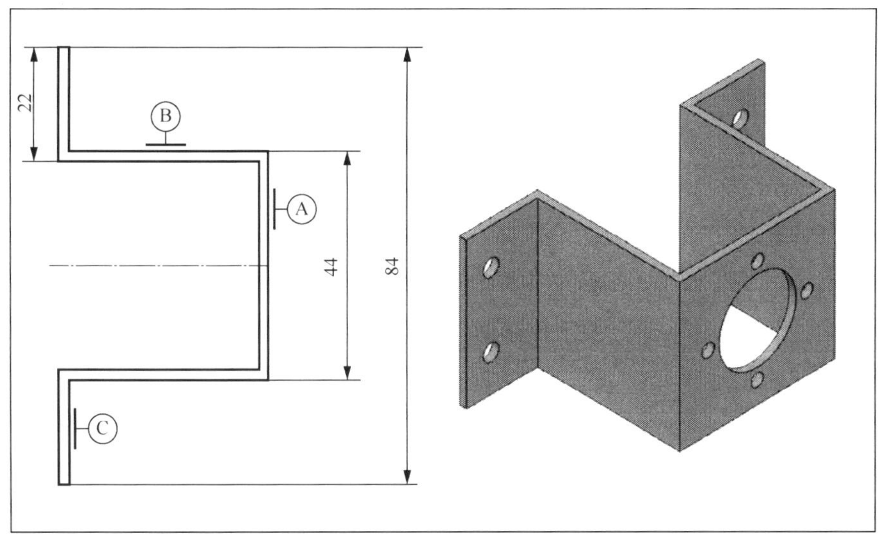

图 5-21　电机支架俯视图及立体图

表 5-5　电机的主要技术参数

额定电压	空载转速	空载电流	额定转速	额定转矩	输出功率	额定电流	堵转转矩	堵转电流
12V	3000r/min	150mA	2420r/min	40g · cm	10W	1.4A	180g · cm	4.4A

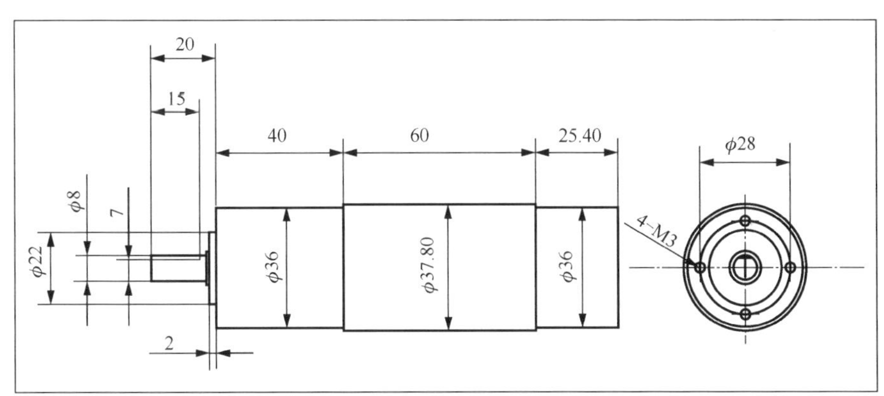

图 5-22　电机外形及安装尺寸图

5.4　支撑及双轴跟踪系统的机械设计及加工

支撑及双轴跟踪系统[2]的功能：①支撑菲涅耳透镜箱部件；②直立于地面，并可移动；③可以使菲涅耳透镜箱部件绕垂直于地面的轴转动，即改变系统的方位角。

图5-23为支撑及双轴跟踪系统的整体设计图[2]，图5-24为其整体三维造型图。如图 5-23 所示，支撑及双轴跟踪系统的组成包括底架和大圆盘、下支撑筒、传动机构、上支撑筒。本装置的主要材料为 Q235 钢，支撑及双轴跟踪系统约 20.97kg（未加螺栓、螺母、螺钉、筋板），这样的重量足以保证整体系统的稳定性。

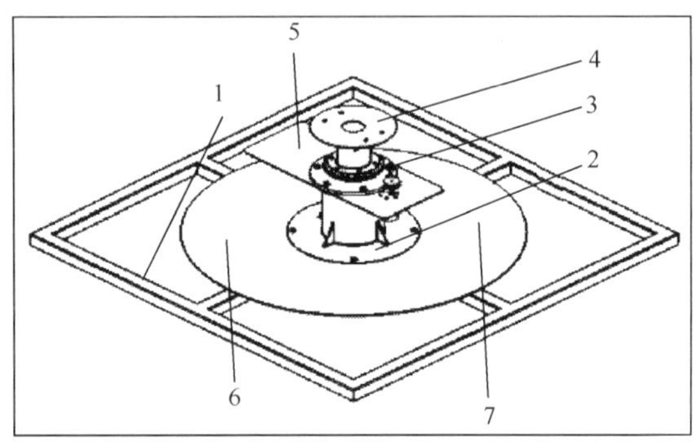

图 5-23　支撑及双轴跟踪系统的整体设计图

1．底架和大圆盘；2．下支撑筒；3．传动机构；4．上支撑筒；5．控制电路盒放置处；6．蓄电池 1 放置处；7．蓄电池 2 放置处

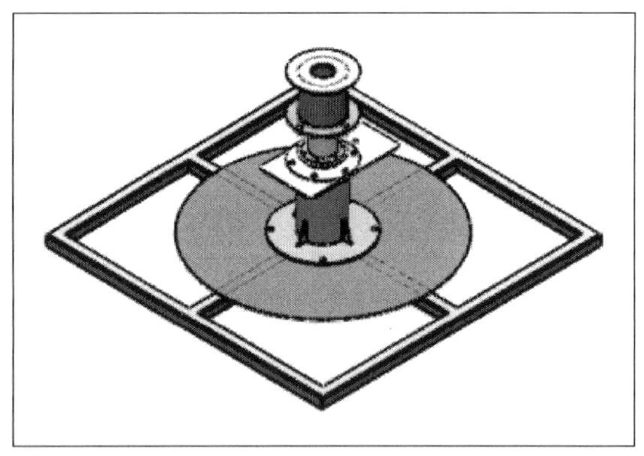

图 5-24　支撑及双轴跟踪系统的整体三维造型图

5.4.1　底架和大圆盘的机械设计及加工

底架和大圆盘的设计如图 5-25 所示，底架尺寸为 800mm×800mm，中间有十字形的加强筋，由 30mm×30mm 的方钢焊接而成。大圆盘主要承载上支撑筒、传动机构、下支撑筒、菲涅耳透镜箱部件的重量，并用于放置蓄电池。大圆盘的作用主要是：①通过螺栓与下支撑筒连接，从而方便拆卸底架，便于存放与搬运；②蓄电池对称地放置在大圆盘两侧，利于整体装置的抗风性和稳固性。

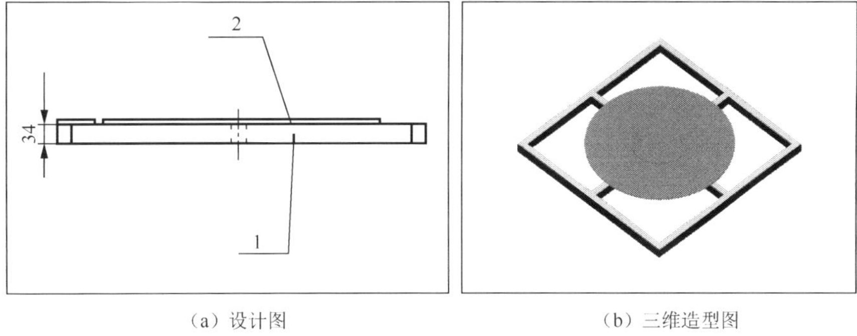

（a）设计图　　（b）三维造型图

图 5-25　底架和大圆盘的设计图及三维造型图

1. 底架；2. 圆盘

5.4.2　下支撑筒的机械设计及加工

下支撑筒的作用是：承载传动机构、上支撑筒、菲涅耳透镜箱部件的重量。下支撑筒的设计和三维造型如图 5-26 所示。该部分的设计要求是：①筒体尽量低，以保证装置的稳固性，但同时保证电机和蓄电池的安装不受干扰；②确保下支撑筒的强度，保证系统能够抵抗一定的风压或雪压。

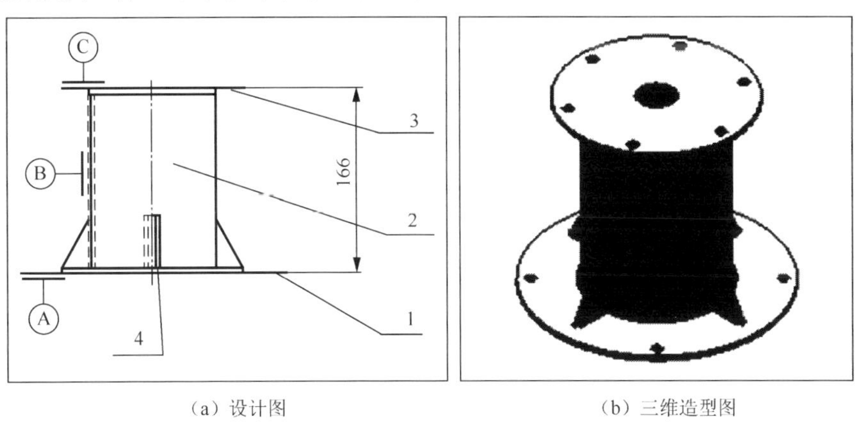

（a）设计图　　（b）三维造型图

图 5-26　下支撑筒的设计图及三维造型图

1. 下圆盘；2. 筒体；3. 上圆盘；4. 筋板

5.4.3　传动机构的机械设计及加工

传动机构使用一个电机做平面圆周驱动，实现太阳能电池方阵方位角的调整，图 5-27 为传动机构的三维造型图[2]。传动机构是方位角跟踪器的最重要的作用机构，其传动精度直接影响整个系统的跟踪精度，其作用是通过电机带动主动轮传递力矩到从动轮，使整个机构按照程序运动。传动机构由电机安装平台、电机、主动轮（小同步带轮）、从动轮（大同步带轮）、同步带、轴承座、轴承、轴套组成[2]。

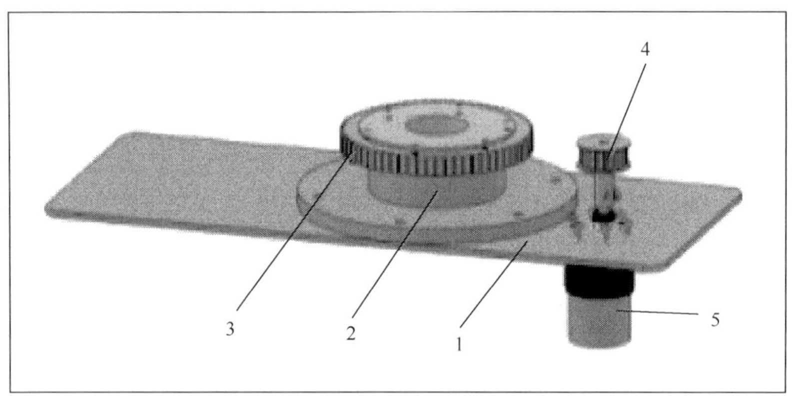

图 5-27　传动机构的三维造型图

1．电机安装平台；2．轴承座（内有轴承 6008、轴套）；3．大同步带轮；
4．小同步带轮；5．电机

1．电机的选择

电机的选择主要考虑以下两点：

（1）负载装置绕着中心轴线做转轴运动，负载的转动惯量较大，因此必须选择合适的减速比以保证系统的平稳运行，即减小电机出力，避免电机失步、过冲或堵转等现象，提高系统运行的可靠性与平稳性。

（2）方位角一天的偏转角度较大，且每过一段时间就需要进行调整，但每次转过的角度较小，因此需要电机驱动力大，而转速较慢。

根据以上问题，以及结合轴承的选择、整体的承重重量，本装置选用的电机为永磁直流齿轮减速电机，型号为 37JB6K/33ZY24-1230，出轴直径为 6mm，额定电压为 12V，额定转速为 4r/min，减速比为 750，额定转矩为 0. 6N·m。

2．轴承的选择

考虑该传动机构中轴承主要承受轴向力，故选用 6008 轴承。滚动轴承的摩擦力矩可由轴承内径按下式计算：

$$M = uPd / 2 \tag{5-1}$$

式中，M 为摩擦力矩（单位 N·mm）；u 为摩擦系数；P 为轴承负荷（单位 N）；d 为轴承公称内径（单位 mm）。摩擦系数 u 受轴承型式、轴承负荷、转速、润滑方式等的影响较大。一般条件下稳定旋转时，轴承摩擦系数参考值如表 5-6

所示[8]。

6008 轴承属于深沟球轴承，参照表 5-6，u 取 0.0015；d 为 40mm；P 主要为轴承以上的上支撑筒和菲涅耳透镜箱部件的重量，二者总质量约为 40kg，故 P 取 400N；则 M=0.0015×400×40/2=12N·mm。该值远远小于电机的转矩 0.6N·m，所选择的轴承符合要求[8]。

表 5-6　轴承摩擦系数参考值

轴承型式	摩擦系数 u
深沟球轴承	0.0010～0.0015
角接触球轴承	0.0012～0.0020
调心球轴承	0.0008～0.0012
圆柱滚子轴承	0.0008～0.0012
满装型滚针轴承	0.0025～0.0035
带保持架滚针轴承	0.0020～0.0030
圆锥滚子轴承	0.0017～0.0025
调心滚子轴承	0.0020～0.0025
推力球轴承	0.0010～0.0015
推力调心滚子轴承	0.0020～0.0025

3. 传动方式的选择

传动机构采用同步带传动模式，保证跟踪器的跟踪精度。同步带传动是综合了带、链传动优点的新型传动方式，具有以下特点：传动效率可达 98%以上；无滑动，传动比准确；传动平稳，噪声小，使用范围较广，速度可达 50m/s，减速比为 1∶10 左右，传递功率为几瓦至千瓦；耐油、耐磨性好，维修保养方便，不需润滑；初张紧力小、压轴力小，等等。

小同步带轮与大同步带轮通过梯形齿带传动，传动比为 1∶4，电机为直流减速电机，输出减速比也为 1∶4，所以传动机构最终的减速比为 1∶16。小同步带轮齿数为 16，大同步带轮齿数为 64，太阳 1 小时转动 15°，即每 4 分钟转动 1°，则小同步带轮需要转动 3 个齿。轴承座与主板通过螺栓连接，轴承座与轴承之间为过盈配合。轴套与轴承之间也为过盈配合，其主要作用是固定并定位大同步带轮，且与大同步带轮之间为过盈配合。图 5-28 为同步带传动机构的实物图。

图 5-28　同步带传动机构实物图

5.4.4　上支撑筒的机械设计及加工

上支撑筒是固定菲涅耳透镜箱部件的支架[2]，图 5-29 为上支撑筒的设计图及三维造型图。该部分的设计要求是：①筒体尽量低，既要保证装置的稳固性，还要便于螺钉的安装与拆卸；②上支撑筒的强度能够使系统抵抗一定的风压或雪压。

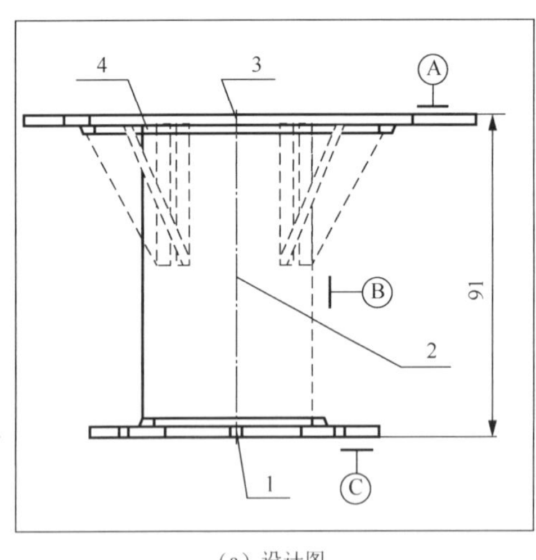

（a）设计图

（b）三维造型图

图 5-29　上支撑筒的设计图及三维造型图

1．下圆盘；2．筒体；3．上圆盘；4．筋板

上支撑筒各个零件所用材料均为 Q235 钢，零件之间通过焊接连接。上支撑

筒下圆盘上均布 6 个ϕ3.5mm 的通孔，通过螺钉与轴套和大同步带轮连接。上支撑筒上圆盘上分布 4 个ϕ8mm 的螺栓孔，与菲涅耳透镜箱部件的支架连接。上支撑筒装有筋板，其作用是防止焊接强度不够引起的支撑筒倾侧，焊接方法同下支撑筒的焊接[6]。

5.4.5　XFJG-1 小型菲涅耳聚光光伏系统的抗风计算

当菲涅耳透镜箱部件的倾斜角为 39°，风向为水平方向时，XFJG-1 小型菲涅耳聚光光伏系统受力最大。支撑及双轴跟踪系统（包括安装在上支撑筒上圆盘的支架）总高 0.43m。

支撑及双轴跟踪系统所受风力主要为两部分，一部分为菲涅耳透镜箱部件所受风力，另一部分为支撑筒所受风力。这两个力的作用对支撑及双轴跟踪系统产生向下的弯矩。由图 5-30 可知，*C* 处横截面积最小，底架与大圆盘的焊接处 *A* 弯矩最大，所以这两处是支撑及双轴跟踪系统最危险的地方。

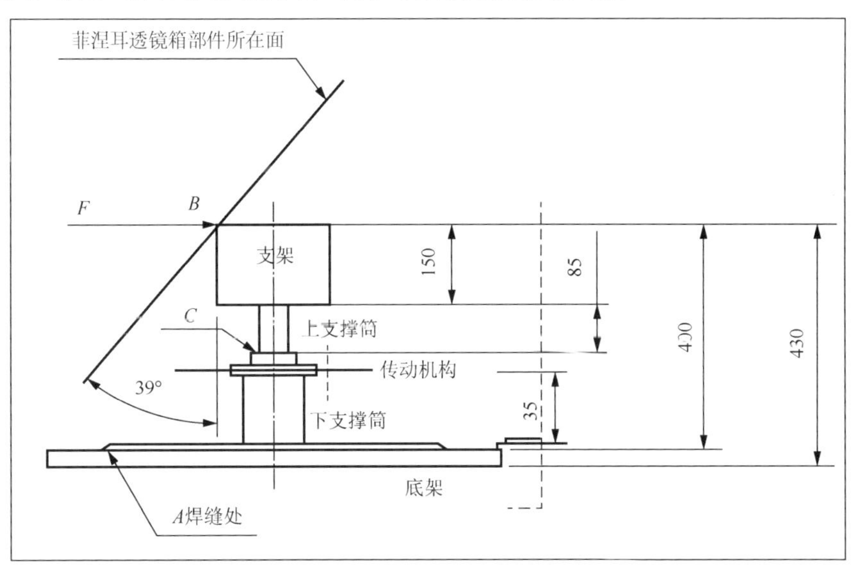

图 5-30　支撑跟踪系统（简化）受力简图

根据非黏性流体力学，可得到以下关于风力的计算公式：

$$F = C_{\mathrm{d}} \times S \times q \times g \tag{5-2}$$

式中，C_{d}为阻力系数，取值为 1.3～1.4；S 为迎风面积；q 为动压，$q=\rho v^2/2$，ρ为流体密度，在标准大气压时ρ=0.125 $\mathrm{kg\cdot s^2/m^4}$，v 为风速，在考察了大连气象台的数据后，决定风速按 8 级计算，v=26m/s；g 为重力常数，取 9.8N/kg。

当风向为水平方向，菲涅耳透镜箱部件的倾斜角为39°时（受力最大），菲涅耳透镜箱部件的迎风面积为S=700mm×700mm×sin39°=0.308m^2。

菲涅耳透镜箱部件所受风力为

$$F=(1.35\times0.308\times0.125\times26^2\times9.8)/2=172.16\text{N}$$

菲涅耳透镜箱部件所受风压为

$$\sigma = F / S = 172.16 / 0.308 = 558.96\text{Pa}$$

依据机床加工数据，菲涅耳透镜箱部件可以承受的最大风压为2700Pa，所以它完全可以承受26m/s的风速而不至于损坏[2,9,10]。

菲涅耳透镜箱部件受力最大时，A处产生的弯矩：

$$M_A = F \times L_A = 172.16 \times 0.43 = 74.03\text{N}\cdot\text{m}$$

C处产生的弯矩：

$$M_C = F \times L_C = 172.16 \times (0.15 + 0.085) = 40.46\text{N}\cdot\text{m}$$

总的弯矩：

$$M = M_A + M_C = 74.03 + 40.46 = 114.5\text{N}\cdot\text{m}$$

下支撑筒破坏面处受到的应力：

$$\sigma = M / W \tag{5-3}$$

式中，W为抗弯截面模量。钢管的抗弯截面模量：

$$W = \frac{\pi D^3}{32}(1-\alpha^4) \approx 0.1D^3(1-\alpha^4) \tag{5-4}$$

式中，D为管的外径；α为管的内径与外径比值，$\alpha=d/D$。下支撑筒的外径为60mm，内径为44mm，所以下支撑筒破坏面处受到的应力：

$$\sigma = M / W = \frac{114.5}{0.1\times(60\times10^{-3})^3\left[1-\left(\frac{44}{60}\right)^4\right]} = 74.6\text{MPa}$$

在本设计中下支撑筒采用Q235钢管制作，查《机械设计实用手册》得其抗弯强度为215MPa，大于以上计算结果，所以本设计满足抗风要求[10,11]。

5.4.6　零部件的组装及调试

角钢框架、下支架、上支撑筒、下支撑筒等零部件的机械加工在大连鑫达机械加工厂完成。加工的主要工序为切割、铣、打孔、打磨、喷漆等，使用的设备主要有车床、钻床、砂轮机、电焊机等。角钢框架及下支架装置成品如图5-31所示。铝合金透镜箱的加工在大连双益白钢制品厂完成。铝合金透镜箱成品如图5-32所示。组装后的支撑及双轴跟踪系统见图5-33，组装后的XFJG-1小型菲涅耳聚光光伏系统如图5-34所示[1,2]。

图 5-31　角钢框架及下支架装置实物图

图 5-32　铝合金透镜箱实物图

图 5-33　支撑及双轴跟踪系统实物图

图 5-34　XFJG-1 小型菲涅耳聚光光伏系统实物图

5.5　跟踪控制电路系统的设计

XFJG-1 小型菲涅耳聚光光伏系统的跟踪控制电路系统，即 ZDGZ-12 型智能自动跟踪太阳控制器，由方位角控制器和俯仰角控制器两部分组成[12]。

5.5.1　方位角控制器

5.5.1.1　方位角控制器电路的构成

方位角控制器电路由以下单元构成：蓄电池、光控总开关、晨昏光控开关、定时器（可自动清零）、自动复位电路、电机驱动电路、时基脉冲电路、电机。图 5-35 为方位角控制器电路框图。

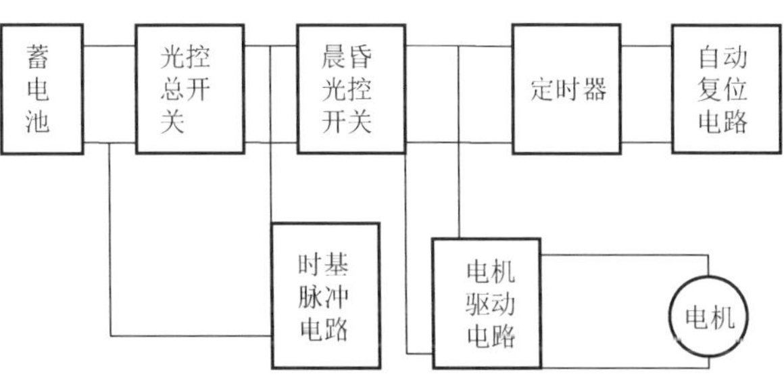

图 5-35　方位角控制器电路框图

5.5.1.2　工作原理

图 5-36 为方位角控制器电路图，控制过程如下。

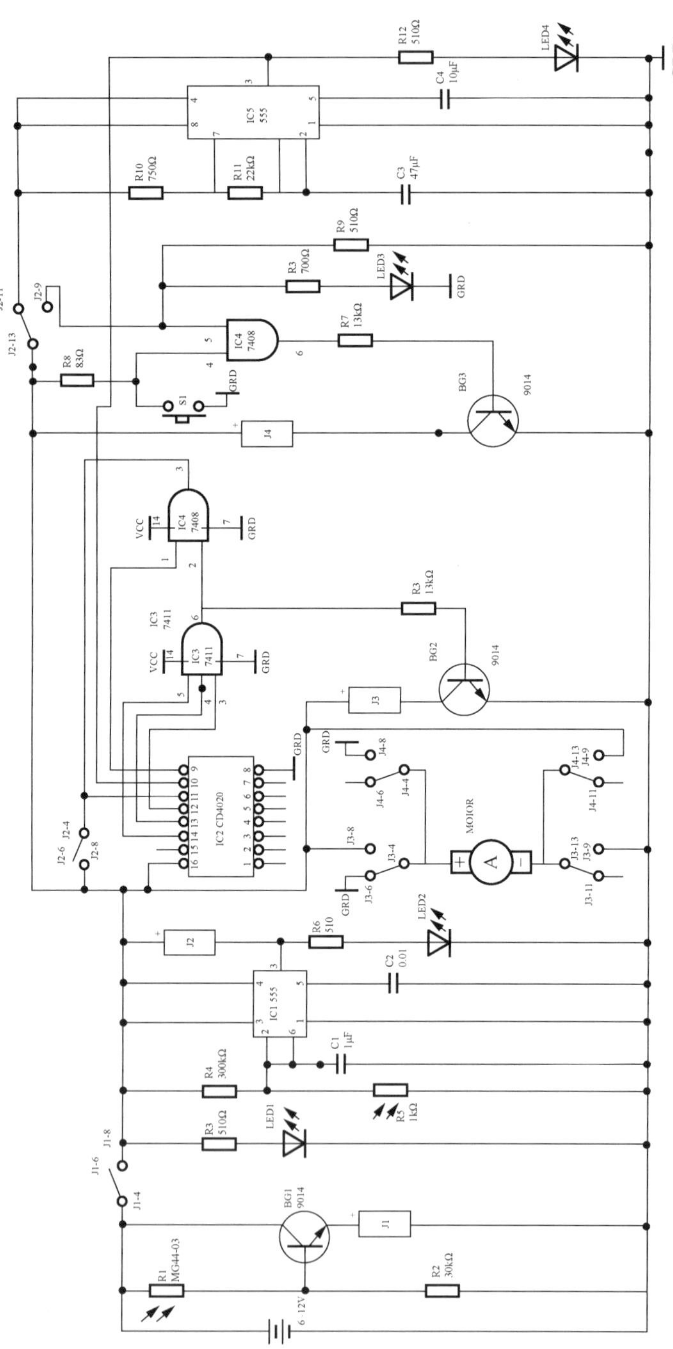

图 5-36　方位角控制器电路图

1. 光控总开关

天黑时，电路中对光灵敏度高的传感器的暗阻很大，三极管 BG1 由导通变为截止，切断了继电器 J1 电源，导致继电器 J1 的触点 J1-4 与 J1-8 之间为“断开”状态，使后续电路断电。

黎明（有光照）时，电路中对光灵敏度高的传感器的亮阻变小，三极管 BG1 导通，接通了继电器 J1 电源，导致继电器的触点 J2-4 与 J2-8 之间为“闭合”状态，为后续电路供电。白天时，光电总开关接通，为后续电路供电。

2. 晨昏光控开关

电路中有对光灵敏度较迟钝的传感器、集成电路和外围电路，可用于自动清零或启动电机反转。

3. 定时器（可自动清零）

（1）自动清零：清晨（光线较弱）时，晨昏光控开关电路中对光灵敏度较为迟钝的传感器的电阻较大，通过集成电路的逻辑控制，使 J2 得电，J2-8 与 J2-4 之间为“闭合”状态，定时器 CR 端为高电平，实现自动清零。

（2）计时功能：白天时，晨昏光控开关电路中对光灵敏度较为迟钝的传感器的电阻减小，通过集成电路的逻辑控制，使 J2 失电，J2-4 与 J2-6 相接，CR 端为低电平，定时器开始计时。

4. 电机驱动电路和自动复位电路

（1）电机正转驱动电路：当定时器达到计时的时间，按照计时的设计指标，根据电路的逻辑关系，对电机的正负极施加正、负电压，驱动电机正转。

（2）电机反转驱动电路（含自动复位电路）：黄昏时，晨昏光控开关电路中对光灵敏度较为迟钝的传感器的电阻较大，通过电路中集成电路的逻辑控制，导致 J2 得电，J2-13 与 J2-9 相接，对电机的正、负极分别施加负、正电压，驱动电机反转，直至回到初始位置，撞击碰撞开关“S1”，电机停止转动，完成自动复位（此时，开关“S1”始终处于“闭合”状态。）。

天黑后，光电总开关电路中对光灵敏度高的传感器的暗阻大大增加，使继电器 J1 断电，J1-4 与 J1-8 断开，停止为后续电路供电。整个夜间，本机不消耗电能。

5. 时基脉冲电路

时基脉冲电路由 555 芯片组成，产生计时脉冲，并连接到定时器相应端子上。

6. 蓄电池

蓄电池为电路提供电压。

5.5.2 俯仰角控制器

1. 俯仰角控制器电路组成

俯仰角控制器的电路框图及电路图如图 5-37 所示，俯仰角控制器电路组成如下：

（1）阳光传感器主要由测光筒、光传感元件 LDR1、LDR2 组成，它可将阳光的光信号转化为电信号；

（2）太阳方向识别电路由集成电路 U1A、U1B 和外围电路组成；

（3）跟踪控制电路由二极管、LED、电阻、继电器组成；

（4）电机驱动电路和电机。

2. 工作原理

阳光传感器把阳光的有、无、强、弱转化为电信号，送入太阳方向识别电路处理。当无光照或是系统正对太阳时，方向识别电路控制信号输出为 0，电机不会转动。当光线偏向光传感器 LDR1 端入射时，光传感器的 A 端输出正电压，B 端输出电压为 0，导致太阳方向识别电路按照逻辑关系，在 A 端输出正电压，B 端输出电压为 0，输送到跟踪控制电路；按照逻辑关系，跟踪控制电路在 A 端输出正电压，B 端输出电压为 0；电机驱动电路 A 端输出正电压，B 端输出电压为 0，则驱动电机 M 向 LDR2 方向转动，直至 LDR1、LDR2 接收的光强均等为止，实现对太阳的实时自动跟踪[13]。同理，当光线偏向 LDR2 时，电机向 LDR1 方向转动，直至 LDR1、LDR2 接收的光强均等为止。

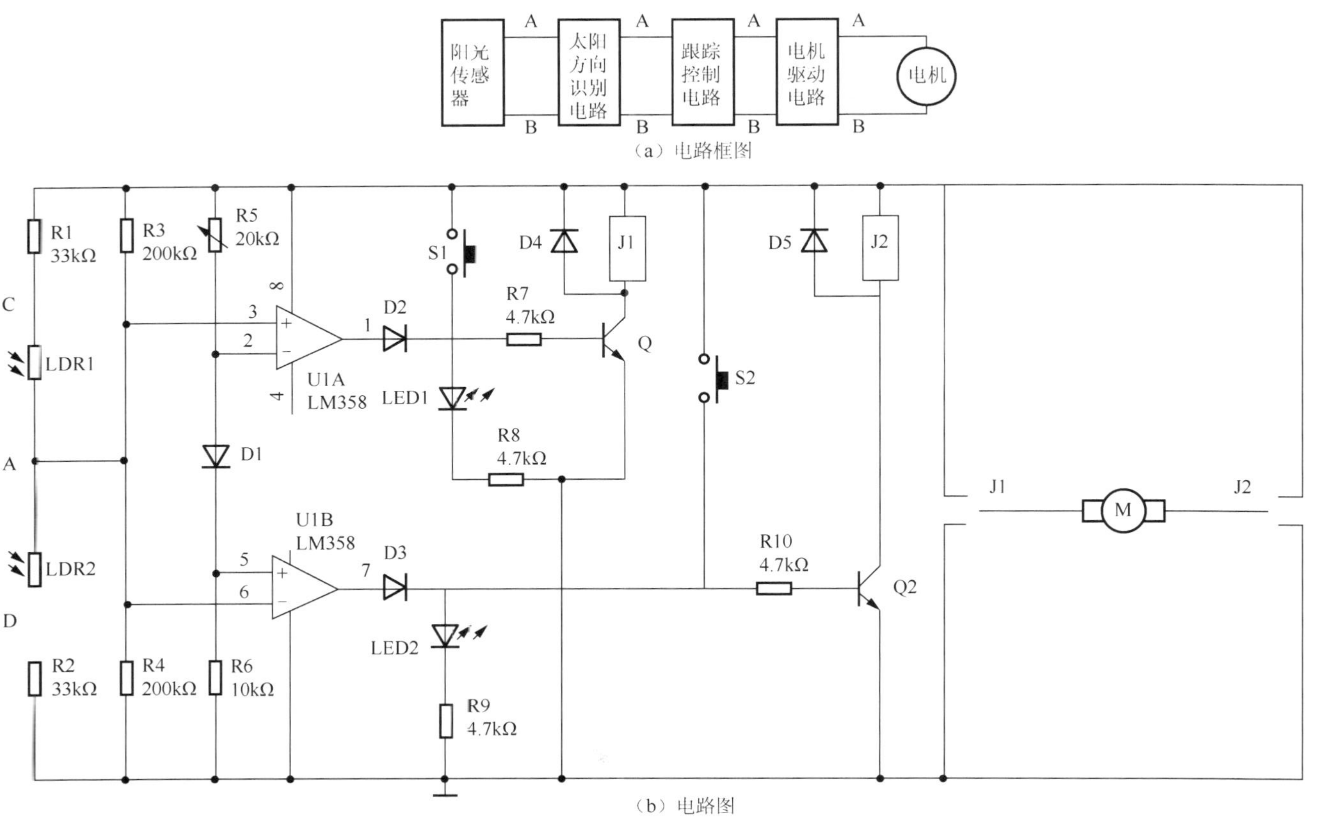

图 5-37　俯仰角控制器电路框图及电路图

5.6 XFJG-1 小型菲涅耳聚光光伏系统的性能测试

在 XFJG-1 小型菲涅耳聚光光伏系统的性能测试过程中，对系统的 2 个 GaAs 电池（见 5.1.1 节）进行了未聚光和聚光条件下 *I-V* 特性曲线的测试。

5.6.1 节实验是以氙灯为光源，未聚光条件和聚光条件下的测试电路装置如图 5-38 所示。5.6.2 节实验是以太阳光为光源，透镜箱平面与光线垂直。实验采用已加工完成的 XFJG-1 小型菲涅耳聚光光伏系统，GaAs 电池到菲涅耳透镜的距离为 200mm（透镜箱内部距离）[1,2]。

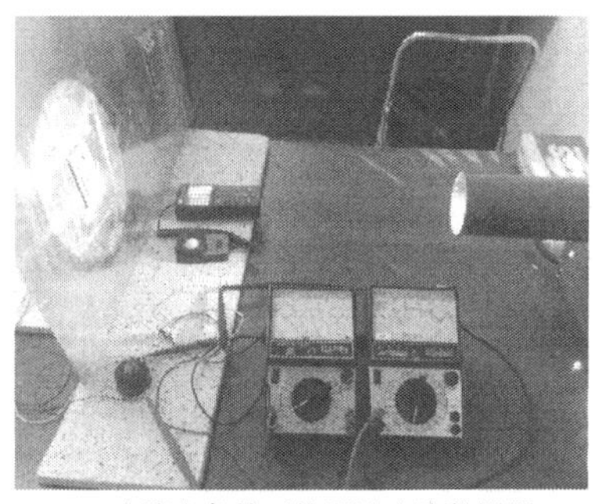
(a) 未聚光条件下的测试电路装置图

(b) 聚光条件下的测试电路装置图

图 5-38 *I-V* 特性曲线的测试电路装置图

5.6.1 以氙灯为光源的性能测试

以氙灯为光源，1 号 GaAs 电池在聚光与未聚光条件下的性能测试结果如表 5-7 所示，*I-V* 特性曲线如图 5-39 所示。

表 5-7 1 号 GaAs 电池在氙灯照射下的性能测试结果

	I_{SC}	V_{OC}	$I_{SC}\times V_{OC}$	P_m	FF
未聚光	0.08A	2.2V	0.176W	0.0625W	35.5%
聚光	1.45A	2.42V	3.509W	1.42W	40.5%
比值	18.125	1.1	19.9375	22.72	1.14

以氙灯为光源，2 号 GaAs 电池在聚光与未聚光条件下的性能测试结果如表 5-8 所示，*I-V* 特性曲线如图 5-40 所示。

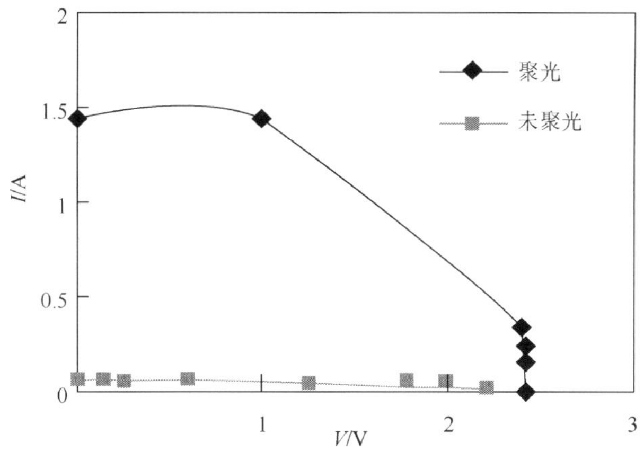

图 5-39　氙灯照射下 1 号 GaAs 电池在聚光和未聚光条件下的 *I-V* 特性曲线

表 5-8　2 号 GaAs 电池在氙灯照射下的性能测试结果

	I_{SC}	V_{OC}	$I_{SC}\times V_{OC}$	P_m	FF
未聚光	0.08A	2.23V	0.1784W	0.135W	75.7%
聚光	1.46A	2.43V	3.55W	1.7W	48.9%
比值	18.25	1.09	19.9	12.59	0.65

实验结果表明，氙灯照射下 GaAs 电池经聚光后，短路电流增加到 18 倍，最大输出功率增加到 12.59 倍和 22.72 倍。

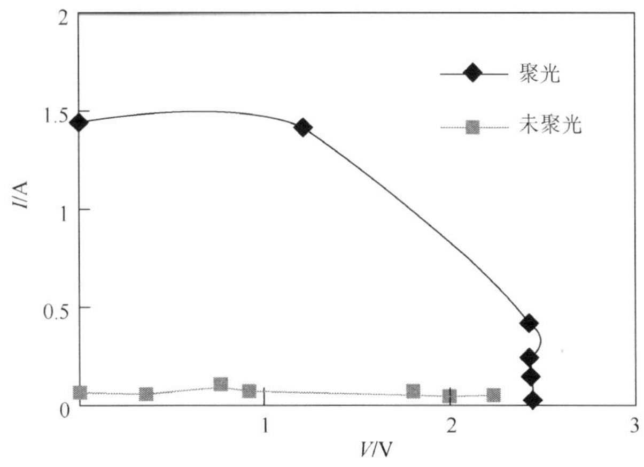

图 5-40　氙灯照射下 2 号 GaAs 电池在聚光和未聚光条件下的 *I-V* 特性曲线

5.6.2　以太阳光为光源的性能测试

表 5-9 为单个聚光 GaAs 电池在室外阳光下的 *I-V* 特性测试数据，*I-V* 特性曲线如图 5-41 所示，性能测试结果如表 5-10 所示。4 个聚光 GaAs 电池串联后 XFJG-1 小型菲涅耳聚光光伏系统的性能测试结果如表 5-11 所示。

表 5-9　单个聚光 GaAs 电池的 *I-V* 特性测试数据

V/V	*I*/A	*V*/V	*I*/A
2.22	0	2.1	0.223
2.2	0.022	1.7	0.56
2.2	0.038	0	0.65
2.2	0.15		

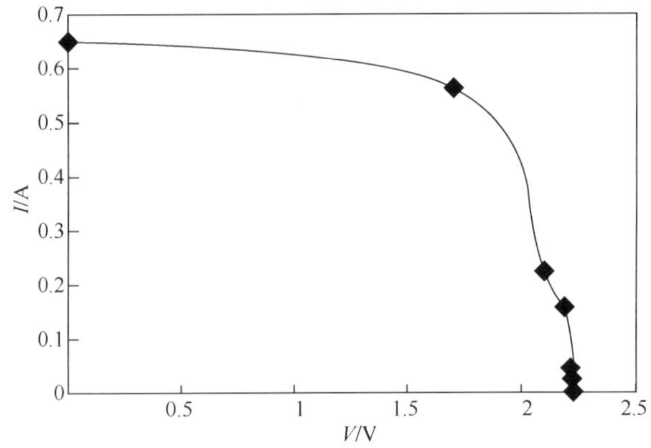

图 5-41　室外阳光下单个聚光 GaAs 电池的 *I-V* 特性曲线

表 5-10　单个聚光 GaAs 电池的性能测试结果

I_{SC}/A	V_{OC}/V	$I_{SC}\times V_{OC}$/W	P_m/W	FF/%
0.65	2.22	1.443	1.044	72

表 5-11　4 个聚光 GaAs 电池串联时的测试数据

	电池 1	电池 2	电池 3	电池 4	串联总和
I_{SC}/A	0.60	0.70	0.80	0.55	—
V_{OC}/V	2.6	2.6	2.4	2.7	10.3
$I_{SC}\times V_{OC}$/W	1.56	1.82	1.92	1.485	6.785

注：测试时间为 2014 年 12 月 24 日 13：40～14：00，地点在大连交通大学的 3 号楼 213 室南窗口，天气晴

通过表 5-11 中的数据可以计算出 4 个聚光 GaAs 电池串联后的最大功率为

5.43W（6.785×80%），XFJG-1 小型菲涅耳聚光光伏系统的输出功率可达 5.43W。

总之，XFJG-1 小型菲涅耳聚光光伏系统的各部件相互配合准确，连接牢固。在整机调试中，控制电路可以灵活地控制电机带动菲涅耳透镜箱部件实现太阳跟踪，所以 XFJG-1 小型菲涅耳聚光光伏系统达到了设计要求。XFJG-1 小型菲涅耳聚光光伏系统已获得发明专利[12]，如果系统加上二次聚光器，则聚光效果可以得到提高。

参考文献

[1] 田磊. 菲涅尔聚光光伏电池系统[D]. 大连: 大连交通大学, 2012.

[2] 辛本宝. 小型聚光光伏电池支撑跟踪系统的研究[D]. 大连: 大连交通大学, 2012.

[3] 林慧国, 林刚, 张凤华. 世界钢铁牌号对照与速查手册[M]. 北京: 化学工业出版社, 2010.

[4] 刘会杰. 焊接冶金与焊接性[M]. 北京: 机械工业出版社, 2008.

[5] 王宗杰. 熔焊方法与设备[M]. 北京: 机械工业出版社, 2010.

[6] 方洪渊. 焊接结构学[M]. 北京: 机械工业出版社, 2010.

[7] 李维钺, 李军. 中外钢铁牌号速查手册[M]. 北京: 机械工业出版社, 2010.

[8] 轴承的摩擦系数[EB/OL]. (2006-09-02)[2017-11-04]. http: //www.Ttzcw.com/html/001003/200609020817343891.html.

[9] 齐鹏远. 光伏材料应用研究与小型太阳能独立光伏系统的研制[D]. 大连: 大连交通大学, 2007.

[10] 齐鹏远, 薛钰芝. 太阳能 LED 交通指示牌系统的研制[J]. 装备制造技术, 2016, (2): 204-205.

[11] 吴宗泽. 机械设计实用手册[M]. 北京: 化学工业出版,2003.

[12] 大连交通大学. 小型菲涅尔聚光太阳能发电系统: 2013104096174[P]. 2015-06-03.

[13] 谢彪. 实用太阳光跟踪电路[J]. 电子世界, 2009, (11): 40-41.

第 6 章　太阳能光伏供电 LED 系统及光电探测部件的研制

近年来，我国太阳能光伏产业发展很快，城市亮化工程的需求很大。目前信息化社会对光明工程的需求日益增长，而电力供应紧张日趋严重。为解决实施光明工程和国家半导体照明工程计划与供电紧张的矛盾，同时为促进新能源和新光源协同发展，本课题组在研制聚光型光伏发电装置的同时，开展了光伏-光电联机装置、控制器及光探测器的研发。

在某些半导体材料的 PN 结中，少子与多子复合时会把多余的能量以光的形式释放出来，从而把电能直接转换为光能。这种利用注入式电致发光原理制作的二极管叫发光二极管（light emitting diode，LED）。当它处于正向工作状态（两端加上正向电压）时，电流从 LED 的阳极流向阴极，半导体晶体就发出从紫外到红外不同颜色的光，光的强弱与电流有关。通常情况下白光 LED 的结构原理图如图 6-1 所示[1]。若干个 LED 排列成点阵显示屏，即 LED 显示屏，制作简单、安装方便，被广泛应用于各种公共场合，如汽车报站器、广告屏以及公告牌等。

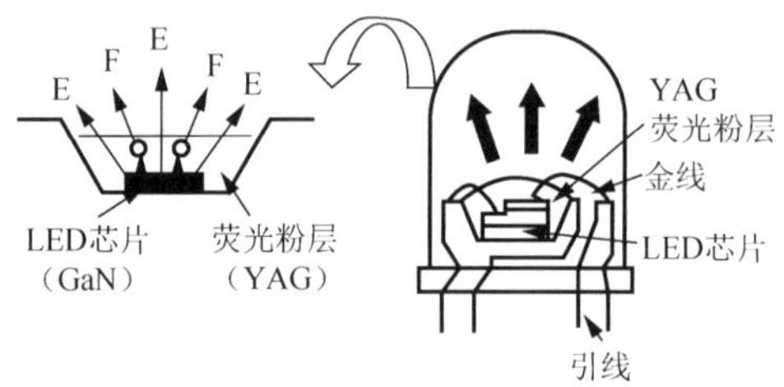

图 6-1　LED 结构原理图

E：LED 芯片发蓝光；F：YAG 荧光粉发黄光

本章介绍太阳能光伏供电 LED 系统（光伏-光电联机装置）、两种光伏控制器、光伏光电一体化集成系统（太阳能电池与 LED 结合系统）的研制，以及一种光伏控制开关和一种用于探测光强度的多层膜器件的研制。本课题组申报了多项有关专利（附录 A-1）。

6.1　太阳能光伏供电 LED 系统

本节介绍 3 种太阳能光伏供电 LED 系统：太阳能光伏供电 LED 交通指示

牌[2-4]、小型太阳能 LED 北京奥运宣传牌[1]和光伏交通灯[5]等。

6.1.1 太阳能光伏供电 LED 交通指示牌

太阳能光伏供电 LED 交通指示牌[1-6]的原理框图如图 6-2 所示。

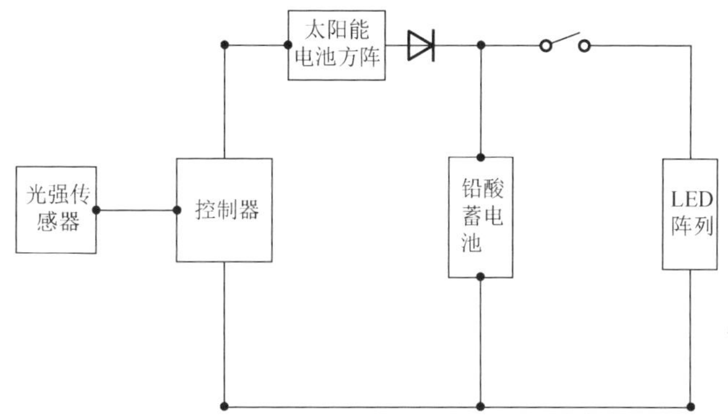

图 6-2 太阳能光伏供电 LED 交通指示牌的原理框图

6.1.1.1 系统设计

1. 负载容量计算

在本系统中 LED 屏由若干个 LED 采用先并联后串联的混联接法制成[2]。原因是，如果采用串联连接，只要有 1 个 LED 烧坏，就会使串联电路处于断路。而采用混联接法，并联的 LED 较多，平均分配电流不大，即使断开一个支路，依然不影响 LED 阵列的工作。

太阳能光伏供电 LED 交通指示牌中 LED 排列的第一方案如图 6-3（a）所示，屏上共布局了 120 个 LED。实验发现 LED 的排列过疏，闪烁时的动感不够强。经修改后，设计了第二方案，如图 6-3（b）所示，200 个 LED 分为 8 路，一路为一列。每列 25 个 LED 再分为 5 组，每 5 个并联，然后 5 组再串联，如图 6-4 所示。由检测结果可知，黄光 LED 的工作电压为 2V，工作电流为 19.5～20mA。

系统所用的 12V 蓄电池可直接驱动 LED。根据 LED 屏上每一路 LED 的接法（图 6-4），按每个 LED 的工作电压为 2V，工作电流为 20mA 计算，一路 LED 的总电流为 100 mA，电压为 10 V，消耗功率为 $P=V\cdot I=10\times 0.1=1\text{W}$；8 路 LED 的总功率为 $P_{总}=8P=8\times 1=8\text{W}$；在 LED 全亮，一天的工作时间为 12h 的情况下，负载总消耗电量为

$$Q=I\cdot t\cdot n=0.1\times 12\times 8=9.6\text{A}\cdot\text{h}$$

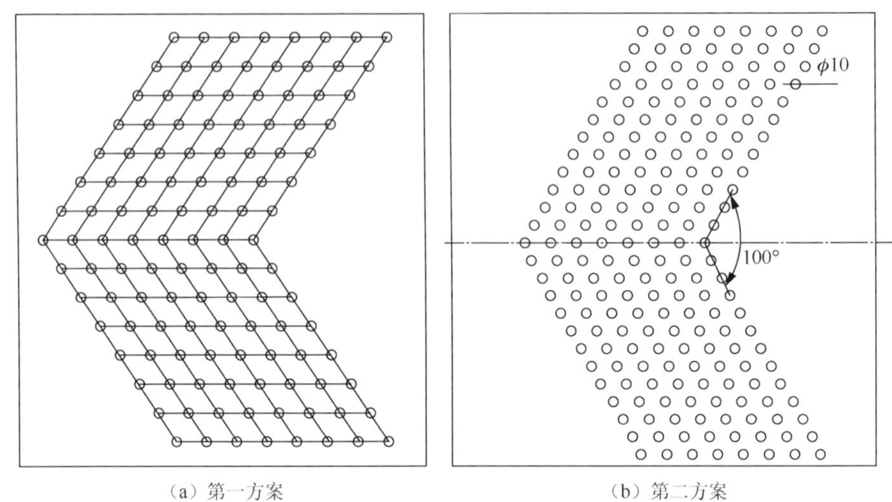

（a）第一方案　　（b）第二方案

图 6-3　太阳能光伏供电 LED 交通指示牌中 LED 排列图

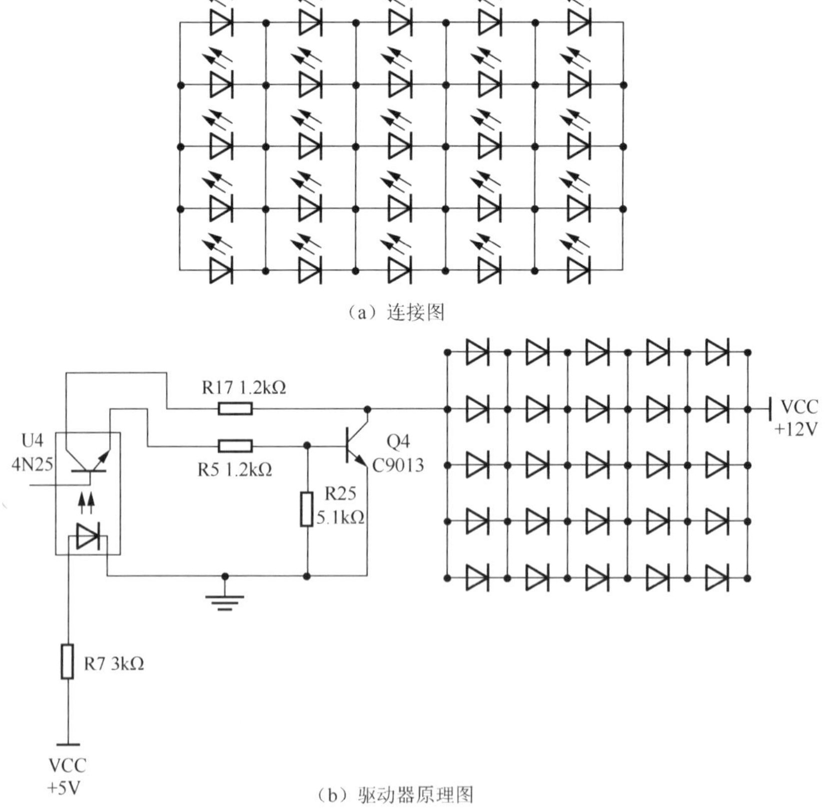

（a）连接图

（b）驱动器原理图

图 6-4　太阳能光伏供电 LED 交通指示牌中每路 LED 的连接图及驱动器原理图

表 6-1 列出了在不同循环闪烁模式下负载总消耗电量。若 LED 采用间断循环闪烁模式，负载消耗电量可降低。

表 6-1　不同连续循环闪烁模式下负载的总消耗电量

同时亮的路数	Q/（A·h）	同时亮的路数	Q/（A·h）
1	1.2	5	6
2	2.4	6	7.2
3	3.6	7	8.4
4	4.8	8	9.6

注：以工作时间为 12h 计算

若采用 8 路 LED 全亮间断闪烁模式，间断时间为 1s，亮时间为 1s，负载消耗电量是

$$Q = I \cdot t \cdot n = 0.1 \times 6 \times 8 = 4.8\text{A} \cdot \text{h}$$

若采用 2 路 LED 连续循环闪烁模式，负载消耗电量是

$$Q = I \cdot t \cdot n = 0.1 \times 12 \times 2 = 2.4\text{A} \cdot \text{h}$$

2. LED 驱动器

LED 驱动器中，光电耦合器既能为驱动功率晶体管提供足够的基极电流，也能起到隔离作用。元件选择：光电耦合器的型号为 4N35；晶体管的型号为 C9013；R1 的电阻为 3 kΩ；R2 的电阻为 1.2 kΩ；R3 的电阻为 1.3 kΩ；R4 的电阻为 5.1 kΩ。经实验验证，功率晶体管最大可以输出 150～160 mA 的电流，该电流完全可以驱动由 25 个 LED 组成的阵列。图 6-4（b）为一路 LED 驱动器原理图。

3. 光电开关和 LED 闪烁电路

光电开关是由一个 555 定时器和光敏电阻组成的施密特触发器，白天输出低电平，晚上输出高电平。LED 闪烁电路利用两个 555 定时器构成多谐振荡器，以实现 LED 的闪烁控制[2]，电气原理图如图 6-5 所示。图 6-5 中的 U1 与 R6、R7、R8 构成光电开关，U2 及其周围元件构成第一级多谐振荡，U3 及其周围元件构成第二级多谐振荡；U3 的第 3 脚通过 C1 与 LED 驱动电路相接，以控制驱动电路的光电耦合器。

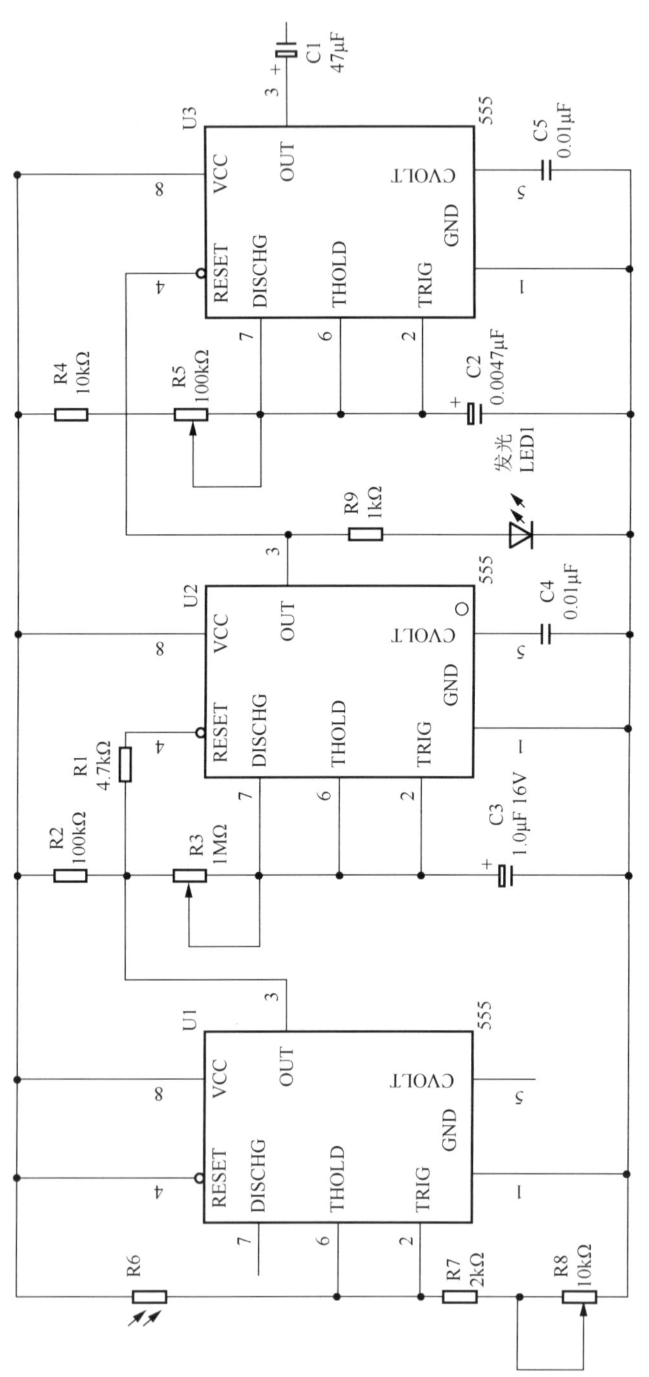

图 6-5　光电开关与LED闪烁电路的电气原理图

白天光敏电阻阻值变小，U1 的第 2、6 脚处于高电平，第 3 脚输出低电平，U2 的复位脚 4 处于复位状态，U3 的第 3 脚保持低电平，光电耦合器处于截止状态，LED 停止工作。晚上或者光线较弱时，光敏电阻阻值变小，U1 的第 3 脚输出高电平，U2 的复位脚 4 变成高电平，振荡器开始振荡，光电耦合器获得触发信号，驱动 LED，LED 开始闪烁。以上光电开关和 LED 闪烁电路方案采用 8 路 LED 全亮间断闪烁模式，间断时间为 1s，亮时间为 1s，负载消耗电量为 $Q = 4.8\text{A} \cdot \text{h}$。

4. 太阳能电池功率计算

根据调查，大连地区的年太阳辐射总量约为 530kJ/cm^2，参照 2.6.2 节独立光伏发电系统的设计方法，太阳能电池功率：

$$P=12\times0.8\times6\times230/530=25\text{W}$$

根据计算结果，太阳能光伏供电 LED 交通指示牌选用两块 20W 的太阳能电池板。

5. 蓄电池容量计算

根据 2.6.2 节独立光伏发电系统的设计方法，大连地区最长连续阴雨天数取 1.5 天，蓄电池容量计算[7]如下：

$$\text{BC} = 1.8 \times 0.8 \times 6 \times 1.5 = 12.96\text{A} \cdot \text{h}$$

根据计算结果，太阳能光伏供电 LED 交通指示牌选用两个 12V、7A·h 的铅酸蓄电池。

6.1.1.2 太阳能光伏供电 LED 交通指示牌的机械设计与加工

1. 总体结构设计及加工

太阳能光伏供电 LED 交通指示牌的总体结构包括[3-5]太阳能电池支架组件、LED 框架组件、立柱及蓄电池箱等部分。图 6-6 为太阳能光伏供电 LED 交通指示牌的装配示意图，其中主要零部件名称如表 6-2 所示。LED 框架组件的角钢框架尺寸为 780mm×640mm，是由一根 2840mm×30mm×30mm 角钢焊接而成，如图 6-7 所示。在框架中间位置焊接 2 段长为 640mm、宽为 30mm 的钢板作为框架加强筋，如表 6-2 中序号 10 所示，加工中各焊缝均采用手工电弧焊完成。

角钢框架四周采用手工电弧焊焊接 8 个支角，如图 6-8 所示，并在中心位置做 M5 的螺纹孔以便通过螺钉把前板固定在框架上。前板是大小为 780mm×640mm、厚为 1.5 mm 的薄钢板，中间用立式铣床铣出“<”形开口，前板的四周打 8 个 ϕ 6mm

孔，如图 6-9（a）所示。

透光板为“<”形，用有机玻璃（亚克力）板加工而成，并用强力胶粘贴于前板；后板为 1mm 厚的 780mm×640mm 钢板；中间板为 3mm 厚的绝缘板，在四周加工 4 个ϕ6mm 的光孔，绝缘板上的 200 个 LED 分 25 排 8 列，排列成“<”形，如图 6-9（b）所示。

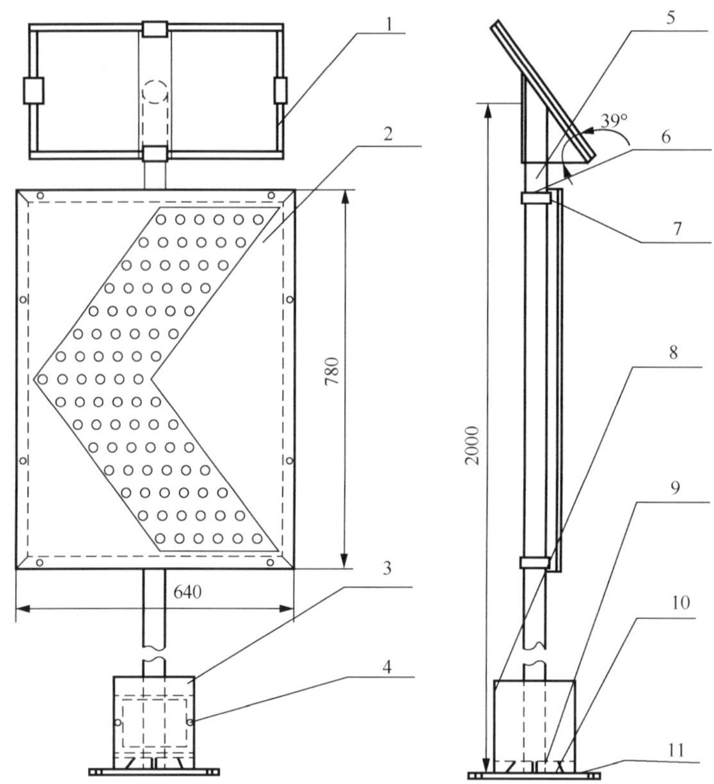

图 6-6　太阳能光伏供电 LED 交通指示牌的装配示意图

1～11 对应的零部件名称如表 6-2 所示

表 6-2　太阳能光伏供电 LED 交通指示牌的主要零部件明细表

序号	名称	材料	数量	序号	名称	材料	数量
1	太阳能电池支架组件	—	1	7	螺栓 M8×10	40	4
2	LED 框架组件	—	1	8	挡板	Q235	1
3	蓄电池箱	Q235	1	9	垫板	Q235	1
4	螺钉 M5×10	40	2	10	加强筋	Q235	4
5	立柱	Q235	1	11	底板	Q235	1
6	卡扣	Q235	1				

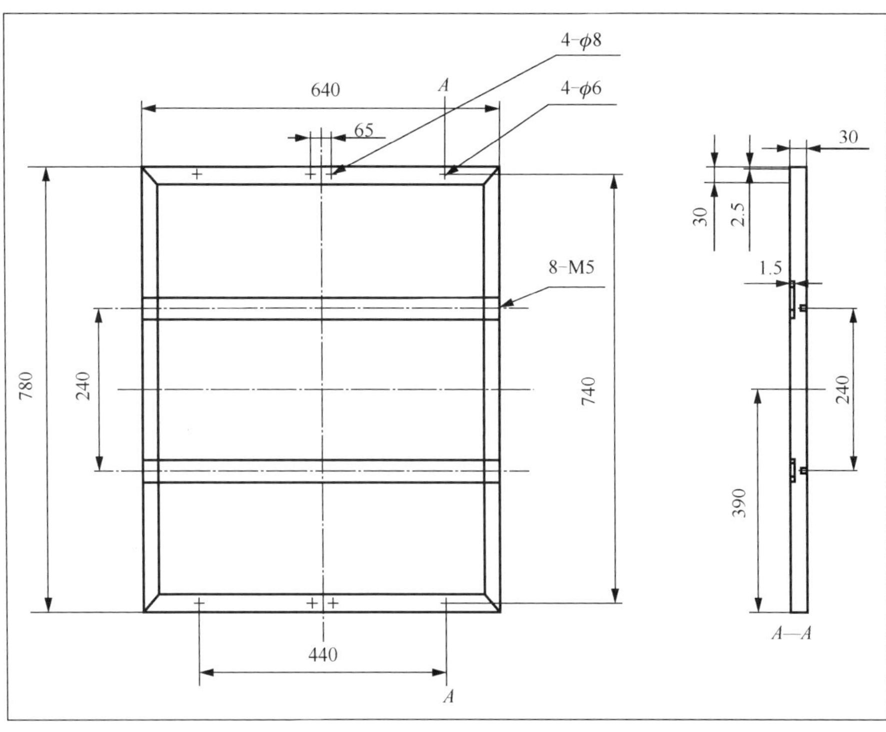

图 6-7　角钢框架设计图

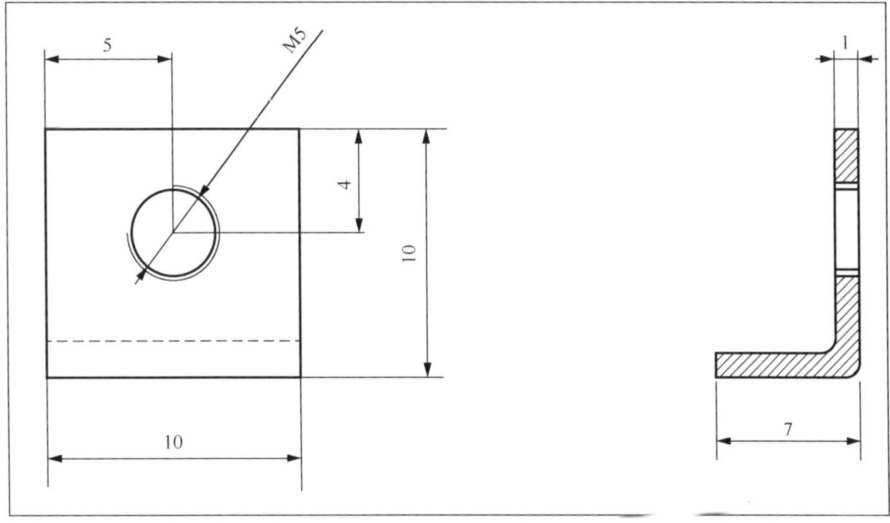

图 6-8　前板支角设计图

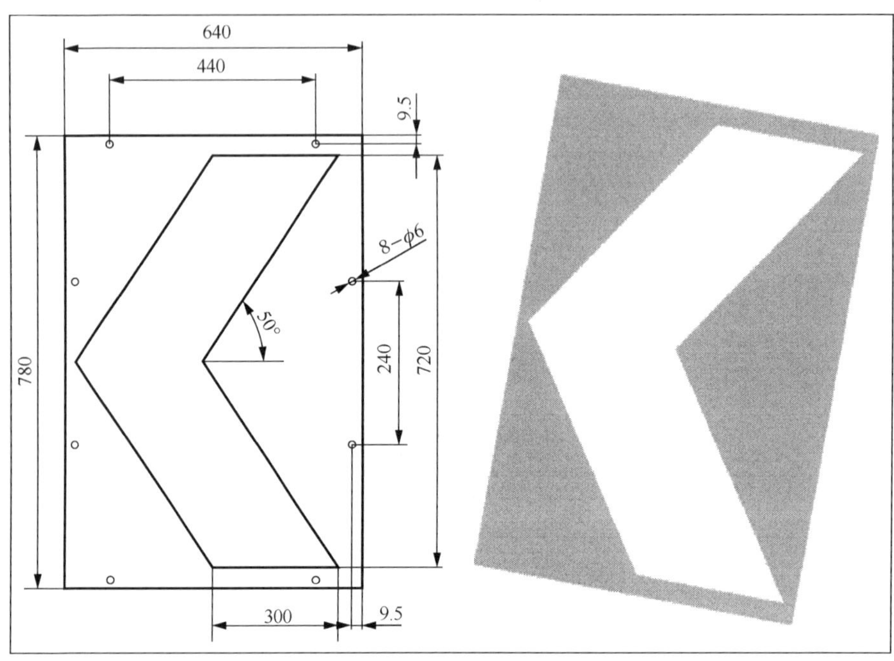

（a）前板设计图

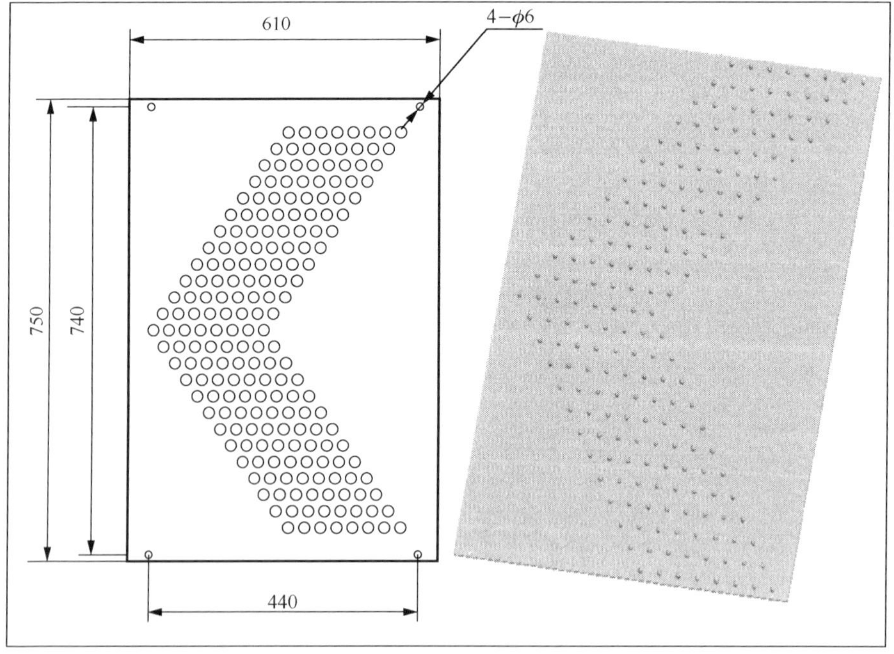

（b）中间板设计图

图 6-9　LED 框架组件设计图

2. 立柱及蓄电池箱等零部件设计及加工

立柱选用高为 2m、直径为 60mm、材料为 Q235 的钢管制作；底板选用尺寸为 300mm×300mm、厚为 10mm 的钢板制作，并将其与立柱焊接在一起，同时在立柱四周焊接 4 个相互成 90°排列的加强筋，加工中各焊缝均采用手工电弧焊完成。另外，在加强筋上放置大小为 160mm×160mm、厚为 0.5mm 的铁片作为承载蓄电池的垫板；为将 LED 框架组件与立柱连接在一起，用 1mm 厚的钢板制作成两个立柱卡扣，如图 6-10 所示[5,7]。

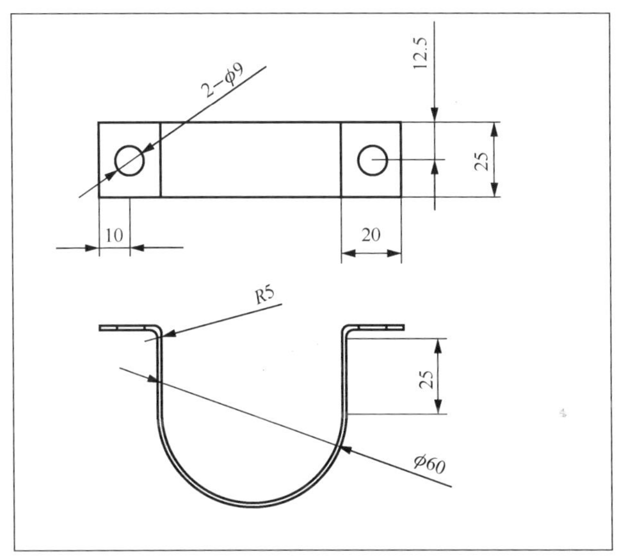

图 6-10　卡扣设计图

蓄电池箱（图 6-11）是用 2mm 厚的钢板焊接（手工电弧焊）而成，蓄电池箱的尺寸为 200mm×200mm×200mm，其后开 160mm×100mm 的口以便放入蓄电池，同时配做尺寸大小为 200mm×120mm、厚为 1mm 的钢板作为开口的挡板，通过 M5 的螺钉将挡板与箱体连接。

3. 风力计算

太阳能光伏供电 LED 交通指示牌的抗风设计主要分为两部分，一部分为太阳能电池组件的抗风设计，另一部分为立柱的抗风设计。下面分别分析以上两部分所受的风力[3,4]。

1）太阳能电池组件所受风力

本设计中的太阳能电池组件采用两块规格为 310mm×370mm 的多晶硅太阳能

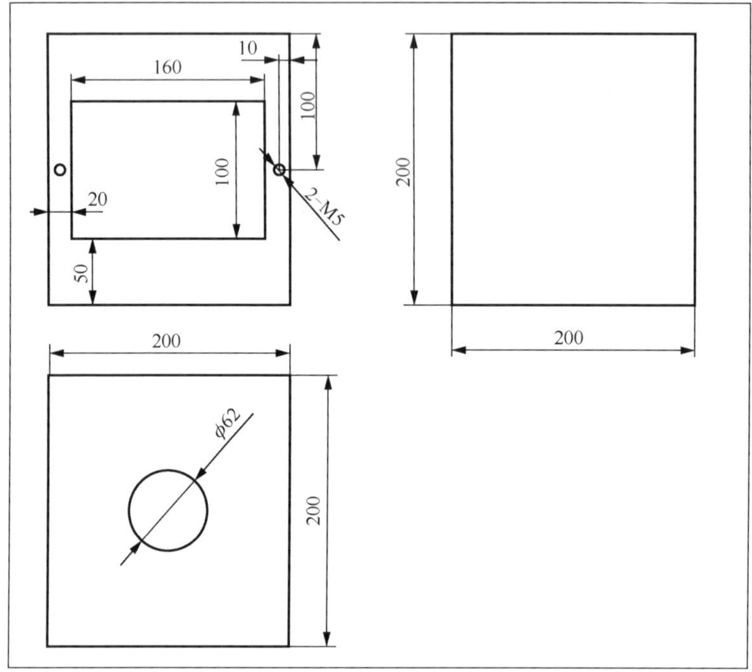

图 6-11　蓄电池箱设计图

电池板（上海太阳能科技有限公司生产），电池板安装倾斜角为 39°（当地纬度），设风向为水平方向（受力最大）。

太阳能电池组件的迎风面积为

$$S = 2\times 310\times 370\times \sin 39° = 0.144\text{m}^2$$

根据非黏性流体力学，按照公式（5-2）计算：

太阳能电池组件所受风力为

$$F = (1.35\times 0.144\times 0.125\times 26^2\times 9.8)/2 = 80.49\text{N}$$

太阳能电池组件所受风压为

$$\sigma = 80.49/0.144 = 558.97\text{Pa}$$

依据太阳能电池组件厂家的技术参数资料，该太阳能电池板可以承受的迎风压强为 2700Pa，所以电池板本身完全可以承受 26m/s 的风速而不至于损坏。

2）立柱所受风力

太阳能电池板安装倾斜角为 39°，立柱高 2m，本设计中立柱底部外径为 60mm，立柱底部内径为 56mm。经分析可知，立柱所受风力作用来自三部分力，一为太阳能电池组件所受风力，二为指示牌面板所受风力，三为立柱所受风力。这三个力对立柱产生向下的弯矩，由图 6-12 可知，立柱与蓄电池箱交接面 A 处所受弯矩最大，所以立柱破坏面在面 A 处。

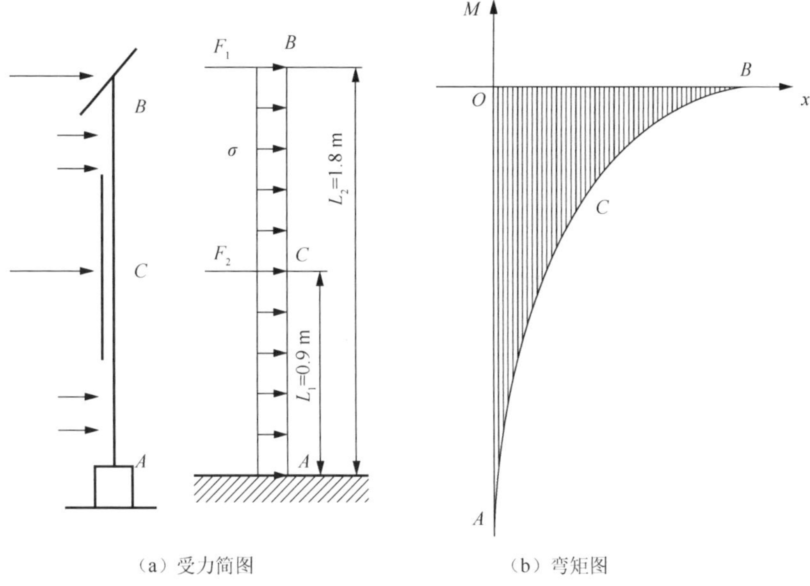

（a）受力简图　（b）弯矩图

图 6-12　立柱受力图

立柱破坏面 A 处所受的弯矩 M 可按下面的计算方法得到。

太阳能电池组件所受风力：

$$F_1 = C_d S_1 qg = (1.35\times0.144\times0.125\times26^2\times9.8)/2 = 80.49\text{N}$$

其在立柱破坏面处产生的弯矩：

$$M_1 = F_1 L_2 = 80.49\times1.8 = 144.9\text{N}\cdot\text{m}$$

前板大小为 $780\text{mm}\times640\text{mm}$，所以指示牌面板的迎风面积为 $S_3 = 0.78\times0.64 = 0.499\text{m}^2$，指示牌面板所受风力：

$$F_2 = C_d S_2 qg = (1.35\times0.499\times0.125\times26^2\times9.8)/2 = 278.92\text{N}$$

其在立柱破坏面处产生的弯矩：

$$M_2 = F_2 L_1 = 278.92\times0.9 = 251.03\text{N}\cdot\text{m}$$

立柱迎风的迎风面积为 $S_2 = 2\times0.06 = 0.12\text{m}^2$，立柱所受风力：

$$F_3 = C_d S_3 qg = (1.35\times0.12\times0.125\times26^2\times9.8)/2 = 67.08\text{N}$$

其在立柱破坏面处产生的弯矩：

$$M_3 = F_3 L_2 = 67.08\times1.8 = 120.74\text{N}\cdot\text{m}$$

所以，总的弯矩：$M = M_1 + M_2 + M_3 = 516.67\text{N}\cdot\text{m}$

根据式（5-3）和式（5-4），立柱破坏面处受到的应力为

$$\sigma = \frac{516.67}{0.1 \times (60 \times 10^{-3})^3 \left[1 - \left(\frac{56}{60} \right)^4 \right]} = 99.3\text{MPa}$$

本设计中的立柱采用 Q235 钢管制作，查《机械设计实用手册》[8]得其抗弯强度为 215MPa，大于计算结果 99.3MPa，所以本设计满足抗风要求。太阳能光伏供电 LED 交通指示牌的三维装配造型图、LED 工作效果图和实物图如图 6-13 所示[1-7]。

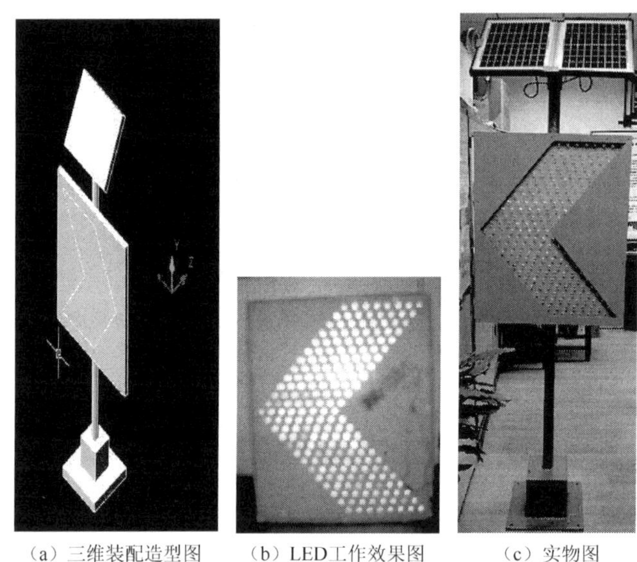

（a）三维装配造型图　　（b）LED工作效果图　　（c）实物图

图 6-13　太阳能光伏供电 LED 交通指示牌的三维装配造型图、LED 工作效果图及实物图

6.1.2　小型太阳能 LED 北京奥运宣传牌

本系统的原理及设计类似于太阳能光伏供电 LED 交通指示牌，此处不再赘述。小型太阳能 LED 北京奥运宣传牌在负载的排列方面有其独到之处。内部电路运用串并联方式，包括 160 个 LED，分别为：20 个ϕ8mm、3V、20mA、红色 LED，20 个ϕ8mm、3V、20mA、黄色 LED，20 个ϕ8mm、3V、20mA、蓝色 LED，20 个ϕ8mm、3V、20mA、绿色 LED，20 个ϕ8mm、3V、20mA、黑色 LED，60 个ϕ3mm、3V、20mA、散光、黑色 LED。

小型太阳能 LED 北京奥运宣传牌照明部分的每条支路都由 4 组同色 LED 串联而成，每组由 5 个规格近似的 LED 并联而成[1]，如图 6-14 所示。图 6-14（c）为小型太阳能 LED 北京奥运宣传牌实物图。

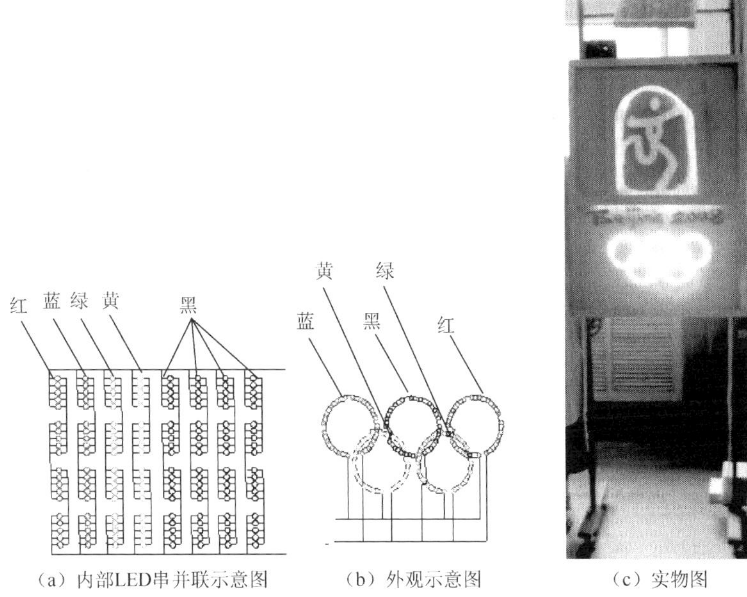

图 6-14　小型太阳能 LED 北京奥运宣传牌的内、外部示意图及实物图

6.1.3　光伏交通灯

本节介绍一种光伏交通灯[9]，信号灯颜色包括红、黄、绿三种。

6.1.3.1　系统工作原理

光伏交通灯的工作原理为：通过太阳能电池供电电路与光伏交通灯控制电路的结合，实现光伏交通灯的实时运用。太阳能电池供电电路控制蓄电池充放电。信号灯的工作顺序为：绿灯亮 25s，黄灯亮 5s，红灯亮 25s。

光伏交通灯的电路包括太阳能电池供电电路和光伏交通灯控制电路两部分，如图 6-15 所示。

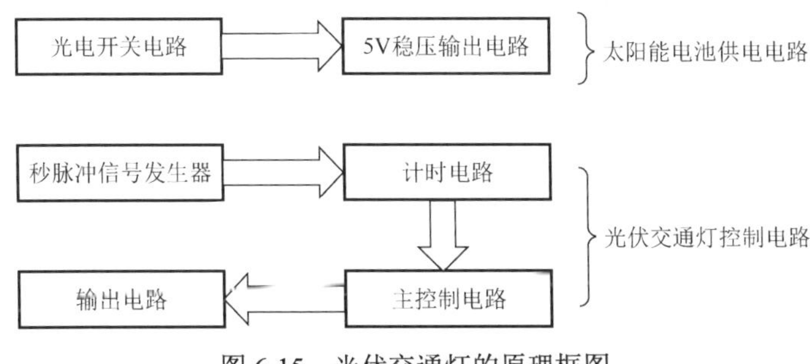

图 6-15　光伏交通灯的原理框图

6.1.3.2　各部分电路及功能

1. 太阳能电池供电电路

这部分电路包括光电开关电路和 5V 稳压输出电路。

1）光电开关电路

光电开关电路的主要功能是白天控制蓄电池充电，夜晚控制蓄电池放电驱动负载。白天与夜晚模式的辨别通过光敏电阻来实现。如图 6-16 所示，光电开关电路以 555 集成电路为核心，由 555、光敏电阻 LDR1、电阻 R9 等器件组成。LDR1 随光照的强弱呈现不同的阻值，利用 555 内部的两个比较器的复位与置位特性，便可组成施密特触发器。如图 6-17 所示，当光较强时，LDR1 呈低阻，555 的 2 脚呈低电平（<1/3VDD 触发电平），555 置位，继电器 P3 的常闭点接通，太阳能电池给蓄电池充电，同时给负载供电；当光较弱时，LDR1 呈高阻，6 脚电平高于 2/3VDD 阈值电平，555 复位，继电器 P3 的常开点接通，太阳能电池不给蓄电池充电，蓄电池给负载供电。图 6-17 中，二极管 D3 用于防止蓄电池向太阳能电池反向充电。

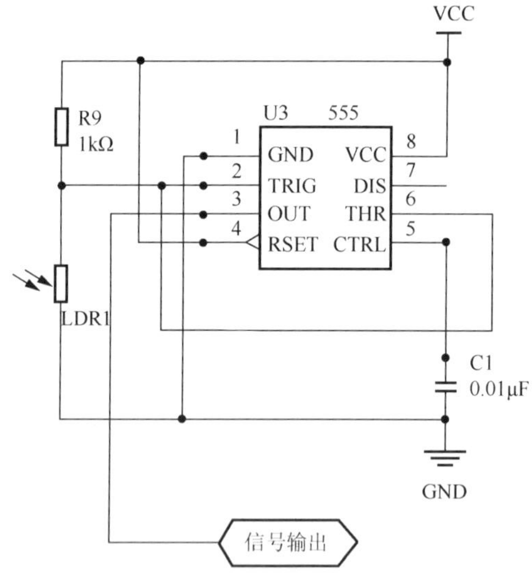

图 6-16　光电开关电路原理图

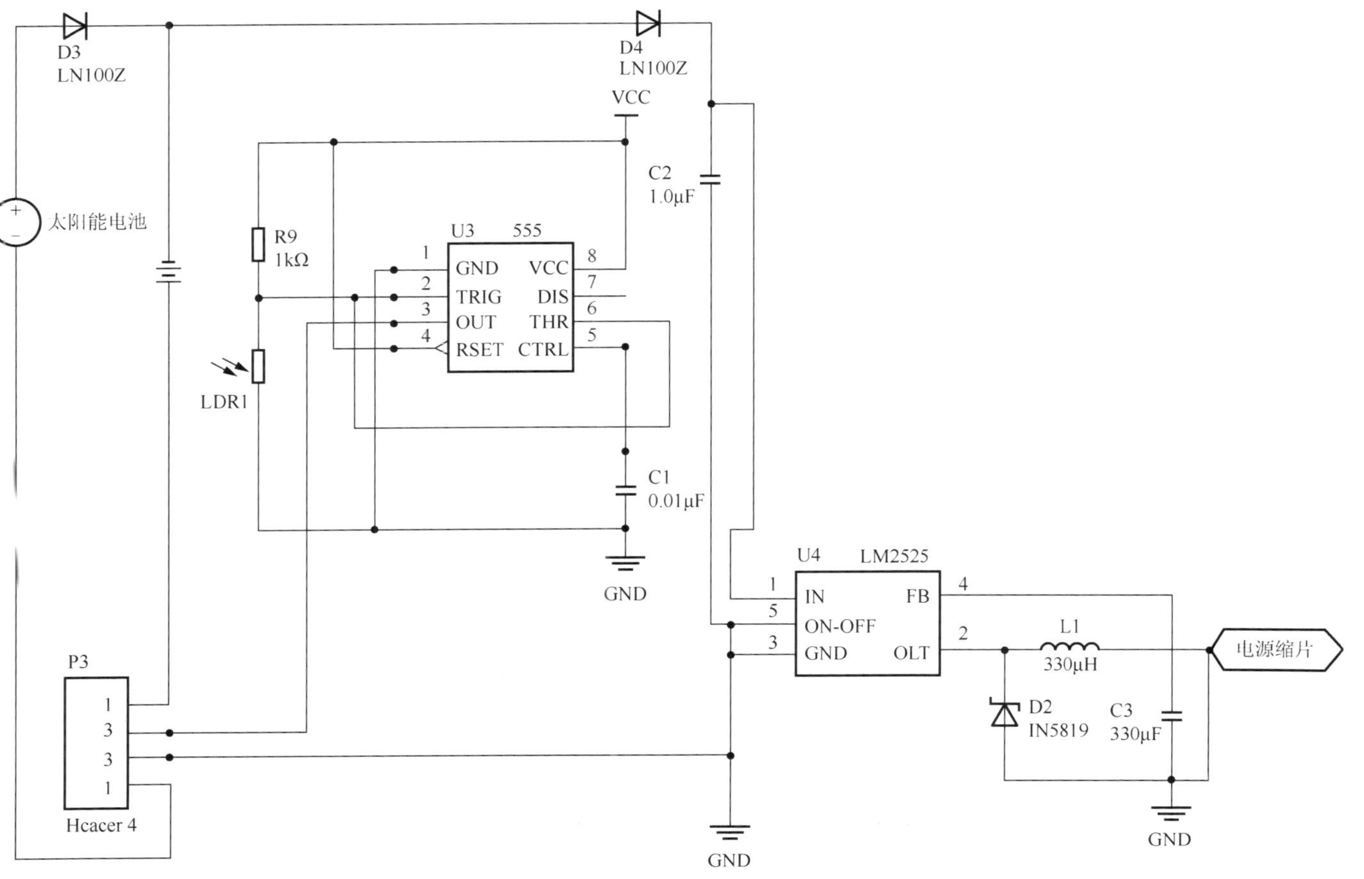

图 6-17　太阳能电池供电电路图

2）5V 稳压输出电路

因太阳能电池的电压具有不稳定性，而光伏交通灯电路中所需电压为 5V，所以使用 LM2575 芯片构成 5V 稳压输出电路，以保证后续电路的正常工作。

如图 6-18 所示（图 6-17 的右半部分），电路以 LM2575 为核心，其中 1 脚接输入电压，4 脚接输出，输出稳压 5V。整个稳压电路的作用是使一个变化的输入电压稳定在 5V 左右。电容 C2 的作用是稳定输入电压，使其在特殊情况下不发生突变。稳压二极管 D2、电感 L1 以及电容 C3 共同组成了Π型滤波电路，对输出电压可能含有的少量杂波进行过滤，使得输出电压更为稳定。经实际连接及检测，输出电压在 5V 左右，存在小幅度的跳动，但是对后续电路的工作影响不大，会使得光伏交通灯系统负载的输出电压比理想电压要稍低一些。

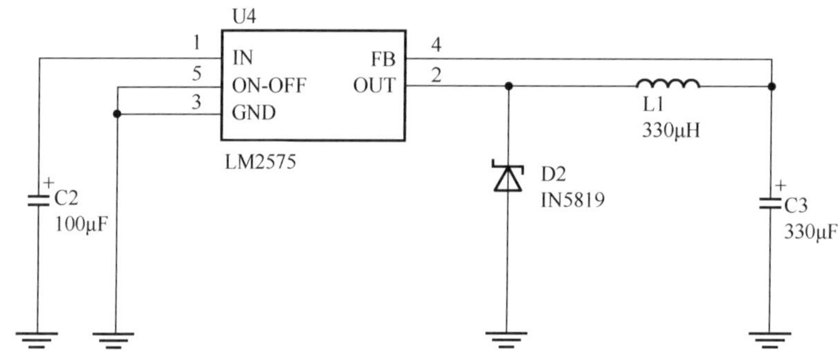

图 6-18　稳压电路原理图

2. 光伏交通灯控制电路

光伏交通灯控制电路包括：主控制电路、输出电路、计时电路和秒脉冲信号发生器。

1）主控制电路

主控制电路的功能是处理计时电路和秒脉冲信号发生器的输入信号以及输出信号，控制输出电路的正常工作。

主控制电路如图 6-19 所示，是由两片 74LS153D 数据选择器和两片 74LS74N 触发器等组成。主控制电路的功能是按预定的时间控制着每个光伏交通灯的亮和灭。控制器是交通管理的核心，其要求是能够按照交通管理规则来控制信号灯工作状态的转换。根据系统工作原理可以列出控制器的状态转换表，见表 6-3。两个 D 触发器作为时序寄存器，产生 4 种状态，控制器状态转换的条件为 T_5 和 T_{25}，当控制器处于 $Q_1^nQ_0^n$=00 状态时，如果 T_{25}=0，则控制器保持在 00 状态；如果 T_{25}=1，则控制器转换到 $Q_1^nQ_0^n$=01 状态。这两种情况与条件 T_5 无关，所以用无关项“×”表示。同时表中还列出了状态转换信号 S_T。

U2
74LS153D
U1
74LS153D
MUX
U3A
U3B
74LS74N
74LS74N
状态转换信号S_T
秒脉冲时钟信号
VCC
5V
~1G
1C0
1C1
1C2
1C3
~2G
2C0
2C1
2C2
2C3
1Y
2Y
~1PR
1CLK
1D
~1CLR
1Q
~1Q
~2PR
2CLK
2D
~2CLR
2Q
~2Q

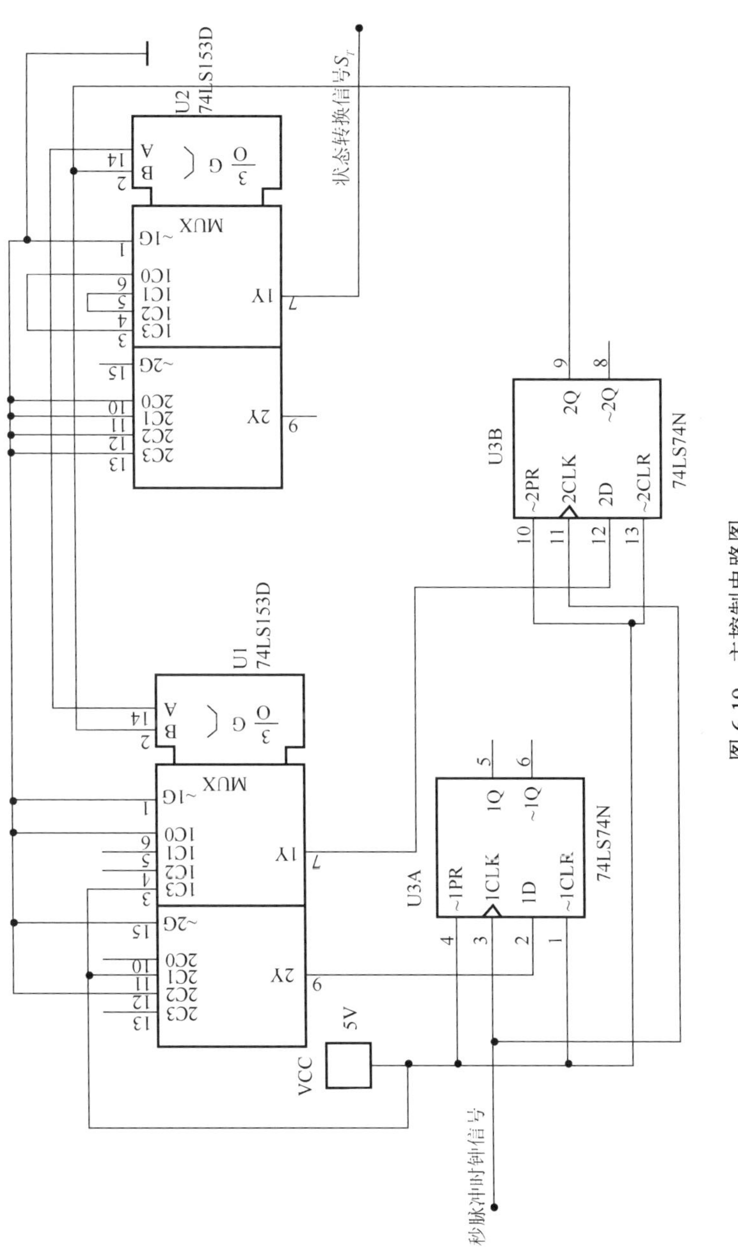

图 6-19　主控制电路图

根据以上所述，选用数据选择器 74LS153D 来实现每个 D 触发器的输入函数，将触发器的现态值（$Q_1^nQ_0^n$）加到 74LS153D 的数据选择输入端作为控制信号，即可实现控制器的功能。

表 6-3　状态转换表

输入				输出		
现态		状态转换条件		状态转换信号	次态	
Q_1^n	Q_0^n	T_5	T_{25}	S_T	Q_1^{n+1}	Q_0^{n+1}
0	0	×	0	0	0	0
0	0	×	1	1	0	1
0	1	0	×	0	0	1
0	1	1	×	1	1	1
1	1	×	0	0	1	1
1	1	×	1	1	1	0
1	0	0	×	0	1	0
1	0	1	×	1	0	0

2）输出电路

LED 灯输出电路是通过门电路组合设计得到的，其具体电路图如图 6-20 所示。

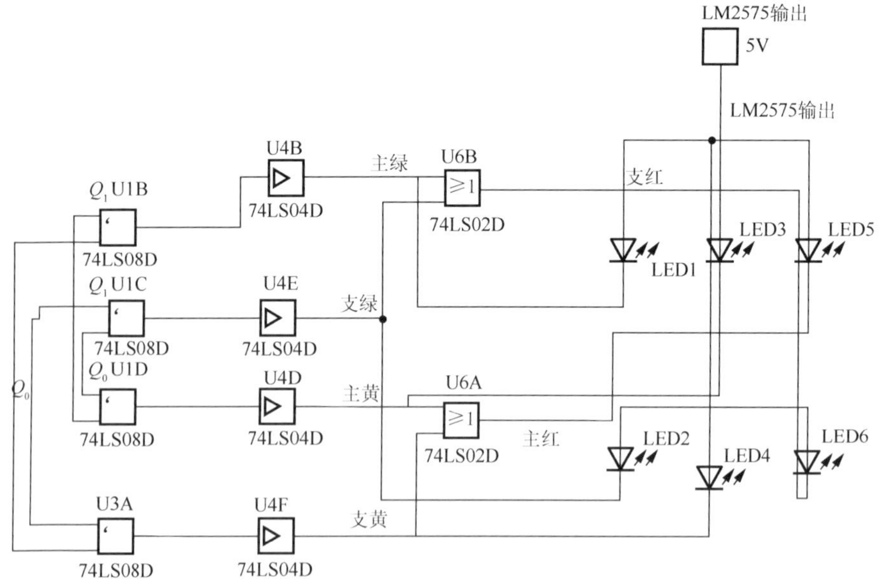

图 6-20　输出电路图

输出电路的主要功能是实现控制电路输出信号对 LED 灯实际工作情况的控制。LED 灯一共有四种状态，其状态表如表 6-4 所示。光伏交通灯控制器的控制过程分为四个阶段，对应有四种输出状态，分别用 S_0、S_1、S_2、S_3 表示。具体说明如下。

表 6-4　光伏交通灯控制器状态表

控制状态	信号灯状态	车辆通行状态
S_0（00）	主红，支绿	主道禁止通行，支道通行
S_1（01）	主红，支黄	主道禁止通行，支道缓行
S_2（11）	主绿，支红	主道通行，支道禁止通行
S_3（10）	主黄，支红	主道缓行，支道禁止通行

S_0 状态：主干道红灯亮，支干道绿灯亮。此时支干道允许车辆通行，主干道禁止车辆通行。当支干道绿灯工作至规定的时间后，控制器发出状态转换信号，系统进入下一个状态。

S_1 状态：主干道红灯亮，支干道黄灯亮。此时支干道允许超过停车线的车辆继续通行，而未超过停车线的车辆禁止通行，主干道禁止车辆通行。当支干道黄灯工作至规定时间后，控制器发出状态转换信号，系统进入下一个状态。

S_2 状态：主干道绿灯亮，支干道红灯亮。此时支干道禁止车辆通行，主干道允许车辆通行。当主干道绿灯工作至规定时间后，控制器发出状态转换信号，系统进入下一个状态。

S_3 状态：主干道黄灯亮，支干道红灯亮。此时支干道禁止车辆通行，主干道允许超过停车线的车辆通行，而未超过停车线的车辆禁止通行。当主干道黄灯工作至规定的时间后，控制器发出状态转换信号，系统进入下一个状态——S_0 状态。

因此，定时器产生时间间隔后，向控制器发出“时间已到”的信号，控制器根据定时器的信号，决定是否进行状态转换。如果肯定，则控制器发出状态转换信号 S_T，定时器开始清零，准备重新计时。

3）计时电路

计时电路由两片 74LS161D 同步计数器组成（图 6-21）。计时电路的功能是精确定时，主要作用：一是根据主干道和支干道车辆运行时间以及黄灯切换时间的要求，进行 25s、5s 等方式的计数；二是向控制器发出状态转换信号，控制器根据状态转换信号进行状态转换。

状态转换信号S_T
U3A
74LS04D
U2
74LS161D
U1
74LS161D
QA
QB
QC
QD
A
B
C
D
CLK
ENP
ENT
~LOAD
~CLR
RCD
VCC
5V
秒脉冲时钟信号

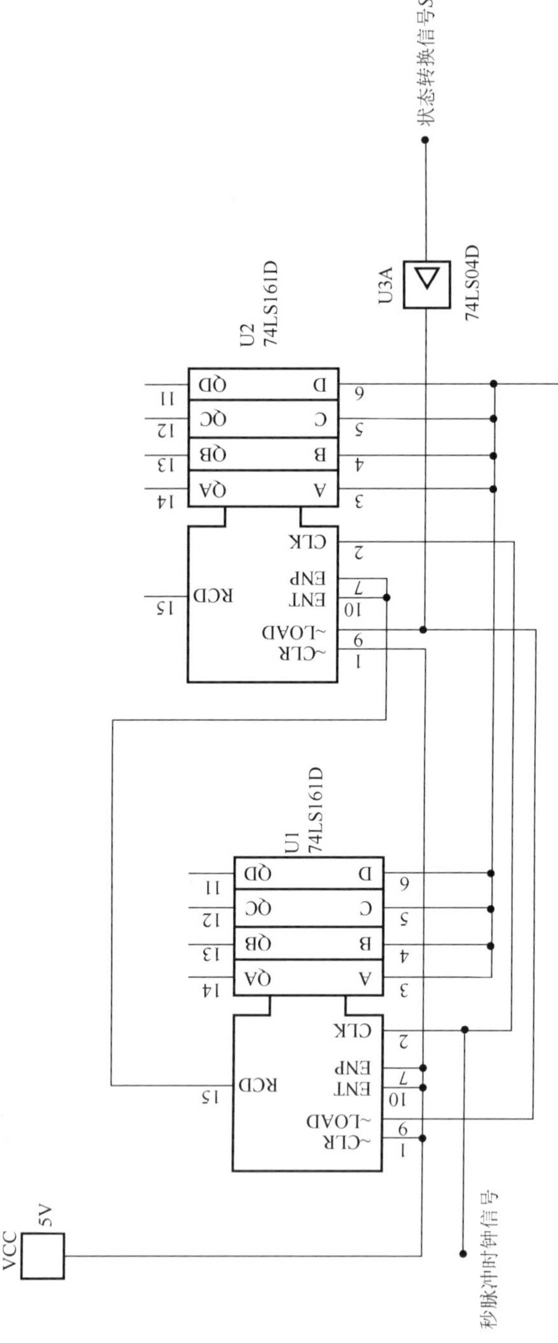

图 6-21　计时器电路图

4）秒脉冲信号发生器

图 6-22 为秒脉冲信号发生器电路图。

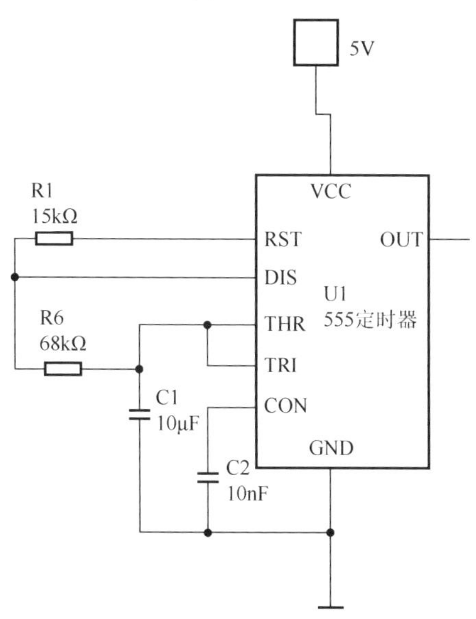

图 6-22　秒脉冲信号发生器电路图

555 定时器构成的多谐振荡电路组成秒脉冲信号发生电路，其脉冲宽度 t_{PL}、脉冲高度 t_{PH}、脉冲频率 f 的计算公式：

$$t_{PL}=\mathrm{R2}\cdot C\ln 2\approx 0.7\mathrm{R2}\cdot C$$

$$t_{PH}=(\mathrm{R1}+\mathrm{R2})C\ln 2\approx 0.7(\mathrm{R1}+\mathrm{R2})C$$

$$f=\frac{1}{t_{PL}+t_{PH}}\approx\frac{1.43}{(\mathrm{R1}+2\mathrm{R2})C}$$

式中，C 为电容。通过计算可得：R1 约为 15kΩ，R2 为 68kΩ，电容 C1 为 10μF，C2 为 10nF。

图 6-23 是光伏交通灯控制电路部分总电路图。

6.1.3.3　系统组装及调试

整个系统的组装过程如下：首先将太阳能电池与施密特触发器连接在一起，通过继电器将蓄电池并联到太阳能电池两端，继电器的动点接太阳能电池的正极，继电器的常闭点接蓄电池正极，蓄电池的正极接稳压电路的输入端，稳压电路的输出端接入光伏交通灯的控制电路以及负载；控制器、太阳能电池、光伏交通灯的负极均接到蓄电池的负极，这样整个系统就连接完成。系统调试包括以下步骤。

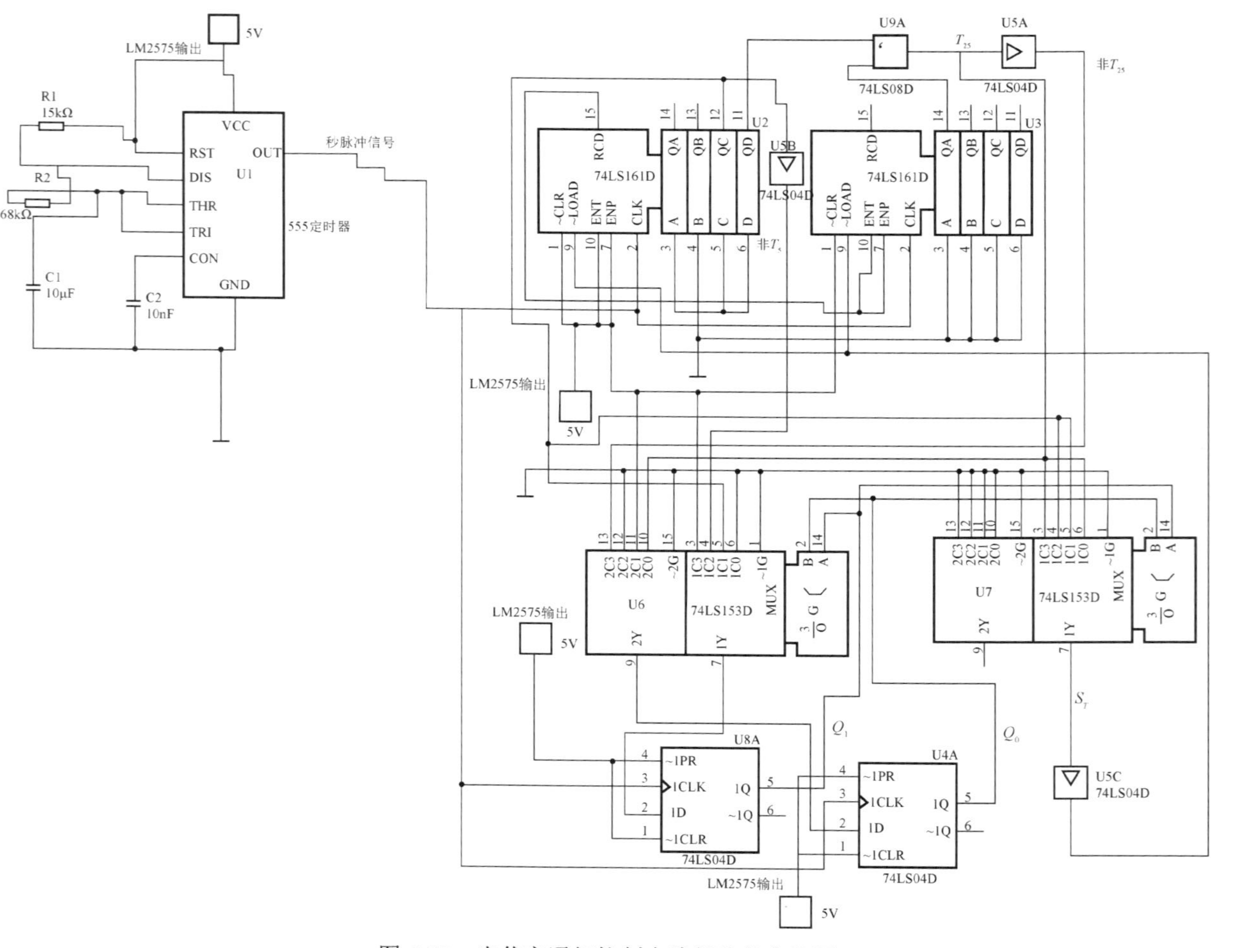

图 6-23　光伏交通灯控制电路部分总电路图

1. 施密特触发电路调试

给光敏电阻以强光，模拟白天模式，实现太阳能电池给蓄电池充电；用暗箱将光敏电阻遮住，模拟夜晚模式，实现夜晚蓄电池给负载供电。

实验结果为吸合电压 10.2V、吸合电流 45mA、断开电压 3.22V，断开电流 25mA。电路在实际连接过程中由于操作原因，电压值的峰值并不能完全达到额定值。

2. 5V 稳压输出电路调试

稳压电路的参数测试是在整体电路连接完成后进行的，由于光照强度的变化，数据会有一定的偏差。以下是实验数据：

蓄电池充电时 LM2575（1 脚）输入电压为 11～11.4V；

蓄电池放电时 LM2575（1 脚）输入电压为 11.7～12.1V；

蓄电池充电时 LM2575（2 脚）输出电压为 5V；

蓄电池放电时 LM2575（2 脚）输出电压为 5V。

通过实验数据可知，稳压电路工作情况正常。

3. 信号灯电路调试

信号灯电路是整个系统的负载，需要实现疏导交通的目的，其 LED 灯要求是正常工作。LED 灯的四种工作状态循环往复，实现表 6-4 光伏交通灯控制器的状态。图 6-24 为 LED 灯的工作状态图与实物效果图。信号灯电压测量数据如下。

蓄电池充电时信号灯输出电压（74LS04D/74LS02D）：高电平时为 4.95～4.99V，低电平时为 2.21～2.54V。

蓄电池放电时信号灯输出电压（74LS04D/74LS02D）：高电平时为 4.96～4.99V，低电平时为 2.20～2.54V。

蓄电池充电时光伏交通灯的秒脉冲信号发生器输出电压（555 定时器的 3 脚）为 0.07～5.0V。

蓄电池放电时光伏交通灯的秒脉冲信号发生器输出电压（555 定时器的 3 脚）为 0.02～5.0V。

本系统在组装完成后进行了反复调试，调试结果：①系统连接牢固，结构合理。②太阳能电池板供电量合适，能保证对蓄电池消耗电量的补充，使蓄电池恢复正常的使用电压。③稳压电路输出电压稳定，能保证光伏交通灯整日的正常工作。④电路设计符合要求，光照充足时，太阳能电池为蓄电池充电，同时为光伏交通灯供电；光照不足时，蓄电池为光伏交通灯供电，蓄电池不再充电。调试结果证明该系统工作正常。

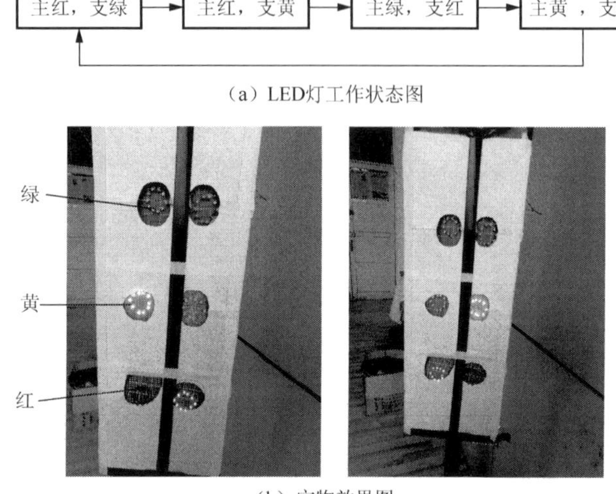

（a）LED灯工作状态图

（b）实物效果图

图 6-24　LED 灯的工作状态图与实物效果图

6.2　光伏控制器

6.2.1　A 型光伏控制器

图 6-25 为 A 型光伏控制器的结构框图。A 型光伏控制器的电路图如图 6-26（a）所示，图 6-26（b）为实验实装图。

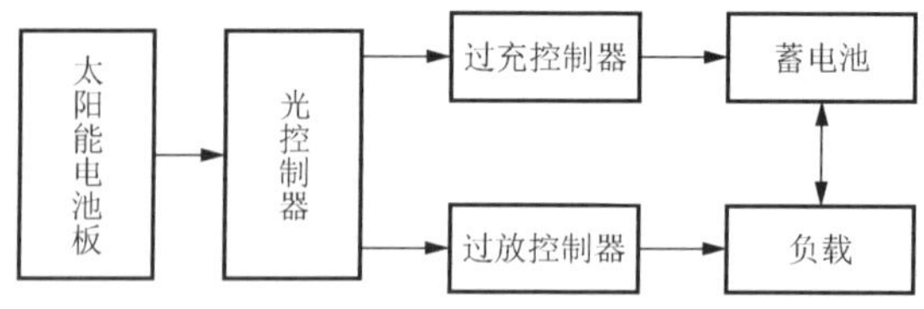

图 6-25　A 型光伏控制器的结构框图

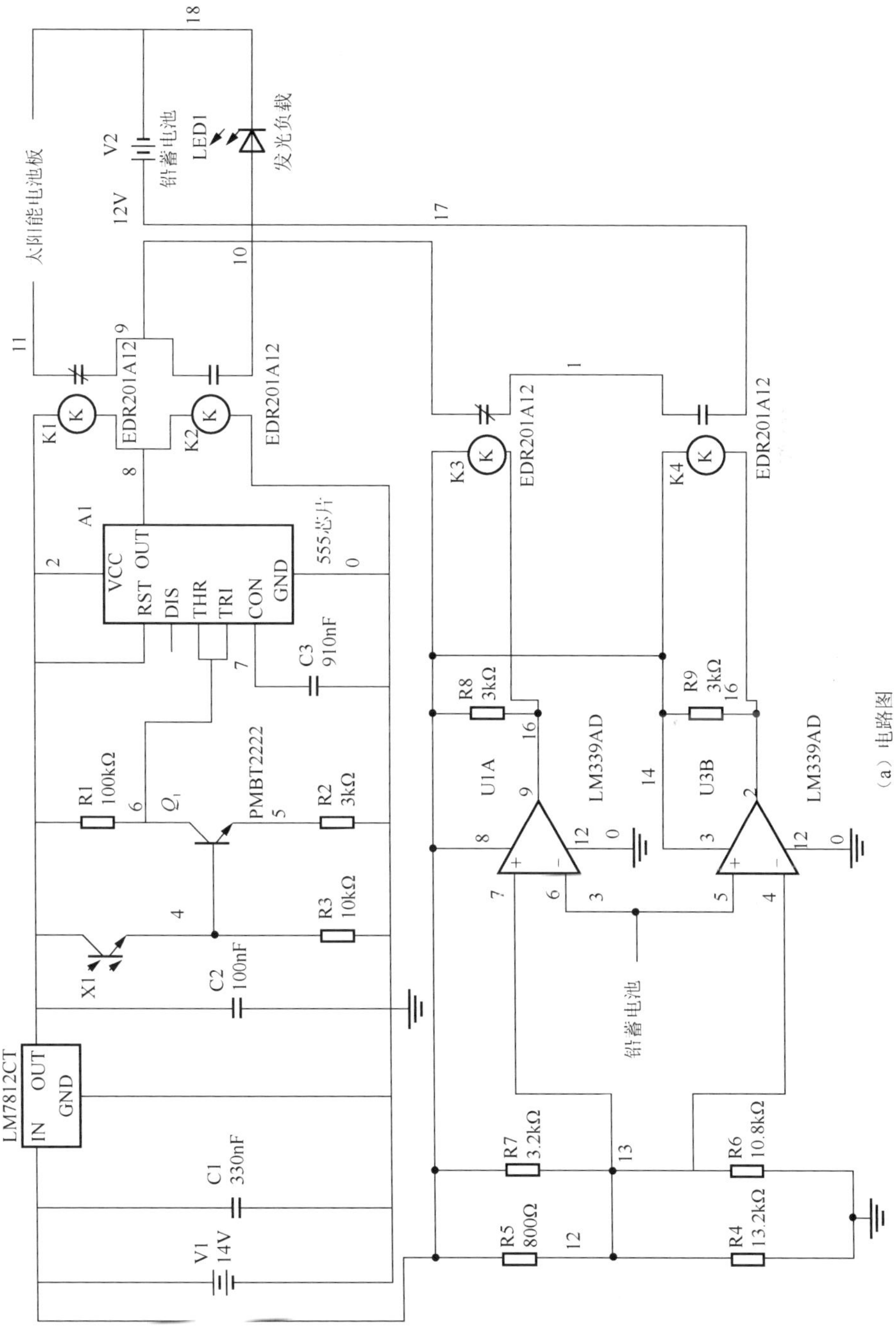

太阳能电池板
V2
12V
铅蓄电池
LED1
发光负载
K1
K2
K3
K4
EDR201A12
A1
555芯片
VCC
RST
OUT
DIS
THR
TRI
CON
GND
C3
910nF
R1
100kΩ
Q_1
PMBT2222
R2
3kΩ
R3
10kΩ
X1
C2
100nF
U2
LM7812CT
IN
OUT
GND
C1
330nF
V1
14V
R8
3kΩ
R9
3kΩ
U1A
U3B
LM339AD
R7
3.2kΩ
R6
10.8kΩ
R5
800Ω
R4
13.2kΩ

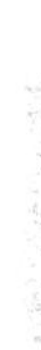

（a）电路图

（b）实验实装图

图 6-26　A 型光伏控制器的电路图及实验实装图

A 型光伏控制器的构成包括光敏电阻、三极管（开关）、555 芯片（构成施密特触发器）等。当有光照时，光敏电阻的阻值低，三极管饱和导通使输出电压很低，此时 555 芯片输出电压为 12V。当无光照时，光敏电阻的阻值高，导致三极管截止，其输出电压为 12V，而 555 芯片输出电压约 0V。有光和无光控制了 555 芯片输出电平的高和低，进而控制了继电器的开和关，得到白天充电和夜间放电的功能。

如图 6-26（a）所示，控制过充过放的功能是由 LM339AD 比较器实现，蓄电池的电压最高为 V_h=110%V_c，放电时最低电压为 V_l=90%V_c，V_c 为蓄电池的标称电压值，这样为比较器产生了两个比较电压。将蓄电池的电压作为比较器的输入信号，通过与 V_h 和 V_l 进行比较，以控制继电器的开关，进而保护了蓄电池。也就是说，比较器使得蓄电池在 10.8～13.2V 供电时，外部电路正常工作（白天太阳能电池板对蓄电池充电，夜间蓄电池供负载工作产生照明），超出这个范围蓄电池就会自行保护。

6.2.2　B 型光伏控制器

本节介绍一种简单的 B 型光伏控制器[10]，可供初学者参考。图 6-27 为此光伏控制器与被控制负载（LED 屏）的实验装置图。

图 6-27　B 型光伏控制器与被控制负载（LED 屏）的实验装置图

6.2.2.1　太阳能电池功率计算

负载采用大连长城公司生产的实验用 LED 屏，LED 屏的驱动电路如图 6-27 所示。蓄电池容量按照大连地区最长连续阴雨天数为 1.5 天计算，蓄电池选用两个 12V、7A·h 的铅酸蓄电池。

负载工作电压为 4.9V，负载工作电流为 3.0374A，工作时间为 1 小时，大连市太阳辐射系数为 130×4.1868kJ/（cm·h），一般情况下，k=230kJ/（cm·h）；按照 2.6.2 节的简化设计方法[7]计算得出太阳能电池功率 P 为 6.29W[10]。

6.2.2.2　控制器电路

控制器电路分为两大部分，即光控开关电路和蓄电池充放电控制电路[10]，以下分别进行说明。

1. 光控开关电路

光控开关电路的主要功能是根据光线强弱判断是白天还是黑夜，若是白天状态，则充电回路导通，放电回路截止，即太阳能电池对蓄电池充电，蓄电池不对负载供电。若是夜晚或阴雨状态，则放电回路导通，充电回路截止，即蓄电池对负载供电。

光控开关的原理：如图 6-28 所示，电路由电阻 R1、R2（光敏电阻）、R3，

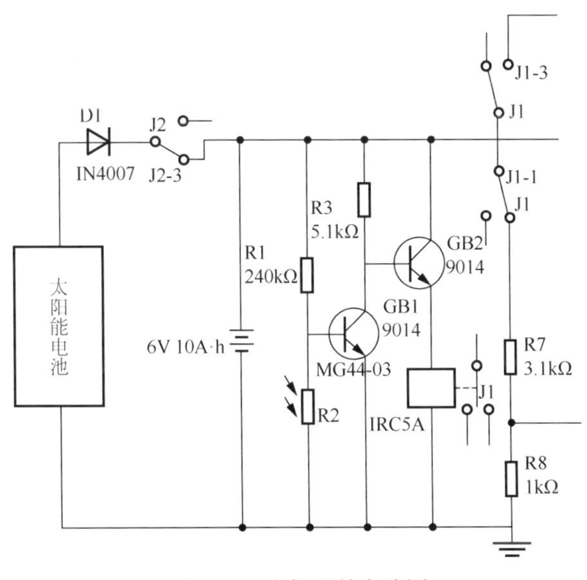

图 6-28　光控开关电路图

三极管 GB1、GB2，继电器 J1 组成。白天有光照时，光敏电阻 R2 阻值减小，三极管 GB1 基极为低电位，三极管 GB1 截止，高电平输出，三极管 GB2 导通，继电器 J1 吸合，J1-1 由常闭状态变为常开状态，J1-3 由常开状态变为常闭状态。夜晚没有阳光照时，光敏电阻 R2 阻值趋近无穷大，三极管 GB1 基极为高电位，三极管 GB1 导通，低电平输出，三极管 GB2 截止，继电器 J1 释放，J1-1 由常开状态变为常闭状态，J1-3 由常闭状态变为常开状态。（特别说明，三极管 GB2 和继电器 J1 组成共集电极电流放大电路，目的是增大电流，否则电路输出难以驱动继电器。）

2. 蓄电池充放电控制电路

蓄电池充放电控制电路（即蓄电池保护电路）的功能为：①白天，太阳能电池输出电流通过控制器对蓄电池充电，如果蓄电池处于过充电状态，则充电回路自动断开，如图 6-29（a）所示；②夜晚，蓄电池向负载供电，如果蓄电池处于过放电状态，则放电回路自动断电，如图 6-29（b）所示。蓄电池充放电控制电路原理如下：

（1）过充保护电路部分。过充保护电路部分是由稳压管 7805，电阻 R4、R5、R6、R9，二极管 D2、D3，比较器 LM393，三极管 GB3，继电器 J2 组成（图 6-29）。白天，当 J1-3 由常开状态变为常闭状态时，过充保护电路开始工作，稳压管 7805 将输出电压稳定在 5V，二极管 D2、D3 将电压稳定在 1.2V 并作为比较电压，分压电阻 R5、R6 将输入电压分为 5∶1，并与比较电压比较。当比较器（+）端（3 脚）的实际电压低于（−）端（2 脚）的比较电压时，比较器 1 脚输出低电平，或门 74LS32 输出低电平，三极管 GB3 截止，继电器 J2 不动作，J2-1 处于常闭状态，太阳能电池对蓄电池正常充电；反之，当比较器 3 脚的实际电压高于 2 脚时，蓄电池为过充状态，比较器 1 脚输出跳变为高电平，或门 74LS32 输出高电平，三极管 GB3 导通，J2-3 常开点转为闭合状态，切断充电回路，实现过充电保护。

（2）过放保护电路部分。过放保护电路部分是由稳压管 7805，电阻 R4、R7、R8、R10，二极管 D2、D3，比较器 IC1，继电器 J2 组成（图 6-29）。夜晚，当 J1-1 由常开状态变为常闭状态时，过放保护电路开始工作，稳压管 7805 将输出电压稳定在 5V，由二极管 D2、D3 将电压稳定在 1.2V 并作为比较电压，分压电阻 R7、R8 将输入电压分为 3∶1，并与比较电压比较。当比较器 5 脚的实际电压高于 6 脚（−）的比较电压时，比较器 7 脚输出持续保持高电平，或门 74LS32 输出高电平，三极管 GB3 导通，继电器 J2 吸合。J2-1 常开点转为闭合状态，蓄电池对 LED 负载正常放电；反之，当 5 脚的实际电压低于 6 脚的比较电压时，比较器 7 脚输出低电平，或门 74LS32 输出低电平，三极管 GB3 截止，继电器 J2 释放，J2-1 常闭点转为闭合状态，切断放电回路，实现过放电保护。

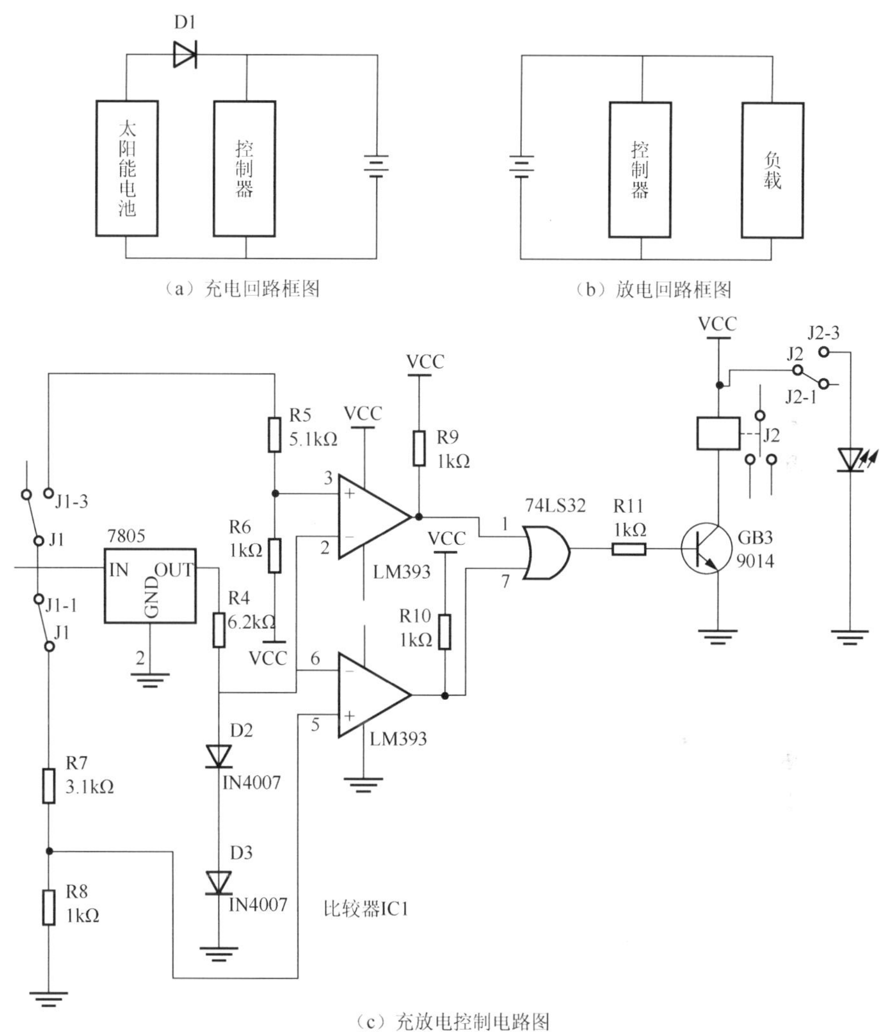

图 6-29　蓄电池充放电控制电路原理图

6.2.2.3　光伏供电 LED 显示系统的组装调试

B 型光伏控制器与负载连接后，组成光伏供电 LED 显示系统[10]。图 6-30 为 B 型光伏控制器电路图。

系统组装调试：首先将两块 6V、10A·h 的蓄电池并联，组成一个蓄电池组，蓄电池的正极分别与控制器的正极、继电器 J2 的常闭点相连。负载的正极接在继电器 J2 的常开点，太阳能电池的正极通过二极管接在继电器 J2 的动点。控制器、太阳能电池、负载的负极均接到蓄电池的负极。

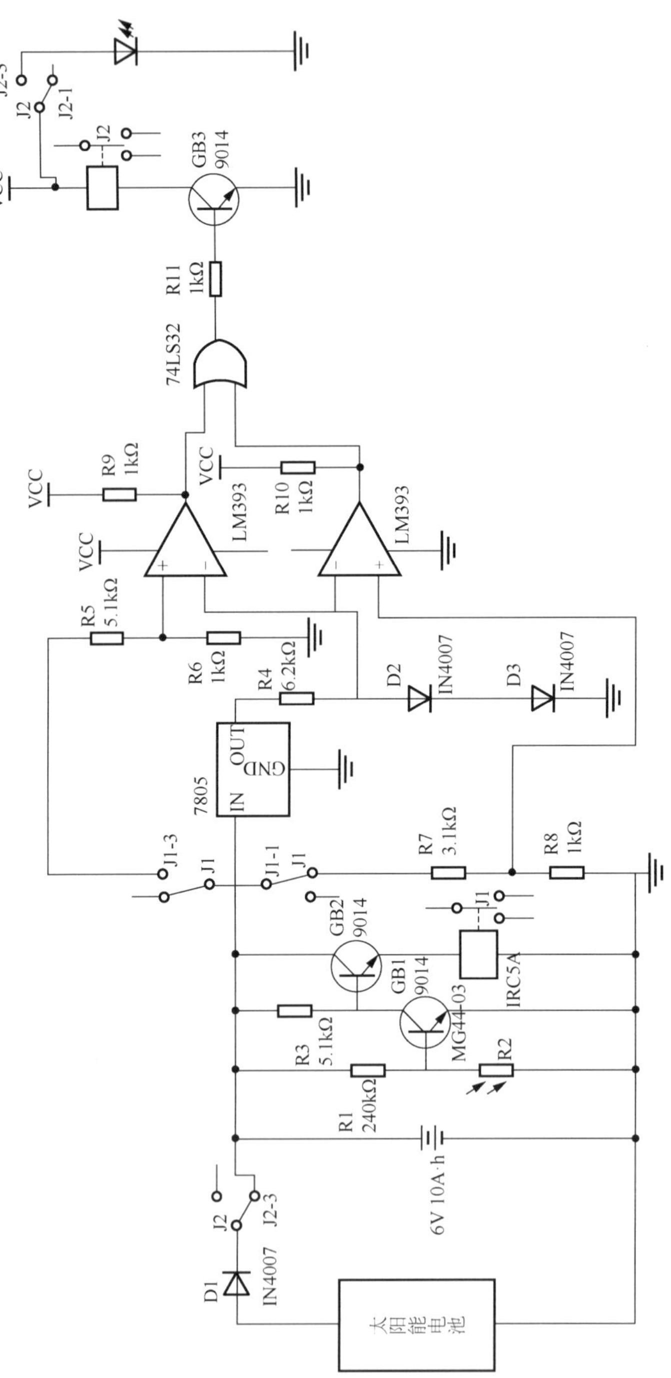

图 6-30　B 型光伏控制器电路图

本系统在组装完成后进行了反复调试，调试结果证明该系统工作正常，达到了设计要求。

（1）系统连接牢固，结构合理。

（2）太阳能电池板供电量合适，能够保证对蓄电池消耗电量的补充。

（3）蓄电池容量充足，保证系统电路正常工作及 LED 发光两小时；蓄电池的工作电压为 6V，电池容量为 10A·h。

（4）控制电路按设计要求正常工作：实现白天太阳能电池对蓄电池进行充电，并实现过充电保护，当电池电压高于 6.9V 时，充电回路断电；夜晚放电回路接通，并实现过放电保护，当蓄电池对负载持续供电约 2 个半小时后，蓄电池电压低于 5.6V，系统自动断电。

（5）LED 屏幕负载工作正常，显示清晰。

6.3　光伏光电一体化集成系统

本节首先说明一般太阳能电池方阵的结构与特性，然后提出光伏光电一体化集成系统（integrated system of PV and LED，ISPL）并介绍其构成，最后阐述一种采用太阳能电池与 LED 结合的实际方案，通过充分利用空间，得到较高效率的 ISPL 结构。

6.3.1　太阳能电池方阵的结构及特性

太阳能是一种低密度的能源，需要用一定数量的太阳能电池组件经过串并联构成方阵来采集。太阳能电池方阵的平面设计和负载的连接特别重要[11,12]。

太阳能电池方阵的串并联方式可根据用户需求而定。按电压等级来分，独立光伏系统输出的直流电压与蓄电池的标称电压相对应，如 220V、110V、48V、36V、24V、12V 等，而且与用电器的电压等级一致。为适应常用的电器供电，太阳能电池方阵的直流电经逆变器后变为 220V 或 380V 三相交流电输出。对于大型光伏电站系统，则常用多个太阳能电池方阵进行串并联，组合成与电网匹配的电压等级，再与电网连接。

在太阳能电池方阵中，如果某单体电池或电池组上有阴影（树叶、鸟类、鸟粪等），或者被损坏，此单体电池或电池组如同一个工作在反向偏置下的二极管，其电阻和压降很大，从而消耗功率导致发热，称之为“热斑效应”[10,11]。此时，组件或方阵的其余部分仍在太阳暴晒之下正常工作。在太阳能电池方阵中，若被遮挡部分为串联连接单元，一方面整个回路电流将减小，另一方面局部升温会烧坏电池而导致断路，如图 6-31（a）所示；若被遮挡部分为并联连接单元，该部分电流贡献将减小，如图 6-31（b）所示。

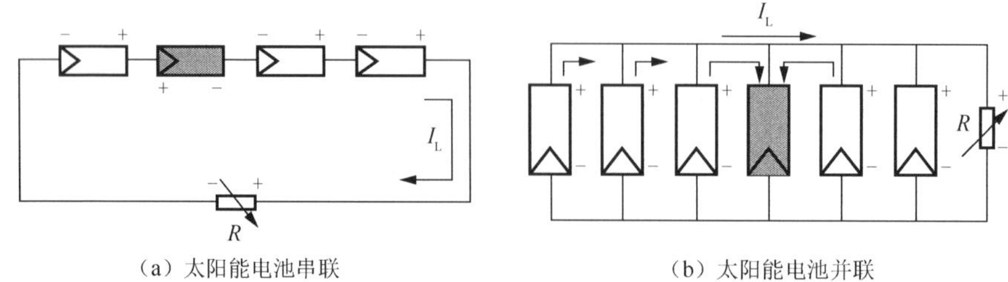

图 6-31　太阳能电池组件热斑效应示意图

为避免“热斑效应”[11,12]，通常采用旁路二极管和阻塞二极管的方法。旁路二极管可防止个别太阳能电池因被遮挡而损坏，也避免阵列通过被遮挡的太阳能电池放电而损失输出功率。阻塞二极管可防止某并联支路被遮挡时，其他支路通过其放电，防止该支路中所有相串联的太阳能电池的损坏。太阳能电池方阵需要支架、电缆、阻塞二极管和旁路二极管对组件实行电气连接，并需要配专用的、内装避雷器的分接线箱和总接线箱等。图 6-32 为带有阻塞二极管和旁路二极管的太阳能电池阵列示意图[11,12]。

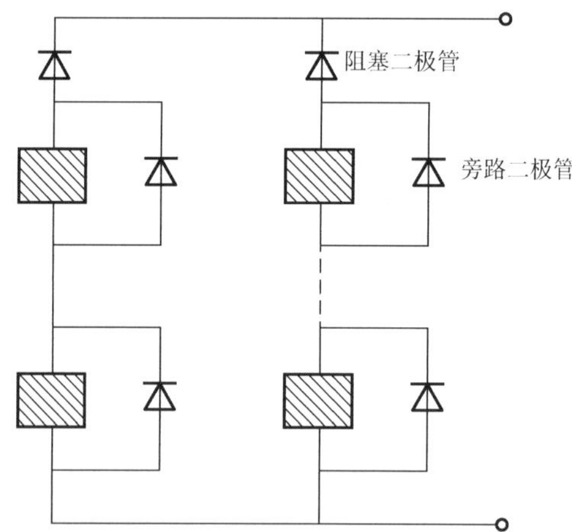

图 6-32　带有阻塞二极管和旁路二极管的太阳能电池阵列示意图

将太阳能电池组件进行串并联组装成方阵时，具体考虑内容为：

（1）串联时需要工作电流相同的组件，并为每个组件连接旁路二极管。

（2）并联时需要工作电压相同的组件，并在每条并联线路串接阻塞二极管。

（3）尽量遵循组件互联接线最短的原则。

（4）要严格防止个别性能变坏的太阳能电池组件混入太阳能电池方阵。

太阳能电池方阵在室外工作，其输出功率和转换效率受温度和太阳辐照度影响。通风良好或降低组件的工作温度可以提高太阳能电池方阵的输出功率。太阳能电池方阵的标称功率即是 IEC 标准条件下的最大输出功率。太阳能电池组合成方阵，会造成电压、电流及输出功率的损失。太阳能电池方阵的功率损失因子，也可称为组合损失因子，当有 N 个太阳能电池组件被组合成太阳能电池方阵时，其组合损失因子可表示为

$$\eta_{a} = P_{m} / \sum P_{mi} \tag{6-1}$$

式中，P_m 为太阳能电池方阵的最大输出功率；P_{mi} 为 N 个组件中第 i 个组件的最大输出功率。太阳能电池方阵的功率损失主要来源于组件特性不一致、串并联的二极管和接线损失等。

6.3.2　ISPL 的提出

ISPL 亦称为太阳能电池与 LED 结合的方阵，是太阳能电池与 LED 通过穿插装配形成的一体化装置[13,14]。其功能为：①采用太阳能电池供电，节省市电；②白天收集阳光，转化为电能并存储，晚上可供装置中的 LED 发光；③可以成为城市亮化工程普遍使用的装置。

发展 ISPL 的意义：

（1）照明能耗占世界总能耗的 20%左右，光伏发电与照明结合可以有效地削减城市用电。应用清洁的太阳能光伏发电系统供电、采用节电的显示屏（LED 或 LCD 显示屏）可以减少我国城市亮化工程消耗的电能。

（2）ISPL 不需要另外配置太阳能电池板，节省空间，可就地安装，装置美观，可以安装在建筑物墙面、屋顶、道路旁。ISPL 既是发电装置，也是光电显示装置。

（3）光伏发电无噪声、无污染排放、不消耗任何燃料、不需要水。从外观看，ISPL 与使用市电的光电装置的亮化效果区别不大，用户能够接受它。

（4）促进光电器件的产品应用和产业化、研发光伏与光电产品联合运用的系列新产品，将会形成相关的产业链和新的经济增长点，并占领国内外市场，为实现跨越式发展做出贡献。

6.3.3　ISPL 的设计与实例

1. ISPL 的构成形式

（1）填充式。宣传用的 LED 指示牌通常是以文字为主的 LED 显示屏，属于填充式 ISPL，如图 6-33 所示。这种 ISPL 中，文字、图案之间有不少空间，可以充分利用这些空间，填充装入小型太阳能电池，如图 6-34 所示，图中空白处放置晶体硅太阳能电池。白天，太阳能电池可将阳光转化为电能，并存储在蓄电池中；

晚上，蓄电池可供给装置中的 LED 发光。

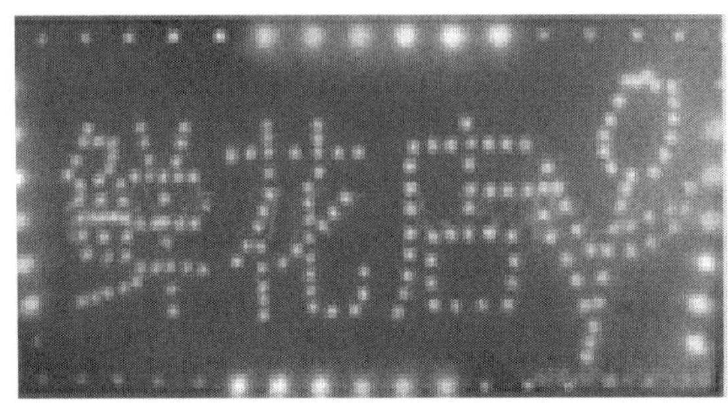

图 6-33　LED 指示牌

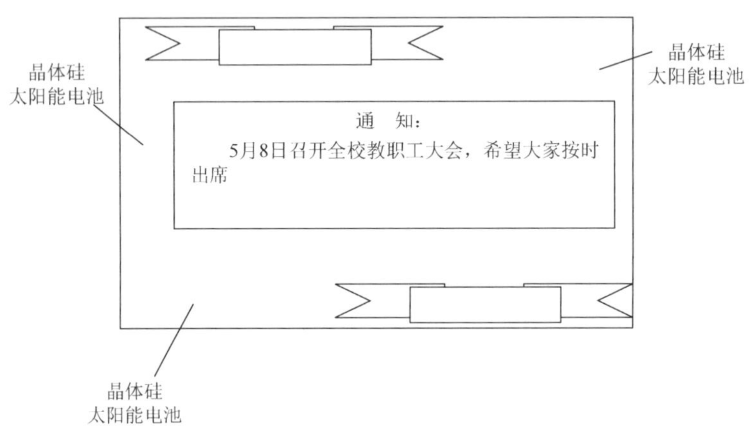

图 6-34　填充式 ISPL 的结构示意图

（2）镶嵌式。目前，很多大型晚会或宣传广告大量采用 LED 彩幕，结构形式如图 6-35 所示，框架横、竖条交界处是 LED 灯，空格占有较多的空间。我们可以将小型太阳能电池镶嵌在空格中，形成镶嵌式 ISPL。

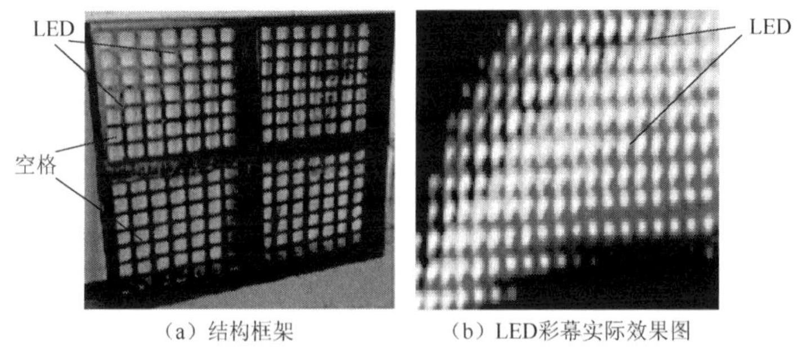

（a）结构框架　　（b）LED彩幕实际效果图

图 6-35　LED 彩幕

（3）像素集成式。目前，室内外双色 LED 屏、全彩 LED 屏在广告领域的应用普遍，结构形式如图 6-36 和图 6-37 所示。显示屏的 LED 像素之间有小空间，其面积为 LED 像素面积的 1～3 倍，可以在封装时将小体积的单体太阳能电池镶嵌在其中，形成像素集成式 ISPL。这种结构需要应用发电效率较高的太阳能电池，例如 GaAs 多结太阳能电池构成的小透镜型聚光太阳能电池。小透镜型聚光太阳能电池与 LED 芯片的交替装配可以采用类似于集成电路的工艺。这种工艺虽然难度较大，却是今后的主要发展方向[13]。

图 6-36　室内外全彩 LED 屏结构图

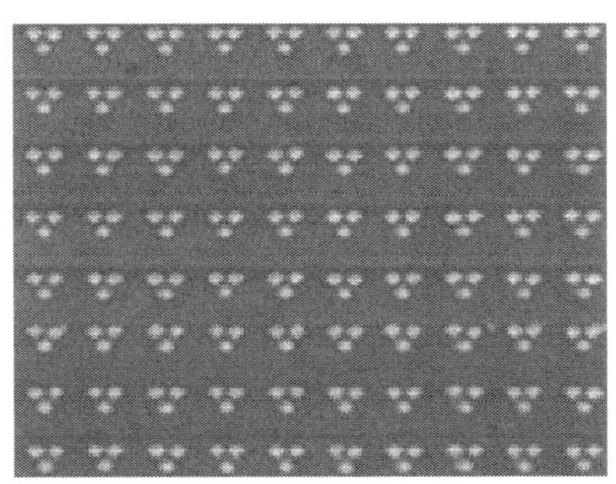

图 6-37　室内外双色 LED 屏结构图

2. 鲜花小店名牌显示屏的初步估算

设有一个鲜花小店名牌显示屏（属于 ISPL，见图 6-33），使用了 113 个 LED，LED 的电流为 0.02A，电压为 3V。按照大连市日照条件计算[7]：年均日照时间为 2500～2900h，日照率为 60%，年辐射总量为 530kJ/cm^2，参数 k 取 230kJ/（cm^2 · h）[7]。系统设计中，通过估算太阳能电池发电量，选取蓄电池容量，计算 LED 负载所需电量，再验证合理性。

（1）ISPL 可发电电量的估算。

显示屏长为 2m、宽为 1.11m、面积为 2.22m^2、LED 只占 31%的面积。除 LED 所占面积外，其余部分面积为 69%×2.22=1.53m^2，用来装入太阳能电池，如果按照每平方米发电 100W，阴雨天，平均每天日照 3h 计算，ISPL 可发电电量：

$$Q_1 = 1.53 \times 100 \times 3 = 459\mathrm{W \cdot h / d}$$

（2）所采用的蓄电池容量估算[7]。

LED 采用两个串联成一组，然后再并联的连接方法，负载工作电流为 1.14A，负载每日工作 4h，大连市最长连续阴雨天数为 1.5 天，参照 2.6.2 节计算蓄电池容量：

$$\mathrm{BC} = 1.8 \times 1.14 \times 4 \times 1.5 = 12.3\mathrm{A \cdot h}$$

根据计算结果，系统选用 6V、12 $\mathrm{A \cdot h}$ 、环宇牌、型号为 NP12-6 的铅酸蓄电池。

（3）按照平均每天照亮 6h 计算，LED 负载所需电量：

$$Q_2 = 113 \times 0.02\text{A} \times 3.0\text{V} \times 6\text{h/d} = 40.68\text{W} \cdot \text{h/d}$$

ISPL 发电电量远大于 LED 负载所需电量。因此鲜花小店名牌显示屏的设计可行[13]。

6.3.4　ISPL 的实验

1. ISPL 的实验设计

实验首先对 LED 进行测试，然后根据所得数据进行系统设计，再进行负载 LED 的安装。

（1）LED 测试。表 6-5 为实验测得的 LED 在 3V 电压下的工作电流[15]。负载所用 LED 分为白、蓝、绿三种，每种各 14 个。负载的总功率为

$$P = (12\text{mA}\times14+5.5\text{mA}\times14+7.5\text{mA}\times14)\times3\text{V}=1.05\text{W}$$

若负载工作 3 小时，所消耗电量为 3.15W · h。总电流为 $I_{总}$=12mA×14+5.5mA×14+7.5mA×14=350mA=0.35A。以上计算中的电流值是表 6-5 中测量数据的平均值。

表 6-5　LED 在 3V 电压下的工作电流　（单位：mA）

	第 1 次	第 2 次	第 3 次	第 4 次	第 5 次	第 6 次	第 7 次	第 8 次	第 9 次	第 10 次
白	13	11	11	12	11	12	13	12	11	11
蓝	5	6	6	6	5	5	5	6	5	6
绿	7	7.5	8	8	7	7	7.5	8	7	7.5

（2）系统的设计与连接。系统所选用的小型太阳能电池为太阳能电池片，面积为 40cm²，开路电压为 0.5V 左右，短路电流为 0.25A 左右。由于蓄电池规格为 6V，其浮充电压为额定电压的 1.125 倍，所以蓄电池充电的上限在 6.6V 左右，下限在 5.6V 左右。为留有余地，本系统设定太阳能电池的供电电压为 7V，便于对蓄电池进行充电，故需用 14 片太阳能电池片。负载中每个 LED 的正常工作电压在 3V 左右，6V 的蓄电池对其供电，因此需要将全部 42 个 LED 分为 2 个串联支路，每个支路中的 LED 并联连接，以达到 6V 供电的要求。

按照实验室条件，14 个小型太阳能电池与 42 个 LED 灯装在同一块底板上。图 6-38 为太阳能电池与 LED 结合的 ISPL 实验电路连接图。

（3）小型太阳能电池组件及蓄电池特性。小型太阳能电池组件的开路电压 V_{OC}=7V、短路电流 I_{SC}=250mA、最大工作电压 V_m=6.3V、最大工作电流 I_m=200mA、最大输出功率 P_m=1.26W。

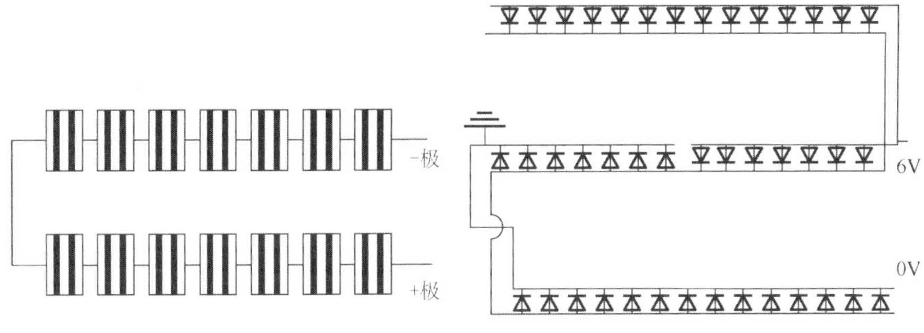

（a）小型太阳能电池连接示意图　　（b）LED的连接示意图

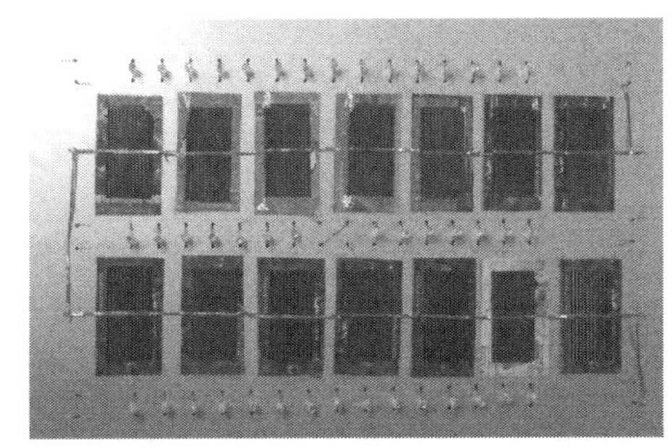

（c）ISPL实验电路连接实物图

图 6-38　ISPL 实验电路连接图

系统选用 5 个 5 号充电电池，每个电池电压为 1.2V/1.5V，额定容量为 2.5A·h×5=12.5A·h，LED 工作电流为 0.35A，每天工作 3h 需 1.05A·h，足以满足系统的要求。

2. ISPL 箱的研制

在以上实验的基础上，本节介绍 ISPL 箱的研制。

（1）太阳能电池与 LED 底板及箱体的制作。太阳能电池和 LED 固定在同一块板面上，组合成太阳能电池与 LED 底板。选用的底板结实且有足够的厚度，底板表面规格约为 40cm×30cm。箱体材料为硬塑料，箱体底面规格约为 26cm×20cm，箱体的竖直截面呈三角形，太阳能电池的倾角角度约为 39°，箱体的主要作用是支撑太阳能电池与 LED 底板，使太阳能电池充分利用太阳光；箱体中装入蓄电池和控制器，起到保护作用。图 6-39 是太阳能电池与 LED 结合的 ISPL 箱的示意图及实际发光图，其中太阳能电池与 LED 底板与图 6-38（c）所示相同。

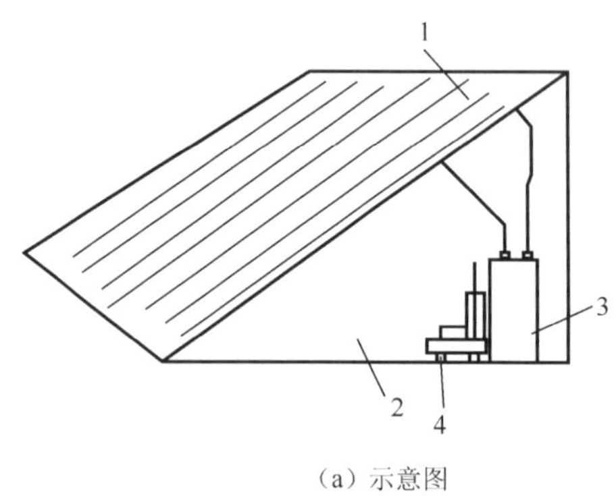

（a）示意图

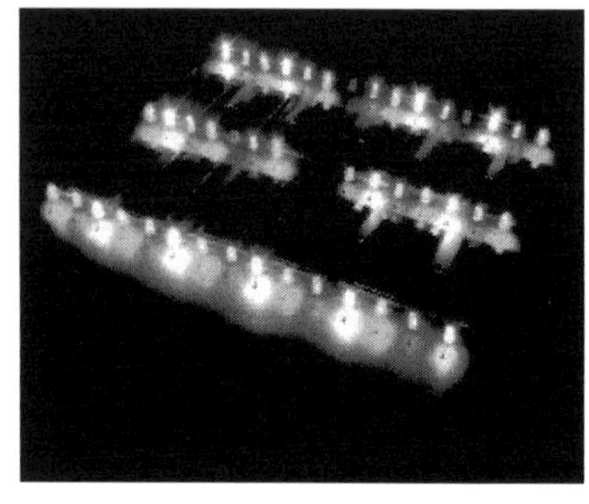

（b）实际发光图

图 6-39　ISPL 箱的示意图及实际发光图

1. 太阳能电池与 LED 底板；2. 箱体；3. 蓄电池；4. 控制器

（2）电路连接遇到的问题及解决方法。首先，太阳能电池片易破裂，故用载玻片将其盖住，然后固定在特制的塑料板上。其次是负载装配，由于每个 LED 的工作电压在 3V 左右，所以把 42 个 LED 分成两个串联支路，支路中的 21 个 LED 并联连接［图 6-38（b）］。在连接电路的过程中，太阳能电池与 LED 底板上有一层金属膜，为了不让电路短路，将金属膜分开后再进行连接。

6.3.5　箱式一体化 LED 光伏照明灯的研制

本节介绍一种立体式 ISPL，即箱式一体化 LED 光伏照明灯[16,17]。

目前，光伏照明系统通常采用普通亮度 LED，数量较多，所需要的太阳能电池片数量也较多，造成系统的结构较大，成本较高，难以实现大面积普及应用。本设计采用目前已普及的高亮度 LED，制作一种结构紧凑、便于应用的箱式一体化 LED 光伏照明灯。

箱式一体化 LED 光伏照明灯由太阳能电池板、高亮度 LED、蓄电池、控制器和箱体构成。箱体采用透明的亚克力材料，箱体的竖直截面呈三角形，放置太阳能电池板的侧壁与地面成 39°角（近似于大连市纬度）。箱式一体化 LED 光伏照明灯的结构示意图如图 6-40 所示，高亮度 LED、蓄电池和控制器放置在箱体内；太阳能电池板与蓄电池连接，蓄电池与高亮度 LED 连接，控制器分别同蓄电池、高亮度 LED 和太阳能电池板连接。高亮度 LED 采用贴片结构，贴在箱体两侧和后面。

本设计选择了三角形箱体结构（图 6-40），节省材料，而且不用调节太阳能电池板的位置，无缝隙、可防雨。箱体的侧面和后面都安装有 LED，可扩大照明的范围。

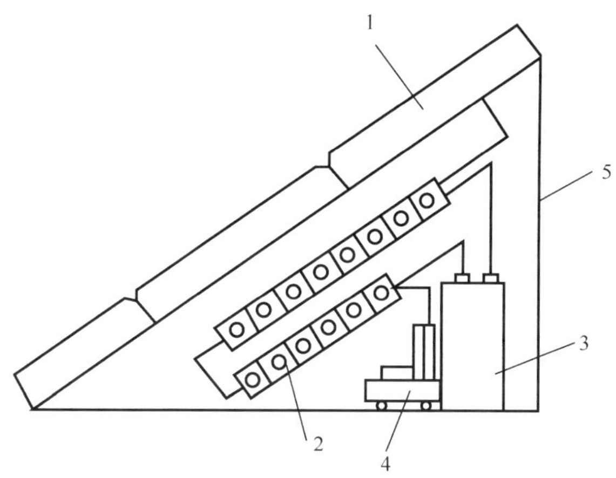

图 6-40　箱式一体化 LED 光伏照明灯的结构示意图

1. 太阳能电池板；2. 高亮度 LED；3. 蓄电池；4. 控制器；5. 箱体

1. 箱式一体化 LED 光伏照明灯的制作过程

（1）箱体的材料选择。综合防雨、防晒、防漏电，以及减小重量和成本的考虑，本设计最终选择了 5cm 厚的亚克力板作为制作箱体的材料。

（2）箱体的加工。在制作箱体前，精确地画出箱体各个部分的图形，其中太阳能电池板与地面成 39°角，因为在大连地区此角度可以使太阳能电池板更好地接受太阳光。

（3）组装。箱体制作完毕后，将条形的 LED 贴在箱体的侧面以及后面，再将控制器和电源安置于箱体的内部，进行连接，完成整个系统的组装。

（4）测试。组装后对系统进行测试，测试其在太阳光下是否充电效果良好，以及在黑暗的环境下是否供电照明。图 6-41 为箱式一体化 LED 光伏照明灯的电路原理框图，图 6-42 为箱体实物图，图 6-43 为实际效果图。

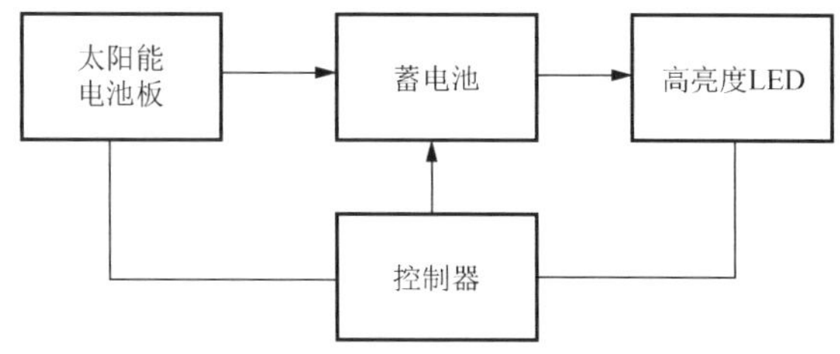

图 6-41　箱式一体化 LED 光伏照明灯的电路原理框图

图 6-42　箱式一体化 LED 光伏照明灯的箱体实物图

图 6-43　箱式一体化 LED 光伏照明灯的实际效果图

2. 箱式一体化 LED 光伏照明灯的参数

箱式一体化 LED 光伏照明灯使用条式 LED 片（每片上有 3 个 LED），后板 32 片，左右侧板各 14 片，共 60 片；总电流为 0.45A，总电压为 10V，总功率为 4.5W。

太阳能电池板要求开路电压不小于 15V。蓄电池是额定电压为 12V 的铅酸电池。控制器可以采用常用的定时电路或者感光驱动电路，其切换电路可以采用核心器件为继电器的电路。

这种箱式一体化 LED 光伏照明灯，具有便携、无须外接电源、照明亮度高、可靠性好、易于维护的特点。另外，由于其结构简单、便于生产、成本低廉，适于作为家庭照明、景观照明和草坪照明等，应用前景广泛。在控制器的作用下，此箱式一体化 LED 光伏照明灯能可靠地实现白天充电和晚上照明的转换，不需外接电源，无须现场维护。

6.4　一种光伏控制开关

目前，太阳能光伏系统的结构由太阳能电池板、蓄电池、负载和控制器构成。控制器的作用是白天控制太阳能电池板给蓄电池充电，晚上控制蓄电池给负载供电。当前控制器主要由三极管、电阻、光敏电阻和小型集成芯片等构成，需要外接电源。因为大电流等原因容易造成控制器中的器件损坏，而高可靠、长寿命的控制器电路复杂、成本较高，所以针对以上问题我们研制了一种光伏控制开关，并申请了实用新型专利[18]。

这种光伏控制开关的结构包括了太阳能电池片、电磁线圈、铁芯、衔铁、常闭触点、常开触点、接触点弹簧和支架，如图 6-44 所示。衔铁的固定端同支架转动连接，其固定端的延长端通过弹簧和支架连接，衔铁的正下方设有由电磁线圈和铁芯构成的电磁铁，其前端的接触点位于常闭触点和常开触点之间；常闭触点与负载连接，常开触点与太阳能电池片连接[19]。

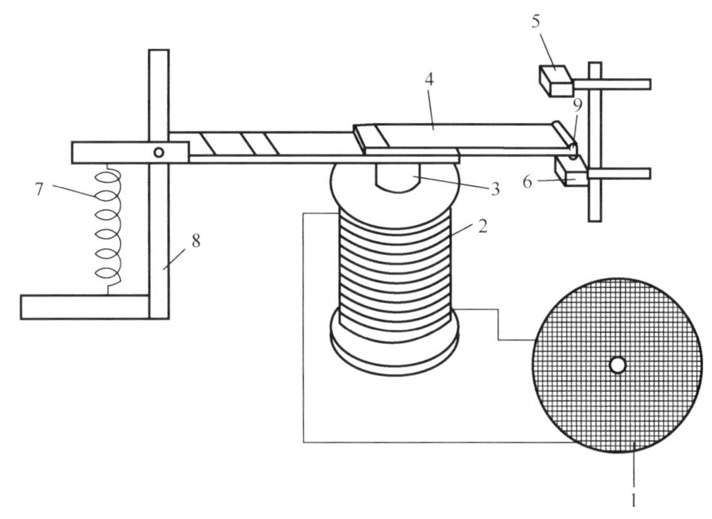

图 6-44　光伏控制开关的结构示意图

1．太阳能电池片；2．电磁线圈；3．铁芯；4．衔铁；5．常开触点；
6．常闭触点；7．弹簧；8．支架；9．接触点

有太阳光时，太阳能电池片为电磁线圈供电，电磁铁工作，吸引衔铁，衔铁的接触点同常开触点接触使太阳能电池片和蓄电池构成回路；没有太阳光时，电磁铁不工作，通过弹簧的牵引，衔铁的接触点同常闭触点接触使负载和蓄电池构成回路。衔铁与铁芯的距离不超过 5mm，常闭触点与常开触点的距离不超过 2cm。

衔铁采用 35mm 厚的硅钢片制作而成，对电磁场反应灵敏，可以有效实现触点在白天和晚上的开关状态。弹簧的压力和拉力可以保证衔铁与常闭触点以及常开触点之间可靠连接。电磁线圈保证白天时衔铁与铁芯之间可靠连接。弹簧与支架之间的连接可以保证整个开关系统的稳定性，减少振动。

本开关不需要外接电源，简单、可靠、实用，无须专人现场看顾维护，适于在光伏系统中推广。线圈采用漆包线绕制，铁芯形状根据衔铁和线圈的位置自行设计加工。光伏控制开关除了用于光伏系统外，还可用作其他照明灯具的光控开关，实现白天灯灭、晚上灯亮的功能。

6.5　一种用于探测光强度的多层膜器件

在许多需要测试光强的领域中，传统的光强测试仪多采用照度计，其结构如

图 6-45 所示，其核心部分包括金属基片、硒薄膜层、金属薄膜层和集电环，图中箭头 L 代表光照。其工作原理是：当光线照射到照度计表面时，入射光透过金属薄膜层到达半导体硒薄膜层和金属薄膜层的分界面上，在界面上产生光电效应，产生的电位差大小与光电池受光表面上的照度有一定的比例关系，接上外电路，就会有电流通过，电流值通过电流表指示出来。照度计的核心多层膜部分有需要改进的地方。第一是金属薄膜层透射率低。光照后，只有一部分的光能够透过金属薄膜层，金属薄膜层与硒薄膜层界面光电效应产生的载流子减少，使照度计的灵敏度降低，电流减小。第二是硒薄膜层的制备。由于硒有一定毒性，因此制备半导体硒层的工艺比较严格，寻找一种价格合适而且无毒的薄膜来代替硒薄膜成为必要。近年来，有几种光强度探测器[11,20]都采用有机半导体薄膜代替硒薄膜作为光电检测核心层，具有良好的光电响应特性；但缺点是探测器对紫外区域范围光反应灵敏，对可见光反应微弱，影响其实际应用。因此有必要研制一种新的膜结构以解决上述问题。

本节介绍一种用于探测光强度的多层膜器件的研制[19]。如图 6-46 所示，ITO 玻璃基底层上设有机薄膜层 2、有机薄膜层 3、金属薄膜电极 4。有机薄膜层 2 由并五苯和酞菁铜的混合材料制成，并五苯和酞菁铜的摩尔比为 1∶9～1∶4，薄膜的厚度为 35～65nm。有机薄膜层 3 为 N 型有机薄膜，厚度为 25～40nm。N 型有机薄膜的材料为富勒烯（C60）。金属薄膜电极的材料为金、铂、银。

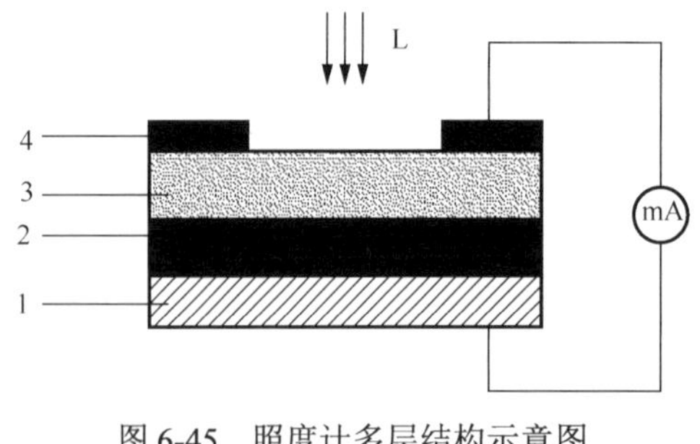

图 6-45　照度计多层结构示意图

1．金属基片；2．硒薄膜层；3．金属薄膜层；4．集电环

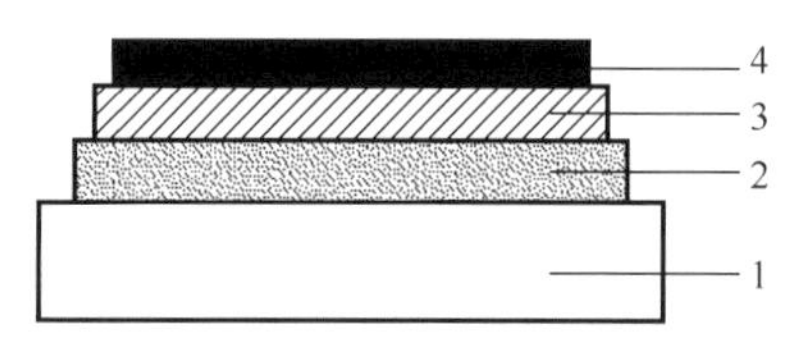

图 6-46　一种用于探测光强度的多层膜器件结构示意图

1．ITO 玻璃基底层；2，3．有机薄膜层；4．金属薄膜电极

6.5.1　多层膜的制备步骤

多层膜的制备步骤如下：

（1）在 ITO 玻璃基底层上采用真空蒸镀、旋涂或者喷墨打印的方法制备一层有机薄膜层 2，当采用真空蒸镀的方法时，衬底温度为 60～150℃。

（2）在有机薄膜层 2 上采用真空蒸镀、旋涂或者喷墨打印的方法制备一层有机薄膜层 3，采用真空蒸镀的方法时，衬底温度为 40～90℃。在有机薄膜层 3 上采用真空蒸镀的方法镀一层金、铂或银薄膜层，作为金属薄膜电极。

与现有结构技术相比，有机薄膜层 2 采用两种 P 型有机半导体混合材料制成，并和有机薄膜层 3 采用的 N 型半导体结合，两层共同作为核心层，对可见光反应灵敏，有效地解决了对可见光反应微弱的问题；同时，此多层膜采用半导体 PN 结的结构，载流子在两层界面处能够很好地分离，对外输出的光电流更加明显，可以有效进行光强度的检测；另外，采用真空蒸镀的方法来制备多层膜可以降低照度仪的成本，简化工艺。本发明以无毒、制备工艺快捷的有机半导体材料代替硒，以 ITO 透明电极代替金属薄膜电极，缩短了制备过程的时间，同时有效地提高入射光的透明度。

6.5.2　多层膜的制备方法

1. 第一种制备方法

在 ITO 玻璃基底层上用真空蒸镀的方法制备一层以并五苯和酞菁铜为原料的有机薄膜层 2，并五苯和酞菁铜的摩尔比为 1∶8，采用双源共蒸发方法，衬底温度为 65℃，真空度设置为 1.0×10^{-4}Pa；分别设置两种材料的蒸发速度，使得有机半导体薄膜的沉积速率为 2nm/s；制备的有机薄膜层 2 的厚度大约为 50nm。在有机薄膜层 2 上用真空蒸镀的方法制备有机薄膜层 3，采用富勒烯作为蒸发源，衬底温度为 40℃，真空度为 1.0×10^{-4}Pa，富勒烯的沉积速率为 2nm/s，制备的有机薄膜层 3 的厚度大约为 35nm。在有机薄膜层 3 上用真空蒸镀的方法镀一层以金为原料的金属薄膜作为电极，真空度为 1.0×10^{-4}Pa，金属薄膜的沉积速率为 5nm/s，制备的金属薄膜电极的厚度约为 40nm。

2. 第二种制备方法

在 ITO 玻璃基底层上用旋涂的方法制备一层以并五苯和酞菁铜为原料的有机薄膜层 2（其他参数同第一种制备方法）。在有机薄膜层 2 上用旋涂的方法制备一层以富勒烯为原料的有机薄膜层 3。在有机薄膜层 3 上用真空蒸镀的方法制备一层以银为原料的金属薄膜作为电极，金属薄膜电极的厚度约为 40nm。

一般来说，应用于探测光强度的多层膜可以加工成集成器件中的分立元件，多层膜的加工不限于传统的真空蒸镀、旋涂以及喷墨打印等方法，也可采用模板（mask）、印刷等加工方法。

参 考 文 献

[1] 毕长鑫. 太阳能光伏供电 LED 系统研究[D]. 大连: 大连交通大学, 2008.

[2] 农万华. 不同材料光伏电池性能及小型光伏 LED 系统设计[D]. 大连: 大连交通大学, 2006.

[3] 周改改. 不同材料光伏电池性能及小型光伏供电的 LED 系统机械设计[D]. 大连: 大连交通大学, 2006.

[4] 齐鹏远. 光伏材料应用研究与小型太阳能独立光伏系统的研制[D]. 大连: 大连交通大学, 2007.

[5] 大连交通大学. 太阳能 LED 交通指示牌系统: 2007200159155[P]. 2008-11-26.

[6] 齐鹏远, 薛钰芝. 太阳能 LED 交通指示牌系统的研制[J]. 装备制造技术, 2016, (02): 204-205.

[7] 王君一, 徐任学, 张茂. 农村太阳能实用技术[M]. 北京: 金盾出版社, 1993: 187-190.

[8] 吴宗泽. 机械设计实用手册[M]. 北京: 化学工业出版社, 2003.

[9] 程娅. 太阳能光电一体化交通灯的研制[D]. 大连: 大连交通大学, 2017.

[10] 王楠. 光伏供电 LED 屏幕显示系统[D]. 大连: 大连交通大学, 2009.

[11] 杨贵恒, 强生泽, 张颖超, 等. 太阳能光伏发电系统及其应用[M]. 北京: 化学工业出版社, 2011.

[12] 叶明. 太阳能电池方阵的设计[D]. 大连: 大连海事大学, 2011.

[13] 薛钰芝. 发展光伏、光电一体化集成系统[C]. 2010 上海国际新光源&新能源照明展览会暨论坛专题峰会 A: 新能源照明的应用, 上海, 2010.

[14] 宋贤杰, 屠其非, 周伟, 等. 高亮度发光二极管及其在照明领域中的应用[J]. 半导体光电, 2002, 23(5): 356-360.

[15] 路鑫. 太阳能电池方阵与 LED 的结合[D]. 大连: 大连交通大学, 2009.

[16] 大连交通大学. 箱式一体化 LED 光伏照明灯: 201020270281X[P]. 2011-04-06.

[17] 王治刚. 小型太阳能电池 LED 集成系统研究[D]. 大连: 大连交通大学, 2010.

[18] 大连交通大学. 一种光伏控制开关: 2010202549792[P]. 2011-04-06.

[19] 大连交通大学. 一种用于探测光强度的多层膜及其制备方法: 2013100345394[P]. 2016-01-06.

[20] Green M A, Emery K, Hishikawa Y, et al. Solar cell efficiency tables (version 33)[J]. Progress in Photovoltaics Research & Applicatiions, 2009,17(1):827-837.

附录A　发表的成果

表 A-1　课题组成员申请并已经获批的专利

序号	专利号	名称	类型	发明人或设计人
1	2006200945952	太阳能 LED 光柱系统	实用新型专利	薛钰芝，林纪宁，齐鹏远，江滢，毕常鑫
2	2007200159155	太阳能 LED 交通指示牌	实用新型专利	薛钰芝，齐鹏远，林纪宁，周改改
3	2009200132325	铝合金光伏瓦片系统	实用新型专利	薛钰芝，刘海良，林纪宁
4	2013104096174	小型菲涅尔聚光太阳能发电系统	发明专利	薛钰芝，林纪宁，辛本宝，田磊
5	2010202549792	一种光伏控制开关	实用新型专利	刘向，薛钰芝，林纪宁，周丽梅，余鹏
6	201020270281X	箱式一体化 LED 光伏照明灯	实用新型专利	刘向，薛钰芝，林纪宁，王颖，王治刚
7	2013100345394	一种用于探测光强度的多层膜及其制备方法	发明专利	刘向，薛钰芝，林纪宁

表 A-2　课题组发表的重要学术报告和相关论文

报告或论文名称	会议名称、地点或出版源	作者及发表时间	备注
《发展光伏、光电一体化集成系统》	第四届上海国际新光源&新能源照明展览会暨论坛，上海	薛钰芝；2010	专家特邀报告①
《高等学校屋顶光伏电站与照明供电的探讨》	太阳能光伏照明 LED 技术与应用研讨会，北京	薛钰芝；2009	专家特邀报告②
《关于高等学校建立屋顶并网光伏电站的优势》	光伏并网及光电建筑技术研讨会，北京	薛钰芝；2009	专家特邀报告③
《太阳能光伏屋顶与光伏瓦片》	光伏应用技术研讨会暨第二届光伏照明技术研讨会，北京	薛钰芝；2009	专家特邀报告④
《光伏建筑一体化（BIPV）系统》	首届辽宁省太阳能光伏建筑一体化（BIPV）学术研讨会，沈阳	薛钰芝；2009	专家特邀报告⑤
《全光谱太阳能电池》	第一届大连太阳能利用科学研讨会，大连	薛钰芝；2005	李灿院士组织
《太阳能光伏瓦片的研制》	2008 年中国照明论坛——绿色照明与照明节能科技研讨会，北京	薛钰芝，刘海良，林纪宁，齐鹏远；2008	专家特邀报告⑥
《关于高等学校建立屋顶并网光伏电站的优势》	金太阳示范工程专题会议——光伏并网及光电建筑技术研讨会，北京	薛钰芝；2009	专家特邀报告⑦

续表

报告或论文名称	会议名称或出版源	作者及发表时间	备注
《分布式光伏发电系统与新光源的结合应用及展望》	第七届上海国际新光源&新能源照明展览会暨论坛，上海	薛钰芝；2013	专家特邀报告[①]
Development for Full Spectrum Solar Cells	15th International Photovoltaic Science &Engineering Conference，Shanghai	薛钰芝；2005	
《量子点材料光伏电池的研究》	《太阳能》	薛钰芝；2007	
《太阳能 LED 交通指示牌系统的研制》	《装备制造技术》	齐鹏远，薛钰芝；2016	
《曲面聚光太阳能电池组件研究》	《太阳能》	周改改，薛钰芝，刘帅；2010	
《光伏瓦片的设计与制作》	《太阳能》	刘海良，薛钰芝，齐鹏远，张顺博；2008	
《小型太阳能 LED 光柱系统的研制》	《大连交通大学学报》	齐鹏远，薛钰芝，林纪宁；2007	
Study on photoelectric properties of CuPc-C60 heterojunction device	2011 International Conference on Materials for Renewable Energy & Environment, Shanghai	Liu Xiang，Liu Hui；2011	
《小型太阳能光伏控制照明系统的研究》	《2010 中国可再生能源科技发展大会论文集》	刘向，刘惠，薛钰芝；2010	

注：① 主办单位：国家半导体照明工程研发及产业联盟、台湾地区电机电子工业同业公会、中国可再生能源学会、中国照明学会新能源照明专业委员会、世界银行集团/国际金融公司气候组织、香港应用科技研究院等；

② 主办单位：中国可再生能源学会、中国照明学会新能源照明专业委员会；

③ 主办单位：中国可再生能源学会光伏专业委员会和太阳能建筑专业委员会；

④ 主办单位：中国可再生能源学会光伏专业委会、北京市新能源与可再生能源协会；

⑤ 主办单位：辽宁省建筑节能环保学会、辽宁省太阳能协会；

⑥ 主办单位：中国照明学会、深圳市海洋王投资发展有限公司、飞利浦（中国）公司；

⑦ 主办单位：国家半导体照明工程研发及产业联盟、中国可再生能源学会光伏专业委员会和太阳能建筑专业委员会

附录 B　国内 20 家著名的聚光型太阳能光伏公司

表 B-1　国内十大聚光型太阳能光伏上市公司

序号	公司名称	简介	业绩	相关网站
1	广东万家乐股份有限公司（证券代码：000533）	成立于 1992 年 10 月，1994 年 1 月在深圳证券交易所挂牌上市，是广东省 50 家工业龙头企业之一，广东省 83 家重点发展大型企业集团之一	2010 增持股 25%广东新曜光电有限公司，研发聚光光伏电池模块、模组以及聚光光学系统。2012 年转让新曜股权	—
2	三安光电股份有限公司（证券代码：600703）	具国际影响力的全色系超高亮度发光二极管外延及芯片生产厂商，还从事化合物太阳能电池及III-V族化合物半导体等的研发、生产与销售，产品性能指标居国际先进水平。具有“国家高技术产业化示范工程”“半导体照明工程龙头企业”称号。承担国家 863、973 计划课题，拥有国家级博士后工作站	2015 年完成 863 计划课题：聚光型 GaInP/GaInAs/Ge 三结太阳能电池成套制造工艺技术研发及示范生产线。2016 年获中国电子科技集团公司第十八研究所产品认证，已实现 2 万片空间电池外延片生产销售，转换效率达到 31%	http://www.sanan-e.com/
3	哈尔滨高科技(集团)股份有限公司（股票代码：600095）	1993 年经哈尔滨市股份制协调领导小组哈股领办字[1993]第 42 号文批准，由三家公司共同发起，采取定向募集方式设立的股份有限公司。公司股票于 1997 年 7 月 8 日在上海证券交易所挂牌交易	在聚光光伏产业方面，2009 年与普尼太阳能公司合资，出资 600 万美元，占 40%股权，用于建设 3MW 太阳能薄膜电池组件中试线，并生产 20 倍的聚光器产品	http://www.hgk-group.com/home.php
4	北方光电股份有限公司（股票代码：600184）	隶属中国兵器工业集团有限公司，是国内光电武器装备系统科研、生产重要基地，是国内外光学材料主要供应商，我国第二大光学玻璃生产企业。从事光学材料、镧系及环保材料、低熔点光学材料、特种红外材料、激光材料、微晶玻璃、光学元器件、饰品玻璃材料的研发、生产与销售。公司于 2000 年在湖北省工商行政管理局登记注册，2003 年 10 月首次公开发行 A 股，股本总额 10500 万元	研发的高品质、环保光学玻璃列入国家火炬计划项目，镧系光学玻璃获“湖北省新产品”称号	http://www.northeo.com/

续表

序号	公司名称	简介	业绩	相关网站
5	浙江水晶光电科技股份有限公司（股票代码：002273）	国家级高新技术企业，成立于2002年，2006年变更为股份有限公司，2008年在深圳证券交易所上市。属于光学光电子行业，是从事精密薄膜光学等产品研发、生产和销售的知名光电元器件制造企业。产品有光学低通滤波器（OLPF）和红外截止滤光片（IRCF），分别为高、低端光学模组配套	公司已建基地，生产的光电元器件为三星、华为、中兴等知名企业配套。开发纳米压印、高真空连续围绕蒸发镀膜技术，向电子和功能薄膜领域拓展。具备第三代聚光光伏设备制造能力	http://www.crystal-optech.com/Home/Index/index.html
6	苏州东山精密制造股份有限公司（股票代码：002384）	成立于1998年，由苏州东山钣金公司整体变更设立。致力于通信设备、LED、液晶显示模组、柔性电路板等产品制造	全球聚光光伏产业龙头SolFocus的指定钣金供应商，并承接组装业务。2007年、2008年位于国内同行业第一位。曾获“江苏省创新发展先导企业”称号。旗下有26家企业，2016年产值84亿。2017年其投资60亿、占地500亩的东山精密盐城项目园正式开工。获发明专利33项、实用新型专利175项	https://sdbjled.cn.gongchang.com/
7	利达光电股份有限公司（证券代码：002189）	知名光学元组件制造企业。从事精密光学零件、光学薄膜、光学镜头、光学引擎、数码投影产品、光学辅料、光敏电阻、光电仪器的研发、生产、销售	公司的核心技术是光学薄膜技术，已形成产业链。是我国规模化生产光学镀膜产品的生产企业之一。关联公司河南中光学集团有限公司，生产的具有自主知识产权的聚光光伏系统，转换率达到26%	http://www.lida-oe.com/
8	厦门乾照光电股份有限公司（证券代码：300102）	国内最大红黄光四元系LED外延、芯片生产基地、GaAs太阳能电池研发生产和销售的高新技术企业。旗下两家公司分别设在厦门和江苏扬州	高效GaAs三结太阳能电池外延片项目：空间GaAs三结太阳能电池的转换效率≥29.5%，最高超过30%（AM0，25℃），并用于生产地面用高倍聚光太阳能电池	http://www.changelight.com.cn/index.aspx

续表

序号	公司名称	简介	业绩	相关网站
9	协鑫（集团）控股有限公司（GCL）（股票代码：002506、03800.HK、00451.HK）	以新能源及相关产业为主的国际化综合性能源集团，是全球领先的光伏材料制造商及新能源开发、建设、运营商。世界级环保能源与新能源开发商、运营商、产品与技术供应商	2006 年旗下的协鑫光伏科技有限公司在徐州建多晶硅生产基地，2008 年开始商业生产聚光光伏产品的跟踪系统。旗下的协鑫光伏科技有限公司与协鑫能源工程有限公司共同承建农光互补项目 250MW，以及合计超过 800MW 的光伏电站设计、采购、施工（EPC）项目。协鑫（集团）控股有限公司被选为中电联副理事长单位	http://www.gcl-power.com/
10	三花智能控制股份有限公司（股票代码：002050）	1994 年在浙江省新昌县成立，注册资本 2.97 亿元，总资产 45 亿元，占地 18.9 万 m^2，三花集团控股，浙江中大集团和日本东方贸易株式会社等参股	持股30%以色列 HelioFocus，主营蝶式聚光发电的研发，2012 年推出产品	http://www.zjshc.com/

资料来源：OFweek 太阳能光伏网．盘点国内十大聚光光伏上市公司（独家）．（2012-11-13）[2017-11-03]. http://solar.ofweek.com/2012-11/ART-260006-8500-28651668.html

表 B-2 国内十大聚光型太阳能光伏非上市公司

序号	公司名称	简介	业绩	相关网站
1	日芯光伏科技有限公司	设计、研发、生产、销售及安装地面太阳能应用光伏组件和系统（包括高倍聚光），提供各项技术服务，设备及技术的进出口业务。由三安光电股份有限公司和世界著名的 III-V 族半导体制造厂商 Emcore（美国：纳斯达克证券代码 EMKR）共同出资成立的合资企业，注册资本 6700 万美元	生产的 1000 倍屋顶聚光光伏系统和 1090 倍地面聚光光伏系统的转换效率达到 26%和 28.5%	http://www.b2b168.com/c168-11625598.html#jbzl
2	上海聚恒太阳能有限公司	专注于提供太阳能电站解决方案，主要产品是跟踪系统和聚光光伏系统。是从事高倍聚光光伏技术开发及系统集成的公司。生产 500 倍和 1000 倍聚光光伏系统，主营集成，电池由供货商提供	掌握太阳能跟踪和聚光光伏核心技术，有多项发明专利。是国际电工委员会等标准机构的成员，主持或参与多个关于国内外聚光器和跟踪器标准的起草工作。研发的 500 倍聚光光伏系统已应用在大型太阳能电站中，转换效率达到 28%	—

续表

序号	公司名称	简介	业绩	相关网站
3	上海聚光新能光伏科技有限公司	集光伏电站资源开发、EPC总承包、投（融）资以及家用光伏电站建设为一体的新能源公司。成立于2010年，总投资1亿元，位于上海市松江高科技园区科技领袖之都内	到2017年开发了近百个光伏电站，2018年开始投资持有分布式工商业光伏电站。在家用光伏电站领域，推出贷款及免费安装用电模式	http://www.jgpv.com.cn/index.htm
4	四川汉龙（集团）有限公司	成立于1997年3月，注册资本为3.8亿元人民币。广泛涉足能源电力、化工、生物医药、基础设施建设、地产、矿业、旅游、食品酒业、通信传媒领域	在成都双流区建设聚光光伏产业园，投资76亿，两年建成2000MW规模、产值200亿元的高倍兆瓦级聚光光伏并网电站及关键设备，预计价格为15元/W，还包括10～300倍聚光产品	http://pp.ppsj.com.cn/schan-long/
5	广东新曜光电有限公司	成立于2009年7月，由广州三新控股集团有限公司及广东万家乐股份有限公司共同参股，主营第三代高倍聚光光伏模块和发电系统的开发、设计和产业化。注册资本7000万人民币	拥有高倍聚光光伏系统核心之全封闭式发电模块等多项专利，工艺及性能居世界一流水平；公司自主设计生产的1200倍及1100倍聚光光伏系统，户外转换效率超过26%，在国际太阳能光伏发电行业中居领先地位	http://20358.china-nengyuan.com/
6	无锡昊阳新能源科技有限公司	专注于太阳能跟踪支架设计和生产。由美国海归创业团队于2008年8月在江苏宜兴经济开发区创办，是从事太阳能组件和系统研发、制造和销售的高科技企业	包括累计安装量1.9GW的光伏工程跟踪、支架产品，47项专利，400个成功案例。如敦煌10MW全部逐日跟踪器，山西阳泉50MW可调支架等	http://www.haosolar.com/
7	台湾华旭环能股份有限公司	成立于2007年3月，为华宇集团（Arima Group）关系企业，公司位于华宇科技园区（桃园大溪）。主营高效聚光光伏模组的研发、制造、施工、服务	2009年取得亚洲首张国际电工委员会认证，中标西班牙聚光型太阳能发电系统研究所（ISFOC）300kW聚光光伏发电项目	http://solar.ofweek.com/2012-11/ART-260006-8500-28652177_3.html
8	深圳市巨日光能电力有限公司	主营光伏发电系统等，主要产品是新型聚光光伏发电设备	公司产品于2008年3月通过国家权威机构的技术鉴定，技术处于国内领先地位，拥有自主知识产权，产品工艺精良，结构合理，太阳能电池具有低串联电阻特性，能够满足多倍聚光环境使用	http://raybx.cn.makepolo.com/
9	安徽应天新能源有限公司	主营太阳能光伏发电、光热发电，是集科研、设计、生产、维修、销售和系统集成为一体的高新技术企业。2005年6月成立，注册资金1亿元，法人代表陈应天	生产2.7～3.5低倍聚光光伏系统，2008年出口6MW（TUV认证）聚光光伏系统，产能30MW。成功案例包括鄂尔多斯205kW和甘肃武威1MW聚光光伏系统	https://yingtian.solarbe.com/

续表

序号	公司名称	简介	业绩	相关网站
10	江苏省越阳光伏有限公司	坐落在无锡，致力于太阳能光伏发电系统的研究、开发，集研发、生产、组装、销售于一体	致力于高效太阳能跟踪器、太阳能冷却组件等产品的研发，并已经申请了10项国家专利。其产品包括太阳能跟踪器、冷却组件等	http://jsyypv.etlong.com/introduce/

资料来源：OFweek太阳能光伏网．盘点国内十大聚光光伏非上市公司（独家）．（2012-11-15）[2017-11-03]. http://solar.ofweek.com/2012-11/ART-260006-8500-28652177.html